中国海洋大学“985”工程海洋发展人文社会科学研究基地建设经费资助
教育部人文社科重点研究基地中国海洋大学海洋发展研究院资助

海洋公共管理丛书

主编　娄成武

MARINE ENVIRONMENT MANAGEMENT FROM PUBLIC GOVERNANCE PERSPECTIVE

公共治理视域下海洋环境管理研究

王琪　等著

人民出版社

目　录

《海洋公共管理》丛书序

进入21世纪，伴随陆地资源短缺、人口膨胀、环境恶化等问题的日益突出，各沿海国家纷纷把目光转向了海洋，一场以发展海洋经济为标志的“蓝色革命”正在世界范围内兴起。海洋的战略地位越来越凸显，海洋是国土、是资源、是通道、是战略要地，是新的经济领域、新的生产和生活空间。走向海洋，向海洋要资源，向海洋要效益，成为全球性的共识，世界范围的海洋开发利用进入了前所未有的时代。

海洋战略地位的重新确立和海洋资源价值的重新发现，在促使新一轮海洋开发热潮的同时，也把海洋管理提高到一个前所未有的重要位置。维护国家海洋权益、确保国家的海洋战略价值，需要海洋管理；保护海洋环境、保持海洋生态平衡，需要海洋管理；实现海洋经济的可持续发展，同样需要海洋管理。

尽管说，人类海洋管理的实践活动与人类开发利用海洋的实践活动一样久远，尽管基于现实需要而产生的海洋管理理论理应高于现实，对海洋管理实践活动起到引领、指导作用，但遗憾的是现实中的海洋管理理论发展却远滞后于海洋发展实践需要，并在一定程度上已影响到海洋实践活动的发展。

实践的发展，对海洋管理理论研究者提出了严峻的挑战，要求解答海洋发展所面临的种种问题，担负起引领海洋管理实践发展的重任。而要做到这一点，必须有先进、科学的管理思想理念来指导海洋管理活动。

公共管理的兴起，可以说为海洋管理提供了一种新的理论分析框架。

作为一种有别于传统行政管理学的新的管理范式，公共管理突出的特点是强调管理主体的多元化、管理客体的公共性、管理手段的多样化等。而现代海洋管理的发展也正与公共管理的特点相吻合，所以，从公共管理的视角，探讨海洋管理问题，把海洋管理置于公共管理的分析框架之中，有其合理性与必然性。正是基于此，本丛书定名为“海洋公共管理丛书”。

具体来说，理由如下：

第一，海洋管理主体日趋多元化、协同性。海洋管理的主体无疑是作为公共权力机关的政府，但在强调多元主体合作共治的改革实践冲击下，海洋管理的主体也在从政府单一主体到多元主体广泛参与的转变过程中，海洋管理的主体呈现出多元化、协同性态势。强调海洋管理主体的多层次性、协同性，并不是否定或削弱政府的主导作用。在海洋管理的多元主体中，政府是核心主体，是海洋管理的组织者、指挥者和协调者，在海洋管理中起主导作用。而同样作为公共组织的第三部门——社会组织，则是作为参与主体或协同主体帮助政府“排忧解难”。因仅靠市场这只“看不见的手”和政府这只“看得见的手”的作用仍然难以涵盖海洋管理的所有领域。因海洋管理不仅仅是制定政策、作出规划，更重要的还要将这些政策、规划转化为现实，这一过程的实现需要通过具体的实施行为才能完成，如大范围的海洋环境保护宣传工作、海洋环境保护工程项目的建设、海洋环境的整治等，这些活动的完成必须有社会组织、公众甚至企业的参与。所以说，为了更好地维护海洋权益、保护海洋生态环境，妥善处理好各种海洋公共事务，政府在依靠自身力量的同时需要动员越来越多的社会力量参与到海洋公共事务的治理之中。政府、社会各方力量同心协力，才能更好地促进海洋公共利益的提高，同时也有助于政府自身行政效能的改善和海洋管理能力的提高。

第二，海洋管理手段更趋柔性化、弹性化。传统的海洋管理主要运用行政手段，即是指国家海洋行政部门运用法律赋予的权力，通过履行自身的职能来实现管理过程。它通常表现为命令—控制手段，其前提是行政组织拥有法定的强制性权力。行政手段因其具有强制性而在管理实践中表现出权威性和针对性，但单一的管理手段显然不能适用日益变化的海洋管理实践，因而，法律手段、经济手段、教育手段等管理方式也日益在海洋管理中发挥作用，特别是经济手段，由于它的激励作用而能够促使人们主动调整海洋行为。随着新的管理理论的运用和海洋实践活动的需要，海洋综合管理的手段也在不断拓展。传统意义的海洋管理手段尽管仍然在发挥作用，但无论其内容还是形式上都在发生着非常大的变化。现代海洋管理手段变化的一个新的趋势是管理方式向柔性、互动的方向发展。所谓“柔性”是指管理者以积极而柔和的方式来实现管理目标，它克服了以往命令—控制方式的强硬性、单一性，而是以服务为宗旨，综合运用各种灵活多变的手段，并在其中注入许多非权力行政因素，如指导、引导、提议、提倡、示范、激励、协调等行政指导方式。所谓“互动”强调的是现代行政管理是一个上下互动的管理过程，它主要通过合作、协商、伙伴关系，确立认同和共同的目标等方式实施对海洋公共事务的管理，其权力向度是多元的、相互的。总之，新的管理手段突出了管理过程的平等性、民主性和共同参与性，表明由传统的管制行政向服务行政的转变。

第三，海洋管理更具开放性、国际化特征。以《联合国海洋法公约》为代表的国际海洋管理制度已经建立，世界各国都将在此基础上进一步建立和完善国家的海洋管理制度。21 世纪海洋管理将得到全面发展和进一步加强。海洋管理的范围由近海扩展到大洋，由沿海国家的小区域分别管理扩展到全世界各国间的区域性及全球性合作；管理内容由各种开发利用活动扩展到自然生态系统。海洋的开放性、海洋问题的区域性、全球性决定了海洋管理具有国际性，海洋管理的边界已从一国陆域、海岸带扩展到可管辖海域、甚至公海领域，所管理的内容也由一国内部海洋事务延伸到国与国之间的区域海洋事务或全球海洋公共事务。例如，随着海上活动的愈加频繁，海洋危机发生的频率大大增加，危害程度加深，由海洋危机会引发一系列其他领域的危机，比如生态环境破坏、全球气候变化、海平面上升等，危机也逐渐走向“国际化”。海洋将全球连接在一起，海洋天然的公共性和国际性要求必须加强全球合作，治理海洋公共危机。与沿海国家合作共同治理海洋，成为海洋管理面临的一个新的课题，也给海洋管理者带来了新的挑战。

基于公共管理的研究视野，本套丛书无论在选题还是在内容写作中始终突出以下特点：

其一：前瞻性与时代性相结合。海洋管理是一个极具挑战性的新的研究领域，其中既有诸多现实中存在的急需解答的热点与难点问题，更有许多研究领域属于尚未开垦的处女地，对于研究者有很大的吸引力，同时又需要研究者有很强的学术敏感性。许多研究课题作为现实中的热点和难点，对它们的关注，需要很强的学术敏感性，所以本课题的选题和研究内容，一是体现出时代性和新颖性，即回答海洋时代发展所提出的课题；二是具有前瞻性，即深刻把握海洋事业发展的未来趋向，探寻海洋社会、经济发展的规律和本质。从这些特点中可以感受到作者可贵的探索精神。

其二：实践性与科学性的统一。本丛书的具体选题都是基于我国海洋事业发展的现实需要，围绕我国海洋管理实践领域的重大课题而展开，如海洋国土资源管理、海洋环境治理、海洋渔业管理、海洋倾废管理、沿海滩涂管理等。确立这些与现实密切结合的研究课题，体现出作者对海洋管理的实践活动的密切关注以及对海洋管理实务的基本把握。当然，这些问题的研究并不可能一蹴而就，需要研究者的持续努力和不断深化、挖掘。

尽管本丛书尽可能选择最具典型性的海洋管理问题进行探讨，但由于受主客观各种因素影响，仍然存在不足：选题过于狭窄，研究内容的丰富性和多层次性不够，研究的学理性尚嫌不足，特别是有些层面的研究还不够深入。本套丛书所存在的不足，一方面说明了我们现有研究能力的缺憾，但同时也为我们以后的继续研究提供了可拓展的空间。

本套丛书作者主要是由中国海洋大学法政学院的一批志在从事海洋管理研究的学者承担。中国海洋大学法政学院，突出“海洋”与“环境”两大研究特色，在海洋管理、海洋政治、海洋社会、海洋法、环境法等领域进行了开拓性的研究，在国内海洋人文社会科学的主要研究领域起到了引领作用，为我国的海洋事业发展提供了有价值的法律、政策支持和人力支持。中国海洋大学的公共管理学科则致力于创建和推动海洋公共管理的发展，近年来，在海洋行政管理、海洋软实力建设、海洋环境管理、海域使用管理、海洋渔业资源管理、海洋危机管理、海洋人才资源开发与管理、海洋社会组织管理等方面取得了一系列具有重要影响力的学术成果。经过多年的积累和历练，中国海洋大学的海洋公共管理研究团队也正在显示出其越来越有生命力和持续力的研究能力和研究水平。相信本套丛书的出版，对于推进我国海洋公共管理理论研究和实践发展，对于培养高素质的海洋管理人才，将起到积极的促进作用。

娄成武

前　言

联合国《21 世纪议程》指出：海洋是全球生命支持系统的一个基本组成部分，也是有助于实现可持续发展的宝贵财富。伴随陆地资源的日益短缺，人类社会经济发展的生长点将越来越多地转向海洋。向海洋要资源，向海洋要效益，已成为沿海国家经济发展的战略选择。然而，现代海洋开发活动在迅速展现其巨大经济效益的同时，也给海洋环境带来更大的冲击，使海洋环境面临更为严峻的考验。大力度、大规模甚至无序状态的海洋开发活动，在对海洋环境提出更大的承载要求的同时，必然在某种程度上造成对海洋环境的破坏。海洋环境的破坏，又必将影响、制约着经济社会的发展。如何在经济社会迅速发展的同时，保护好海洋环境，成为我国海洋发展过程中所要解决的中心问题。

海洋环境问题归根到底是人的问题，是人的行为不当所造成的结果。因此，解决海洋环境问题必须着眼于对涉海人群行为的有效管理，即通过海洋环境管理来实现对涉海资源的合理配置和对涉海人群行为的规范、协调，以此保障海洋经济与海洋环境保护的协调发展。海洋环境管理尽管是众多主体参与，但政府在其中处于核心主体地位，政府在海洋环境管理中的行为方式不仅影响到政府与其他主体（企业、公众）之间的关系，而且直接影响海洋环境管理实效的发挥。因此，明确政府在海洋环境管理中的职能定位，把握海洋环境管理中多元主体的互动机理，探寻海洋环境管理制度安排的有效形式以及构建海洋环境管理的有效运行机制，对于我国海洋事业发展、海洋管理制度创新和变革、海洋环境管理理论体系构建具有重要的理论意义和现实意义。

相对于海洋管理的发展历史，人们对海洋环境管理研究的历史还相对短暂，但这相对短暂的发展期间正处于我国环境保护运动风起云涌、环境管理理论蓬勃发展的阶段。在环保运动和各种新兴理论的多方位冲击下，海洋环境管理从实践到理论经历着不断的变革。其中，最突出的表现是，在全球治理理论兴起的大背景下，随着海洋管理范围日益扩大和对象的日益复杂，海洋环境管理主体的日益多元化，海洋环境管理手段的日趋多样化，海洋环境管理目标的更具战略性，这一切变化，表明现在的海洋环境管理已经完全超出了传统管理的限制，正在或已经实现了由管理向治理的转变。这种转变不仅仅体现了一种公共管理的范式转移，意味着海洋环境管理理论基础的变革，更体现在海洋环境管理实践改革的推进。适应这种新的变革，当前的海洋环境管理研究一方面要回应理论更新、变革的需要，另一方面又要引领海洋管理实践的发展，同时，还要总结海洋环境管理的实践经验，探寻海洋环境管理的发展规律，以便针对海洋环境管理的实践提出切实可行的政策建议。

本书正是基于公共治理的研究视角，从我国海洋环境及海洋环境管理的现实问题出发，系统阐释了海洋环境管理中政府、企业、公众多元主体间的错综复杂关系，在此基础上构建起政府、企业、公众三元主体互动的海洋环境网络治理模式。同时，以渤海海域和西北太平洋区域环境治理为典型案例，有针对性地剖析了海洋环境网络治理模式和国际海洋环境合作治理的可行性，力求实现理论与现实的无缝对接。

当前，我国正在实施海洋强国建设，提升国家海洋治理体系和治理能力的现代化，是当务之急。基于治理的海洋环境管理既是国家海洋治理体系的重要构成，又是国家海洋治理能力的重要体现，也是海洋强国建设的基础支撑。相信国家海洋事业发展的良好环境，将为海洋环境管理研究提供更宽广的研究平台和发展机遇。迎接挑战，把握机会，夯实海洋环境管理的研究基础，提升海洋环境管理的研究质量和研究层次，是我们必须担负的责任和使命。

王　琪

2015年4月12日于中国海洋大学崂山校区

第　一　章

海洋环境及其问题成因

海洋是支持人类可持续发展的一个重要空间，而清洁的海洋环境和健康的海洋生态系统是沿海地区经济社会可持续发展的基础，也是经济社会发展目标之一。因此，世界各沿海国家都试图通过各种有效的管理活动来实现海洋环境的保护。由于海洋实践活动的频繁性和多样性，海洋环境保护也由此变得极其复杂。为此，加强海洋环境管理，切实有效地保护海洋环境是我们面临的一项重要任务。

第一节　海洋环境与人类活动的交互作用

海洋环境是地球上连成一处的海和洋的水域总体、水域内的现存内含物及海洋立体的边界，既包括海洋水体环境，也包括海洋上方的大气环境和海底环境，还包括生活在上述自然环境介质中的生物体，即生物环境。从一定意义上讲，海洋环境可以简单地理解为是由海洋生态系统和全部海洋非生态自然的要素所构成的海洋生态的环境。这一定义以人类生存与发展为中心来定义海洋环境，把它看作一个由各相关因素构成的既相互联系又相互制约的复杂系统，强调诸元素的功能及相互之间的关系。

海洋是人类巨大的资源宝库，也是一个重要的环境调节器。联合国《21 世纪议程》指出：“海洋是全球生命支持系统的一个基本组成部分，也是有助于实现可持续发展的宝贵财富。”① 这既是在可持续理念下关于海洋功能的最概括表述，同时也说明了海洋环境对人类经济发展的重要支撑作用。海洋环境是经济发展的重要物质基础，海洋环境利用的状况和配置效率，直接影响着社会经济发展的速度和质量。人类在开发海洋、利用海洋、发展海洋经济的同时，对海洋环境提出了更大的承载要求，这在某种程度上会造成对海洋环境的破坏。总之，海洋环境与人类活动相互影响，相互制约，充分认识两者的交互作用对于持续发展海洋经济，维护海洋生态环境，建设海洋强国具有重要的战略意义。

一、海洋环境对人类活动的影响

尽管人类不是直接生活在海洋中，但占地球表面积 70.8% 的海洋以其特殊的影响力，广泛而深刻地直接或间接地影响着人类的发展。这种影响集中体现在海洋环境可以提供人类所需的各种资源和服务，为人类提供从事经济活动的生存支持系统，并对人类活动产生某种程度上“度”的限制。

（一）海洋环境是维持人类生存发展的重要物质来源

人类生存和发展所需要的一切财富都是通过劳动取得的，但是，仅有劳动还不能创造财富，只有在劳动与自然界紧密结合、在人与自然界相互作用从而进行物质与能量的交换过程中，才能生产出各种各样的社会财富。海洋环境为人类提供了众多的生活资料，如海盐、海洋生物等，也提供了丰富的生产资料，如海洋矿藏、化工原料和海洋能源等。在人类社会发展早期，海洋主要作为直接的天然“仓库”为人类的生活和生产提供物质资料，人们可以“靠海吃海”，借助“渔盐之利”来满足自己的部分生活需要。随着生产力的发展、社会的进步和人类对自然界的支配能力的提高，海洋环境逐步成为劳动加工的对象，成为各种生产资料的原料基地。而且，人们正在逐步扩大对海洋这一天然资源利用的范围和深度，使海洋环境更多更好地为人类服务。人类从海洋中采挖或提取的物品，为多种产业提供了丰富的生产要素及不同形式的服务，是海洋产业发展的重要物质支撑。这些资源一方面作为生产活动要素成为经济发展的物质基础，另一方面又通过生产活动变为商品

① 2013 年中国海洋环境状况公报《21 世纪议程》第 17 章。

提供给消费者。

海洋所蕴藏的巨大资源使其成为21世纪人类社会可持续发展的宝贵财富和最后空间，是人类可持续发展所需要的能源、矿藏、食物、淡水和重要金属的战略资源基地。为此，沿海国家纷纷把开发海洋列为基本国策。从20世纪中期开始，海洋经济获得了长足的发展，科学家和经济学家普遍认为，海洋经济将是21世纪人类社会最有活力的经济增长点之一。20世纪70年代以来，世界海洋产业总产值每10年左右翻一番，从60年代末的1100亿美元增长为2006年的15000多亿美元，占全球GDP的4%以上。而具体到我国，根据《中国海洋经济统计公报》数据显示，2012年中国海洋生产总值突破50000亿元，达到50087亿元，增长7.9%，海洋生产总值占国内生产总值的9.6%，较上年基本保持一致。其中，海洋产业增加值29397亿元，海洋相关产业增加值20690亿元；海洋第一产业增加值2683亿元，第二产业增加值22983亿元，第三产业增加值24422亿元。海洋第一、第二、第三产业增加值占海洋生产总值的比重分别为5.3%、45.9%、48.8%。[①] 由以上统计数据可见，海洋产业与海洋经济已成为支撑人类经济社会可持续发展的重要战略空间，而海洋环境则为这一战略空间提供了基本的战略资源。

丰富的海洋资源和适宜的海洋环境，使沿海地区成为经济、社会和文化最发达，人口最密集的地区。根据统计，全世界经济、社会和文化最发达的区域多位于沿海地区，全球3/4的大城市、70%的工业资本和人口集中在距海岸100千米以内的海岸带地区。今后世界海洋经济仍将保持快速发展的势头，世界经济，尤其是新兴经济体的中心仍然在沿海地区。在未来的社会发展过程中，海洋环境与资源的开发利用对沿海国家的经济发展将起到越来越重要的作用。

（二）海洋环境直接影响到经济发展的态势

社会发展的速度，归根到底取决于劳动生产率的高低。在社会经济制度、政治制度大体相同的条件下，海洋环境的优次影响着沿海国家或地区的发展速度及其经济发展的前景。一般来说，海洋资源丰富的国家和地区在发

---

① 国家海洋局海洋发展战略研究所课题组：《中国海洋发展报告（2013）》，海洋出版社2013年版，第81页。

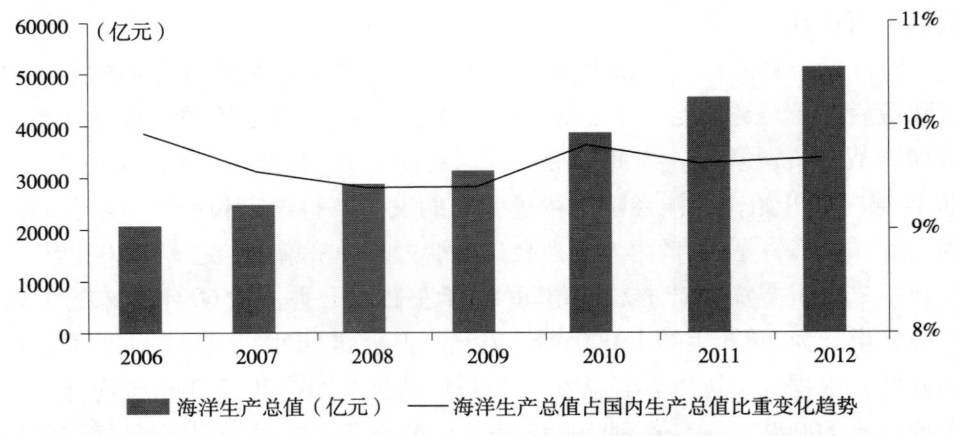

图 1-1：2006—2012 年中国海洋生产总值占国内生产总值比重变化趋势

展速度上会更快一些。因为"劳动的不同的自然条件使同一劳动量在不同的国家可以满足不同的需要量，因而在其他条件相似的情况下，使得必要劳动时间各不相同"①。海洋环境优良、海洋资源丰富的国家和地区，经济发展往往能够取得优势，在某些领域占有主动权。如文莱原来只是一个并不发达的小国，但海洋石油的发现和开采，使这一小国一夜之间暴富。目前，文莱已成为东南亚第三大石油生产国，石油业在国内生产总值中的比重高达 71%—88%，石油、天然气出口额占出口总额的 99%。海洋环境的恶劣同样也影响到沿海经济的发展，台风或海啸等海洋自然灾害可以使沿海城市发展受到重创，而人为造成的海洋环境污染又对海洋产业的发展造成损害，制约着海洋经济的发展。海洋环境的恶化又必将波及人民的生活质量，影响社会的全面发展。

中国是海洋大国，大陆岸线北起鸭绿江口，南至北仑河口，纵跨温带、亚热带、热带三个气候带，蕴藏着丰富的海洋生物、海洋矿产、海洋空间、海水、海洋可再生能源和海洋旅游资源。而根据《中国海洋发展报告(2013)》（以下简称《报告》）的数据显示：2011 年，中国海洋环境状况总体维持在较好水平。符合国家一类海水水质标准的海域面积约占中国管辖海域面积的 95%，海洋沉积物质量良好。由于陆源排海污染物持续不减，近岸

① 《马克思恩格斯全集》第 23 卷，人民出版社 1972 年版，第 562 页。

海域环境污染仍然严重。[①] 由此可以看出，我国既具有丰富的发展海洋产业所必需的海洋资源，又面临着严峻的保护海洋生态环境的形势。科学合理地处理发展海洋经济与保护海洋环境二者之间的关系是我国面临的一项重要课题。

（三）海洋环境对人类经济发展的支撑作用有“度”的限制

海洋环境以其特有的功能影响着人们的经济生活，为经济发展提供了前提条件。但海洋环境又以其自身的特点制约着人们的经济生活，盖因海洋环境所提供的物质资源、服务系统和净化功能都是有一定限度的。如果经济发展从海洋中获取的物质资源或向海洋中排放的废物超过了海洋环境承受的限度，那么，海洋环境对经济发展的支持功能将不复存在，甚至可能使本应有益于人类的海洋变得有害于人类。要使海洋价值得到充分体现，必须考虑不论是从海洋取用物质，还是向海洋中排放废弃物，都必须受限于“度”。

海洋所提供的物质资源、服务功能都是有一定限度的，在一定限度内，对海洋价值的挖掘、利用并不会损害海洋的支付能力。换言之，就是在不危及海洋系统自身生态平衡的前提下，仍能保证对海洋资源等功能的可持续利用。然而，一旦人类过度开发海洋资源或向海洋排放废弃物，超过了海洋自身的“环境容量”，则会使整个海洋生态系统遭受到严重的、不可逆的破坏。由于海洋的整体性、海水的流动性以及海洋气象的复杂性等自然属性，使得某一地区对海洋环境的破坏将会迅速波及其他地区，并对海岛、沿海滩涂等产生影响，最终影响整个人类的生活和社会经济的可持续发展。

二、人类活动对海洋环境的影响

海洋经济是国民经济的重要组成部分，开发利用海洋资源，发展海洋经济，将促进国民经济整体的发展。这是我们所致力和期望的。然而，在发展海洋经济的过程中，却往往带来一系列负面效应，海洋环境问题是其中最突出的问题。海洋经济的发展，一方面需要从海洋中直接或间接获取大量海洋资源，另一方面又会把大量废弃物排入海洋，从而对海洋环境形成污染和

① 国家海洋局海洋发展战略研究所课题组:《中国海洋发展报告（2013)》，海洋出版社 2013 年版，第 175 页。

冲击，使海洋环境质量恶化。同时，由于海洋环境的公共物品属性，从事海洋开发利用活动的经济主体往往会受经济利益的驱使，最大限度地攫取海洋资源，致使海洋资源被浪费和过度开发，导致不可再生海洋资源短缺日趋严重化。过度开发可再生海洋资源，也使食物链受到损害，减少了海洋生态系统的再生产能力。此外，海洋经济发展过程中的某些内在因素，如市场失效、非确定性、不可逆转性、人口增长及在许多情况下存在的环境与经济发展的取舍关系等问题，又在一定程度上阻碍了海洋环境的保护和资源的持续利用。

人类活动对海洋环境造成的不利影响可归纳为以下几个方面：第一，海洋自然资源供给能力的削弱；第二，海洋处理（或吸收）废物和污染物质功能的削弱；第三，海洋环境退化的代价和受益分配不公。这些影响直接或间接地改变了海洋自然生态环境，影响了海洋生态过程的正常运行和自我调节机制，减弱了其恢复功能的发挥。而这反过来又会破坏海洋生物的生态环境，致使海洋生物再生能力减弱，造成资源量减少，甚至使某些海洋生物濒危灭绝。

具体来说，人类活动导致海洋环境出现以下几种问题：

（一）海水质量下降

由于陆地污染物排向海洋以及人类在海上进行经济活动时所产生的污染，导致海水质量不断下降，进而产生了一系列的恶性结果。对中国海域造成污染的污染物主要有三种：无机氮、活性磷酸盐和石油类，而陆源污染物则是造成近岸海域环境污染的主要原因。近年来，陆源排污压力巨大，近岸局部海域污染严重，15% 近岸海域水质劣于第四类海水水质标准，约 1.8 万平方千米海域呈重度富营养化状态。海洋生态环境退化、环境灾害多发等环境问题依然突出。① 陆源污染物大部分通过入海河流排入，少部分通过入海排污口排入。从空间上看，我国主要的海域污染区域分布在黄海北部近岸、辽东湾、渤海湾、莱州湾、江苏沿岸、长江口、杭州湾、浙江北部近岸、珠江口等海域。根据《报告》的统计数据，截至 2012 年，在渤海和黄海，水质为重度污染的海域面积均达历史高位；在东海，重度污染的劣四类海水海

① 国家海洋局：《2013 年中国海洋环境状况公报》。

域面积占全部污染海域面积的 43%，为历年之最。①

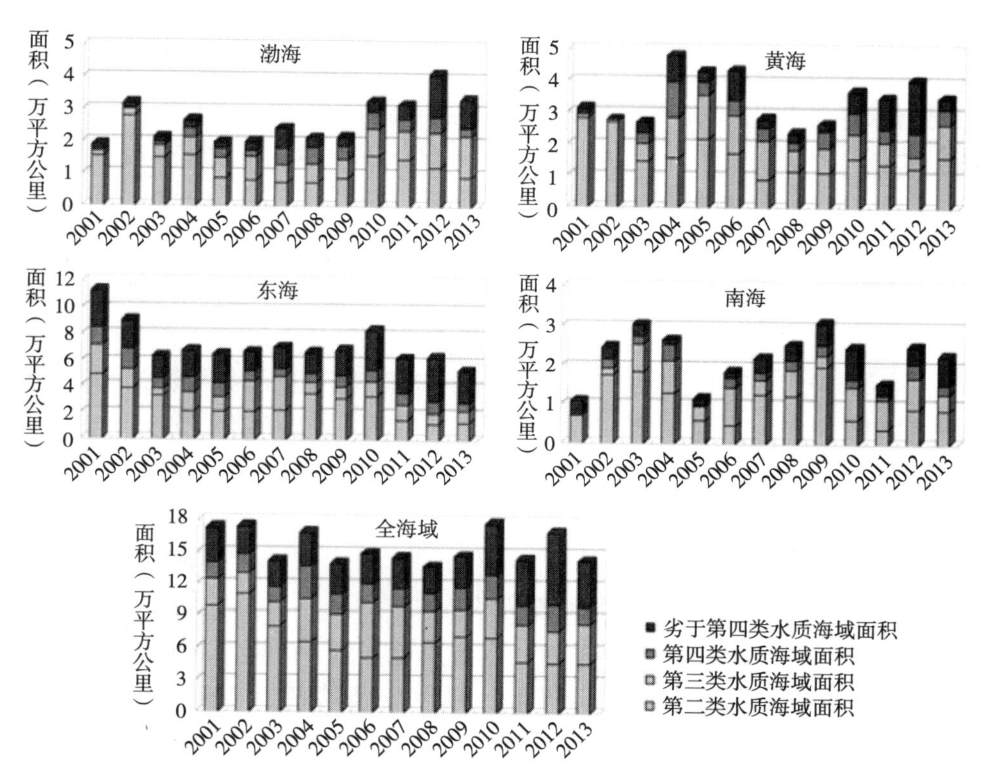

图 1–2：2001—2013 年我国管辖海域未达到第一类海水水质标准的各类海域面积

（二）海洋沉积物质量下降

海洋沉积物是指以海水为介质沉积在海底的各种物质的总称。沉积作用一般可分为物理的、化学的和生物的三种不同过程，由于这些过程往往不是孤立地进行，所以沉积物可视为综合作用产生的地质体。由于海洋沉积物地处深海且性状较为稳定，因此人类活动尚未对海洋沉积物的质量产生巨大的影响。

我国近岸海域沉积物综合质量状况总体良好，海洋沉积物污染的综合

① 国家海洋局海洋发展战略研究所课题组:《中国海洋发展报告（2013）》，海洋出版社 2013 年版，第 175 页。

潜在生态风险低。但部分海域沉积物受到多氯联苯、砷、铜和石油类等的污染，如辽东湾主要超标要素为汞和镉，其中锦州湾海域汞含量超第三类海洋沉积物质量标准；大连湾主要超标要素为铬、锌、硫化物和石油类；珠江口主要超标要素为铜、砷、铅、锌等，个别站位铜含量超第三类海洋沉积物质量标准。①

（三）海洋生态系统健康受损

海洋污染、大规模填海造地、外来物种入侵等导致我国滨海湿地大量丧失，生物多样性降低，近岸海洋生态系统严重退化。近年的监测结果表明：中国近岸海洋生态系统亚健康和不健康的比重占到76%，岸线人工化近40%，海岸带生态脆弱区占80%以上，河口海湾普遍受到营养盐污染。据初步估算，与20世纪50年代相比，中国累计丧失滨海湿地57%，红树林面积丧失73%，珊瑚礁面积减少了80%，2/3以上海岸遭受侵蚀，沙质海岸侵蚀岸线已逾2500千米；外来物种入侵已产生危害，海洋生物多样性和珍稀濒危物种日趋减少。②

（四）自然岸线破坏严重，海湾面积缩减

我国大陆岸线长达1.8万千米，岸线资源丰富，具有丰富的旅游资源、港口资源、渔业资源和广阔的经济社会发展的空间资源。受海洋开发利用活动的影响，全国自然岸线比例缩减、人工岸线比例增加、重要海湾水域面积缩减；2008年全国人工岸线比例已达56.5%，江苏、上海、天津的岸线人工化程度高，人工岸线比例分别达92.8%、90.2%和83.4%，海南省自然岸线比例最高，为83.6%；人工岸线中，84.5%为养殖堤坝，11.9%为海岸防护堤坝，3.3%为港口码头岸线，0.3%为城市建设填海岸线。卫星遥感监测结果表明，1991—2008年全国20个重点海湾水域面积均出现不同程度缩减，缩减比例为0.3%—20.7%，其中锦州湾、胶州湾、复州湾、雷州湾最为严重，面积分别缩减了20.7%、15.8%、12.5%和9.3%。

围填海导致海岸带自然生态环境丧失和改变是近年来自然岸线减少的主导原因。1990年前全国围填海总面积为82.7万平方千米，1991—2000年

① 国家海洋局：《2013年中国海洋环境状况公报》。

② 厉丞烜、张朝晖等：《我国海洋生态环境状况综合分析》，《海洋开发与管理》2014年第3期，第87—95页。

间新增围填海总量为23.7万平方千米，2001—2008年间新增围填海总量为27.8万平方千米，2001年以来围填海年均增加3.4万平方千米。至2008年，全国近岸围填海总量达到133.6万平方千米。①

（五）海洋环境灾害频发

1. 赤潮和绿潮

赤潮又称红潮，是海洋生态系统中的一种异常现象，是指在特定的环境条件下，海水中某些浮游植物、原生动物或细菌爆发性增殖或高度聚集而引起水体变色的一种有害生态现象。绿潮是指在特定的环境条件下，海水中某些大型绿藻（如浒苔）爆发性增殖或高度聚集而引起水体变色的一种有害生态现象，也被视作和赤潮一样的海洋灾害。绿潮可导致海洋灾害，当海流将大量绿潮藻类卷到海岸时，绿潮藻体腐败产生有害气体，破坏海岸景观，对潮间带生态系统也可能导致损害。

2013年，全年共发现赤潮46次，累计面积4070平方千米。东海赤潮发现次数最多，为25次；渤海赤潮累计面积最大，为1880平方千米。赤潮高发期集中在5—6月，占全年赤潮发现次数的74%；2013年3—8月在黄海沿岸海域发生浒苔绿潮，最大覆盖面积为790平方千米，最大分布面积为29733平方千米。2013年，黄海沿岸海域浒苔绿潮规模为近三年来最大。②

2. 海上溢油

随着海上油气开发强度的增加，海上油气平台及输油管线的跑、冒、滴、漏等造成的石油污染事故频繁发生，并且呈逐年递增的趋势，严重污染了海水及海底的生态环境。此外，航运业的快速发展导致船舶及有关作业活动对海洋环境造成污染的风险也越来越大，船舶溢油事故造成的生态环境损害和经济损失更是难以弥补。据统计，1976—2010年间，我国沿海共发生大小船舶溢油事故3115起，平均每四天发生一起。③ 我国船舶溢油事故已进入高发期，对海洋环境造成了严重的威胁。

---

① 付元宾、曹可、王飞等：《围填海强度与潜力定量评价方法初探》，《海洋开发与管理》2010年第1期，第27—30页。

② 国家海洋局：《2013年中国海洋环境状况公报》。

③ 国家海洋局海洋发展战略研究所课题组：《中国海洋发展报告（2013）》，海洋出版社2013年版，第173页。

2010—2011年，大连市新港连续发生五起溢油事故，重创当地的旅游产业和水产养殖业。[①]2011年6月4日和6月17日，蓬莱19–3油田相继发生两起溢油事故，导致大量原油和油基泥浆入海，对渤海海洋生态环境造成严重的污染损害。溢油事故造成蓬莱19–3油田周边及其西北部面积约6200平方千米的海域海水污染和海底沉积物污染，受污染海域的海洋浮游生物种类和多样性明显降低，生物群落结构受到影响，对海洋生态环境和资源带来巨大灾难。[②]2013年11月22日，青岛东黄输油管线发生爆燃事故，入海原油对胶州湾及邻近海域的海水、海洋沉积物、海洋生物、岸滩等造成一定影响。至12月底，海水质量呈现一定程度改善，岸滩污染有所减轻。

3. 海水入侵

海水入侵是指滨海地区因长期超强度开采地下水或矿井地下水强烈疏干等原因，地下水动力条件发生变化，造成地下水位大幅度下降，甚至低于海平面，地下水与海水的动力平衡遭到破坏，海水沿地下孔隙、裂隙或溶蚀孔洞向陆地扩侵的现象。我国的海水入侵灾害主要出现在辽宁、河北、天津、山东、江苏、上海、浙江、海南、广西9个省份的沿海地区。最严重的是山东、辽宁两省，海水入侵的总面积已超过2000平方千米。

与2013年相比，渤海滨海地区辽宁盘锦、河北唐山监测区海水入侵范围有所扩大，辽宁锦州、山东烟台和潍坊监测区近岸站位氯离子含量明显升高；黄海滨海地区江苏盐城和连云港、东海滨海地区福建长乐监测区近岸站位氯离子含量明显升高。[③]与海水入侵灾害伴生的是，灌溉地下水水质变咸，土壤盐渍化，最终导致水田面积减少，旱田面积增加，荒地面积增加。土壤盐渍化严重地区分布于渤海滨海平原地区。与2013年相比，渤海滨海地区河北秦皇岛和唐山土壤盐渍化范围稍有扩大；黄海部分监测区近岸站位含盐量明显上升；东海和南海滨海地区盐渍化范围基本保持稳定。

① 国家海洋局海洋发展战略研究所课题组：《中国海洋发展报告（2013）》，海洋出版社2013年版，第192页。

② 国家海洋局海洋发展战略研究所课题组：《中国海洋发展报告（2013）》，海洋出版社2013年版，第168页。

③ 国家海洋局：《2013年中国海洋环境状况公报》。

4. 海岸侵蚀

海岸侵蚀是指在自然力（包括风、浪、流、潮）的作用下，海洋泥沙支出大于输入，沉积物净损失的过程，即海水动力的冲击造成海岸线的后退和海滩的下蚀。我国砂质海岸和粉砂淤泥质海岸侵蚀严重，侵蚀范围不断扩大，局部地区侵蚀速度呈加大趋势。海岸侵蚀造成土地流失，损毁房屋、道路、沿岸工程、旅游设施和养殖区域，给沿海地区的社会经济带来较大损失。陆源来砂急剧减少、海上大量采砂和岸上不合理突堤工程建设等是海岸侵蚀的主要原因。①

另外，由于大规模的围填海工程消耗了大量的天然海岸线、公共可利用海岸线等稀缺资源，全国超过一半以上的海岸线已为人工海岸线。岸线人工化造成自然景观破坏，滨海湿地丧失，海湾和河口纳潮量降低，使近岸海域生态环境受到严重破坏，近岸海域生态服务功能严重受损，防灾减灾能力降低。②

综上所述，人类与海洋环境相互依存、相互作用。正是在海洋生态系统结构的支撑下，在对海洋环境系统功能的开发和利用中，人类才得以生存和发展。过去，由于只有生产观点，缺乏生态观点，只想着去征服海洋、利用海洋，而不去顺应它、保护它，从而造成海洋生态系统的严重受损。人们为自己的行为付出了巨大的代价。早在一个世纪以前，恩格斯就提醒人们："我们不要过分陶醉于我们对自然界的胜利。对于每一次这样的胜利，自然界都报复了我们。每一次胜利，在第一步都确实取得了我们预期的结果，但是在第二步和第三步却有了完全不同的、出乎预料的影响，常常把第一个结果又取消了。美索不达米亚、希腊、小亚细亚以及其他各地的居民，为了得到耕地，把森林都砍完了，但是他们想象不到，这些地方今天竟因此成为荒芜不毛之地，因为他们使这些地方失去了森林，也失去了积聚和贮存水分的中心。"③ 可见，正确地认识和处理人类活动与海洋环境的关系，是合理开发

---

① 国家海洋局海洋发展战略研究所课题组：《中国海洋发展报告（2013）》，海洋出版社 2013 年版，第 170 页。

② 国家海洋局海洋发展战略研究所课题组：《中国海洋发展报告（2013）》，海洋出版社 2013 年版，第 191—192 页。

③ 《马克思恩格斯选集》第 4 卷，人民出版社 1995 年版，第 383 页。

利用海洋的基本前提，也是实现海洋经济可持续发展的保障。人类如果不能善待海洋，最终受到危害的将是人类自身。

第二节　海洋环境问题及成因

一、海洋环境问题

海洋环境是指影响人类生存和发展的各种天然的和经过人工改造的海洋自然因素的总和，包括海洋水体环境、海洋上方的大气环境和海底环境以及生活于海洋中的生物环境等。作为地球生命系统的重要组成部分，海洋环境在全球环境中占有十分重要和突出的地位。这不仅因为海洋是地球生物多样性最丰富的地区，每年给人类提供食物的能力相当于全球陆地全部耕地的1000倍，而且还在于海洋具有巨大的包容能力和调节能力。但海洋的净化能力是有一定限度的，无节制地任意向海洋倾倒废水、废物，将造成海洋环境的污染和损害。而一旦对海洋环境造成污染损害，再要治理和恢复将十分困难。因此，对海洋环境加强保护和管理就十分必要和迫切。

所谓环境问题，是指作为中心事物的人类与作为周围事物的环境之间的矛盾。人类生活在环境之中，其生产和生活不可避免地对环境产生影响，这些影响有些是积极的，对环境起着改善和美化作用；有些是消极的，对环境起着退化和破坏作用；另一方面，自然环境也从某些方面（例如严酷的环境和自然灾害）限制和破坏人类的生产和生活。上述人类与环境之间相互的消极影响就构成环境问题。

如果从引起环境问题的根源考虑，可以将环境问题分为两类：由自然力引起的为原生环境问题，又称为第一环境问题，它主要是指火山活动、地震、台风、洪涝、干旱、滑坡等自然灾害问题。对于这类环境问题，目前人类的抵御能力还很脆弱。由人类活动引起的为次生环境问题，也叫第二环境问题，它又可分为环境污染和生态环境破坏两类。环境污染是指人类活动产生并排入环境的污染物或污染因素超过了环境容量和环境自净能力，使环境的组成或状态发生了改变，环境质量恶化，从而影响和破坏了人类正常的生产和生活。例如工业“三废”排放引起的大气、水体、土壤污染。生态破坏是指人类开发利用自然环境和自然资源的活动超过了环境的自我调节能力，使环境质量恶化或自然资源枯竭，影响和破坏了生物正常的发展和演化，以及可更新自然资源的持续利用。例如砍伐森林引起的土地沙漠化、水土流失、一些动植物物种灭绝等。

海洋环境问题指的是人类活动作用于海洋环境所引起的人为环境损害、破坏的总和，而不包括诸如地震、海啸、风暴潮、巨浪等自然灾害造成的自然环境问题。海洋环境问题主要分为两类：一类是由于人类的生产、生活活动将各种物质和能量过量引入海洋所产生的海洋环境的污染；另一类是由于人类对海洋资源的不适当开发导致的海洋生态破坏。

海洋环境问题是全球环境问题的一部分。20 世纪 50 年代，海洋环境问题开始频繁发生，但当时大多数人认为是局部地区的问题，未引起充分重视。60 年代开始，人们发现海洋污染造成的损害是全面的、长期的、严重的，是区域性甚至全球性的问题。当时，海洋环境问题以污染损害为其特点，并主要表现为单项的、局部地区的、显性的污染，即海洋污染大多由某一种污染物引起、污染范围一般不大，且多表现为急性损害或有明显的表征。这类环境问题几乎都发生在发达国家工业化进入重化工发展时期，也几乎都发生在发达国家沿岸或近海海域。70 年代以来，特别是 1972 年在斯德哥尔摩召开的“人类环境会议”后，各国普遍重视环境污染控制与治理，发达国家的环境包括海洋环境得到了显著的改善，相应的环境问题也有所减少和减轻。但是，就世界范围而言，进入海洋环境的工业废水、生活污水和各种废弃物仍在逐步增多，尤其是发展中国家正在走着工业化的道路，许多国家正在重蹈发达国家“先污染后治理”的老路，而发达国家则公开掠夺他国资源或将污染转移给发展中国家，致使全球的海洋环境问题变得越来越多元化、复杂化。其特点表现为：由单项环境问题为主，演化为以综合性环境问题为主；由局部性环境问题为主，演化为以区域性环境问题为主；由显性环境问题为主，演化为以隐性环境问题为主；由短期环境问题为主，演化为以长期环境污染与生态破坏两类问题并重。目前世界上许多海域正在遭受人类活动所造成的各种破坏：人类在河流上游筑坝使海洋和陆地的生态链遭到阻隔、在海底钻探开采石油使海洋受到污染、对沿海地区的开发使海洋生物灭绝、工农业生产排放的废物使水体含有大量有毒物质、鱼类遭到人类过量捕捞等等。海洋，这一世界上生物最富多样化的水域，生态系统正面临崩溃的境地，全世界35个主要海域，如波罗的海、地中海、黑海、白令海等已不同程度地遭到破坏。

我国的海洋环境状况也不容乐观。伴随“海洋世纪”的到来，我国必将加大对海洋全面开发的力度。海洋经济高速发展的趋势将对海洋环境提出更大的承载要求，同时也对海洋环境保护构成更大的冲击。海洋环境问题的存在，已成为我国海洋经济可持续发展的重要制约因素。如何在发展的同时，保护好海洋环境，成为海洋环境管理所要解决的中心问题。

海洋生态系统的服务价值评估研究告诉我们，海洋是有价值的，正确认识、评估海洋生态价值是合理开发利用海洋的前提。任何对海洋资源的无价或低价使用，都会导致海洋资源的过度消耗和海洋自然生态的严重破坏。从全球范围看，随着沿海经济的迅猛发展和城市化进程的加快，近岸海域环境面临的压力越来越大，受到严重污染的区域进一步扩大，海洋生态环境将受到更大的威胁。

二、海洋环境问题产生的原因分析

导致目前海洋环境问题存在的原因是多方面的。表面上看是因为我国目前的管理体制存在一定的问题，管理措施推行不力，执法不严，管理效率低下；生产企业和个人在海洋资源的开发利用过程中，缺乏环保意识，只注重个人利益和眼前利益，生产过程中造成对海洋环境的污染和破坏等。然而，在表面现象的背后，还隐藏着深层次的经济原因。从我国的实际状况来看，导致海洋环境问题产生的深层原因有以下几方面：

（一）海洋经济发展与海洋环境保护之间矛盾的客观存在

开发利用海洋资源，促进海洋经济的发展，提高人民生活的质量和水平，这是人们所期望的。然而，现实并不总是尽如人意，海洋经济发展与海洋环境保护往往处于矛盾之中。因为海洋经济的发展意味着海洋产业的发展，而海洋产业的发展，往往伴随着对海洋环境的破坏。1955年，诺贝尔经济学奖获得者西蒙·库兹涅茨（S.Kuznets）通过考察许多国家经济增长与收入分配的关系，提出这样一个假设：在经济发展过程中，收入的差异具有随着经济的增长表现出先逐渐加大、后逐渐缩小的规律；在二维平面空间，以收入差异为纵坐标，以人均收入为横坐标，则两者之间便呈现为倒“U”型曲线的关系，这一关系被称之为库兹涅茨曲线（Kuznets Curve），简称为KC。

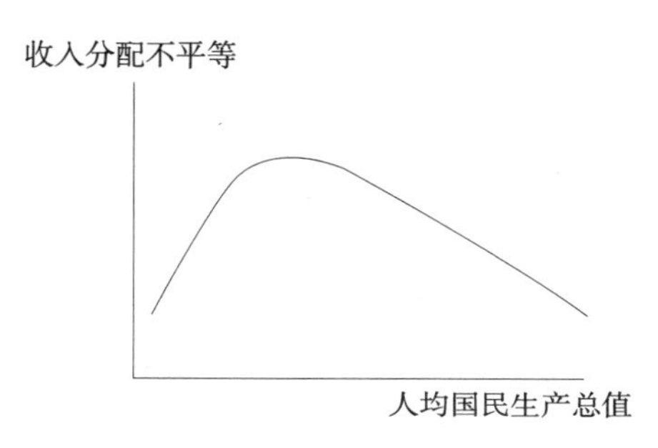

图 1–3：库兹涅茨曲线（Kuznets Curve）

受这一假设的启示，同时依据长期以来经济增长和环境保护之间恶化与改善的经验数据的支持，1992年，美国经济学家古斯曼（Grossman）和克鲁格（Kureger）等人提出了环境库兹涅茨曲线，即EKC（Environment Kuznets Curve）的假设。环境库兹涅茨曲线试图描述污染问题与经济发展之间的关系。它假定：如果没有一定的环境政策干预，一个国家的整体环境质量或污染水平在经济发展初期随着国民经济收入的增加而恶化或加剧；当该国经济发展到较高水平时，环境质量恶化或污染水平的加剧开始保持平稳进而随着国民经济收入的增加而逐渐好转。也就是说：在进入现代经济增长之前，人口总量不大，经济增长速度很低，开发和利用资源的能力有限，所排放的废物，不仅数量上较为有限，而且可生物降解，因此对环境的负面影响并不大；在现代经济增长最初阶段，主要发展资源密集型产业和采用污染型技术，加上人口增长显著加快和过于强调经济增长，资源消耗速率开始超出资源更新速率，废物排放的数量和毒性均有增加，导致环境污染越来越严重；当经济发展到一定水平后，公众的物质生活质量已到了相当高的水平，人们开始对环境质量有了更高的需求，环境意识的强化，环境政策法律的实施和高新技术的运用，以及通过发展蓄积起来的经济实力开始转向环境治理，使环境质量退化的势头得到遏制并逐步好转，环境污染又逐渐减轻。

尽管对于环境库兹涅茨假说还存在疑义，但这一假说的提出的确给人以很多的启示，促使人们从一个新的角度去考查经济发展与环境治理的内在联系，去深入探究影响环境改善的各制约因素的互动机理，从而为实现经济与环境的协调发展找到有效的途径。根据环境库兹涅茨曲线提供的思路，可以推断：海洋经济发展与海洋环境保护之间矛盾不可避免，发展海洋经济必然会带来海洋环境在某种程度上的破坏，希望污染为零是不现实的。海洋经济发展的现实已证实海洋环境污染的严重。但是，有污染并不意味着这一污染一定要大到危及经济发展和人类生存。环境库兹涅茨假说的提出也提醒人们在海洋开发利用过程中必须注意处理好海洋经济发展与海洋环境保护的关系，尽最大可能减少对海洋环境的破坏程度，以防患于未然。因为环境资源在一定程度上具有不可逆的特征，如果环境退化超过一定的生态阈值，环境退化就成为不可逆的了。也就是说，如果这些资源在经济发展的起飞阶段造成严重退化，那么，将需要很长时间和很高的成本才能使之恢复，甚至极有可能无法恢复。海洋经济发展必然给海洋环境造成影响，但不能对此听之任之。在海洋经济发展的早期阶段致力于控制污染排放和资源枯竭显然从经济上讲更为合理。因为，在今天预防和治理海洋环境在某些方面的退化可能比将来海洋环境已严重破坏时再治理更节省费用；而且在较早阶段的治理可能会阻止海洋环境恶化的不可逆性。由此可见，即使接受倒“U”形曲线的关系的存在，也需要相应的政策措施，防止倒“U”形态，或尽可能地降低倒“U”形曲线的弧度，使环境破坏达到最小化。较好的管理可以使同样的资源获得更多的经济增长和环境保护，对海洋环境污染的控制与防治应是与海洋经济发展同步进行的。

（二）海洋环境问题的“市场失灵”

1. 海洋环境的公共物品属性与“公地的悲剧”

公共物品是相对于私人物品而言的，是指具有非排他性和非竞争性的物品。

海洋环境属于公共物品，这里的含义包含两层：其一是指海洋环境所提供给人们的服务，如令人舒适的自然景色、海洋环境质量、海洋物种的多样性，也包含被污染的海洋环境等，具有不可分性、非竞争性和非排他性，是纯粹的公共物品，任何人都可以自由地享用海洋所带给人们的自然环境，而不需要承担生产成本。由于海洋环境这一公共物品的产权难以界定清楚，很多情况下任何人都可以免费自由使用，因而，为追逐个人利润的最大化，每个使用者都会最大限度地使用无需支付费用的海洋资源，其结果经常导致海洋公共财产被过度使用，出现所谓的“公地的悲剧”现象。其二是指海洋环境中的海洋资源、被使用的海域等，是作为准公共物品而存在，即海洋环境资源是共有的，具有非排他性、非竞争性特征，但是，海洋环境这种非排他性和非竞争性的特点到一定程度就会消失，出现排他性和竞争性的问题。海洋环境资源的总量是有限的，超过一定人数的使用，便产生拥挤现象，出现竞争性特点，一个人用的资源愈多，就意味着留给其他人的资源愈少，每一个资源使用者的加入都给其他使用者带来了外部成本，因而使用者相互竞争最终影响到可用资源的数量和质量，海洋环境资源由一种“取之不尽、用之不竭”的公共物品，变成稀缺资源。随着人类对海洋环境资源的需求不断扩大，这种稀缺性呈急剧上升态势，主要表现为：一方面，人类从海洋中获取的可再生资源大大超过其再生增殖能力，人类所消耗的不可再生资源的速率大于人类发明或寻找到替代物的速率，从而导致海洋可再生资源和不可再生资源稀缺程度的急剧上升；另一方面，人类排入海洋的废弃物，特别是有害物质的增加，超过了海洋环境的自然净化能力，干扰了海洋的正常循环，致使海洋环境难以承载越来越多的排入物。环境容量资源不堪重负的结果，是环境容量资源稀缺程度的急剧上升。如海洋环境自身具有净化功能，对一定的污染具有承载力。如果仅有少量企业向大海排污，其排污量可以被净化，不会造成海洋环境功能上的破坏。但是，海洋环境的净化能力是有限的，如果多个企业向海里排污，其总量超过海洋的净化能力，就会造成污染，从而对海洋的功能造成损害。还有一个重要问题是：当我们说陆地资源稀缺时，更多的是指陆地资源的供给量不足，即陆地上已没有那么多的资源供人类使用。而当我们讲海洋资源供给稀缺时，尽管也包括某些海洋资源的供给量已出现不足，但更多的则是指在人类能力所及范围内的海洋资源不足。在当今，由于人类的科学技术还没有达到将占地球表面积71%的海洋全部利用或大部分利用起来的程度，因而面对海洋巨大的资源宝库，人类的能力只能触及其中的一小部分。而在人类能力所触及的海洋区域中，这种稀缺性主要表现在某些海区资源（如海岸带）和某种用途资源（如养殖水域）的特别稀缺上。由于海洋稀缺性日益增强，导致一系列海洋经济问题的产生。

私人物品主要是由市场来提供的，受经济利益的驱使，企业或私人有强烈的动机来进行商品生产，而公共物品的非排他性和非竞争性，就使得企业或个人缺乏提供的动力。海洋环境资源属于公共物品，这些资源显然难以明确其私人产权，如果由私人来提供的话，可能会存在两种情形：一是海洋环境物品缺乏供给或供给不足，如海洋环境保护，尽管优美质高的海洋环境对人人有益，但消费者可以免费或少交费享受之，就会使生产者得不到应有的收益，从而很少有人愿意提供；二是海洋环境物品的利用不足，对于海洋环境中一些准公共物品，如海滨游览区、海水浴场等，若完全由市场供应，采取“谁进入，谁付费”的方法，则可能导致公共资源的闲置。因此，市场不能有效地配置海洋环境物品，政府干预就很必要，因为政府的一个重要职能就是提供公共物品。

2. 海洋环境开发利用中的外部性

外部性也称为外部效应。外部经济效果是一个经济人的行为对另一个人福利所产生的效果，而这种效果并没有从倾向或市场交易中反映出来。也就是说，一个经济人的行为影响到其他人，但该经济人没有根据这种影响的大小或好坏从被影响者那里获得报酬或向其支付赔偿。外部效应有积极的影响和消极的影响：好的影响或积极的影响被称为外部经济（也叫正外部性），如一个人养花种草，给邻近的养蜂人带来了好处，使周围邻居可以免费观赏，却得不到报酬；坏的影响或消极的影响被称为外部不经济（也叫负外部性），如位于上游的钢铁厂排放的废水污染了下游的养鱼场，使鱼的数量减少，钢铁厂又没有给养鱼场赔偿。钢铁厂的产量越高，养鱼场的损失越大。

在经济生活中，外部效应最大的后果是扭曲资源配置。因为，当存在外部经济性时，经济单位采取行动的个人收益小于行动成本、行动的成本小于社会收益时，即使该项经济活动对于社会是有益的，但对于个人来说却是无利可图的，它就不会采取这项行动。所以，在有外部经济的情况下，个人的行动水平常常低于社会最优水平。外在性失灵的这种表现是有益效应得不到鼓励，比如一个新发明在给社会带来较大的生产力时，其他人也跟着受益。虽然社会得到的外部收益远远大于发明者为发明所付出的成本，但在许多情况下，发明者只能够得到他的发明带给社会利益报酬的一部分，这样不利于鼓励有益性外部效应，同样达不到资源的最优配置。①

当存在外部不经济性时，经济单位采取行动的收益高于个人成本，低于社会成本，即使这项行动对社会是有害的，但对个人来说是有利可图的，经济单位为了实现其利益最大化，往往采取有害于社会的行动。一般而言，在外部不经济的情况下，个人行动水平常常高于社会最优水平。外在性失灵的此种表现就是：私人生产者在获得最大利益的同时，往往损害社会或他人利益。

无论是正外部性还是负外部性，都会影响到环境资源的优化配置，从而使环境问题更加严重。因此，在生产和消费环境资源中外部性的存在，是环境问题产生的根本原因。由于海洋一直被看作公共物品，其产权不明晰，因此，从事海洋开发利用的个体或企业往往都是从自身利益出发，他们只关注自身利益的最大化，关心自己的私人生产成本，而不顾社会成本及对海洋环境这一公共资源的破坏。如在渔场捕鱼，渔场是公共的，任何个人或企业都希望捕得越多越好，但很少有人会主动保护渔场和致力于做促进鱼类生产的公益性生产投入。个体或企业在海洋开发利用活动中，所产生的污染物排放对公有资源、海洋环境而言是一种破坏，但从眼前来说，对自身的利益可能非但没有损害，反而从中获利。也就是说，生产者追逐自身利益的私人行为所带来的影响却是社会性的，其造成的污染由他人或社会来承担，甚至要由子孙后代来承担。这种私人成本和社会成本的不一致，就是经济学上所指的外部效应。企业或个人就会把废弃物排入海洋中，一旦这些废弃物海洋环境容量和海洋环境的自净能力，使海洋环境的构成和状态发生了改变，就会造成海洋环境的污染。由企业或个人带来的海洋环境污染是一种典型的负外部性的表现。由于海洋环境污染可能引发各种疾病，损害人们的健康，从而降低了劳动力的工作能力，由此造成劳动力水平下降；同样海洋环境污染也还致使各种海洋生物资源减少，滨海旅游环境质量下降，将对渔业、旅游业等相关产业造成直接经济损失；过度开采和不合理使用海洋资源，会引起海洋资源枯竭的危险，将导致经济收入的不断减少；为了消除环境污染带来的不良影响，政府、受害企业以及个人还得支出大量资金用于治理环境。所有

① ［美］萨缪尔森：《经济学》，高鸿业译，中国发展出版社1992年版，第1192页。

这些损失和费用都是由受害者承担，是造成环境污染的企业强加于他人头上的，加害者并不承担这些费用。因此这些费用被称为外部费用或外部成本。

由于外部性表现在个人成本与社会成本的不一致，因此，为有效减少和控制经济行为的外部负效应，就应当使得外部成本内在化。

（三）海洋环境问题的“政府失效”

市场失灵成为政府介入环境管理领域的一个必要条件，市场这只“看不见的手”失去有效配置资源的能力时，政府这只“看得见的手”开始发挥功效。但政府的干预并不必然消除市场失灵。由于政府在观念认识、政策制定、具体管理中存在的一系列问题，也使得政府在介入海洋环境管理时，有时并不能达到预期效果，甚至与预期目标适得其反，从而出现“政府失灵”现象。

1. 政府有限理性与认识偏差

政府是海洋环境管理的核心主体，政府的认知状况、思维方式以及由此产生的行为方式直接影响到海洋环境管理的成效。政府在海洋环境问题的有限理性和认识偏差主要体现在：一是对海洋环境问题的认识存在滞后性。对海洋环境问题的认识有一过程，人类对海洋生态环境的真正关注只是最近几十年的事情。加之海洋环境问题的产生往往要经历一个由隐性到显性、由点到面的漫长过程，因而往往等到问题出现后才认识到其危害，难以在事前对海洋环境影响评价进行准确的把握。二是对海洋环境资源利用在认识上不正确，以为海洋环境资源可以取之不尽用之不竭，怎么样都不会对海洋环境有影响。如新中国成立后，政府号召人们“向海洋要地要田”，于是造成了盲目围海造田的状况，此举不仅吞食了许多优良港湾和滩涂湿地，而且严重破坏了海洋生态环境。三是即使人们认识到海洋环境问题的严重性，由于对“以经济建设为中心”的片面理解，加之政府考核中存在短视的评价标准，因此各级政府通常把工作重点放在经济领域。当经济发展与环境保护发生冲突时，往往选择经济而牺牲环保。特别是就海洋而言，一些政府部门的领导或者对海洋环境所具有的战略意义至今认识不足，在海洋环境治理中无所作为；或者对海洋环境管理存在不当理解，过于强调末端治理，而忽略对海洋环境系统的全面管理，从而在实践中导致失误。

2. 海洋环境管理的政策失灵

海洋政策是一切海洋活动的出发点，并贯穿在活动的全过程之中。从某种意义上说，海洋管理就是对海洋政策执行的管理。海洋管理制度从建立到实施，可以说都是依据一定的海洋政策进行的。海洋政策既是海洋管理的准则和基础，是各级海洋管理机构实施具体管理行为的重要依据，又是国家对海洋事业发展进行宏观管理的基本表现方式，是海洋管理的基本手段。由于海洋环境政策的制定是一个复杂的政治过程，其中政府官员的偏好因素和有限理性，利益集团的影响及公众因信息不对称导致的“无知”等因素影响，使得政府的海洋环境政策有时并不能反映公共的利益。中国至今仍缺乏公开透明的公众参与制定环境政策的法定程序和制度，特别是缺乏听取小型企业、乡镇企业、个体工商户和公民意见的法定程序，一些政策和法规在颁布之后才发现大量难于实施的棘手问题，致使制定的政策和法律不够切合实际。另外，目前中国制定环境政策的基础工作相当薄弱，统计工作、信息工作较差，说假话、报假数的现象比较普遍，情况不明、数据不准、信息不灵、统计不全、缺乏经济效益论证的情况相当严重。在这种情况下制定政策，难免出现政策脱离实际的问题。同时，由于海洋环境管理涉及诸多部门，而环境政策往往出自各部门之手，因此，海洋环境政策的制定和管理在一定程度上缺乏统一性。我国在制定海洋环境管理政策时，缺乏从整体上对海洋环境管理工作进行统筹考虑和全面规划，国家统一的海洋环境政策的调研、制定缺乏连续性和衔接性，已制定出来并颁发实施的统一政策，没有确定性的管理部门，经常出现政策执行中的自流现象；各有关海洋部门，在组织海洋环境的开发和保护活动中，往往不注意国家海洋总政策的贯彻，只考虑本行业的海洋政策的执行；各地在规划和开发海洋上，缺乏海洋环境具有多功能的认识，没有对其进行多功能分析和机会成本分析，结果导致海洋环境的开发没有最大限度地发挥其功能等等表现。

政府干预的海洋环境政策能否达成预期目标，不仅取决于政策设计，也取决于政策执行。但是在实际中，由于各种因素的存在如部门利益的存在使得部门可能出现“损公肥私”的情况，地方利益的驱动使地方政府作出与政策目标相反的选择，对污染行为处罚力度不够导致污染者对规章制度置若罔闻等，这些因素都可能导致海洋环境政策不能达到预期目标。

3. 海洋环境管理失灵

一是海洋环境管理的制度不健全，海洋环境的管理体制不顺，管理主体之间权限不清，海上执法机构的责权分散。由于现行法中缺乏统一的协调管理机制，部门间的配合缺少约束措施，造成陆、海环境管理严重脱节。地方环境保护部门依法对本行政区的海洋环境保护组织协调、监督检查不力；或者在普遍存在的“重陆轻海”思想指导下，将陆地污染转移给海洋；或者直接组织力量下海，代替或忽视了海上部门的作用。海上环境管理部门又往往得不到陆源排污资料，发现陆源超标排污损害事件又无权监督处理，信息反馈渠道也不畅。由于缺乏有效的协调机制，在海洋环境保护执法管理中还出现了部门之间或单位之间的工作既有重复和交叉，又存在互相推诿或扯皮的现象。海洋、环保、水产、交通、水利、盐业、旅游、矿产等部门都作为执法部门，依据有关法律法规所赋予的权限在进行执法管理，大都自成体系，各自为政，形不成合力，造成“多龙闹海”的局面。海洋环境管理失灵的另一表现是海洋环境管理过程中寻租行为的产生。寻租活动，是个人或利益集团为了谋取自身经济利益而对政府决策或政府官员施展影响，以争取有利于自身的利益分配的一种非生产性活动。因当海洋环境问题加剧后，政府进行干预，导致海洋环境污染者、受污染者、环保部门之间展开博弈。污染者为了维护既得利益会加大“院外游说活动”的力度，以保持现有的或要求政府放宽制度的环境标准。而在排污收费的制度条件下，企业治理污染的程度直接影响环保部门的“收入”，这就有可能使一些环保部门在利益的驱使下纵容污染者的污染行为并在这一过程中收取费用，政府承当了主动设租的角色。而污染者尽管被罚款，但仍有利可图，因而“一个愿打，一个愿挨”，双方均以获利结束。在这一场博弈中，应当说，受害的仍是被污染者，包括海洋生态环境及与海洋环境密切相关的人群。

海洋环境问题的产生有其必然性，产生的原因错综复杂，既有人为的因素，也有客观的影响，目前要想完全消除海洋环境问题产生的根源不太现实。但这并不意味着人类面对海洋环境问题束手无策，只能任凭海洋环境问题的加剧。而是提醒我们，在解决海洋环境问题时，必须根据问题产生的原因，具体问题具体分析，寻找一种利大于弊的有效策略，通过构建合理的海洋环境管理制度来保障海洋环境保护活动的有序进行，防止海洋环境问题的恶化。

第三节　海洋环境问题全球化

一、全球海洋环境问题

海洋是地球生命支持系统的一个重要组成部分，是环境的重要调节器，也是生命的摇篮、资源的宝库、五洲的通道。随着人类生产力的不断提高，人类活动对海洋环境的开发利用能力也达到了相当高的水平，与此同时，全球性的海洋环境危机也开始出现。近年来，海洋环境污染日益严重，例如，大型油轮失事造成的石油污染频频发生，过度捕捞导致沿海渔业资源枯竭，对于海洋的过度倾废以及大量的来自大气的污染物质等等，都使得海洋环境保护的形势日益严峻。可以说，海洋污染已形成了全球性公害，成为人类共同面临的威胁。

防止海洋环境进一步遭到污染，恢复已经被破坏了的海洋生态平衡已经成为整个国际社会密切关注的问题。但是，并不是所有的环境问题都具有全球性。判断一个环境问题是否具有全球性，有两个标准："一是环境破坏是否具有跨国性的影响；二是在解决环境破坏的过程中是否涉及跨国因素，如国际管制与国际合作等。"① 近年来，一系列全球性海洋环境问题已经对人类正常生活造成越来越多影响，如全球气候变暖与海平面上升、全球海洋环境恶化、全球海洋生态危机、极地环境问题等对人类生存与发展构成严重威胁，成为关系到人类生存与发展的重大全球性问题。

（一）全球气候变暖与海平面上升

全球变暖及其所造成的海平面上升问题，已越来越受到国际社会尤其

① 所谓"全球性"，一方面是指跨越大陆的关系，应当包含洲际距离；另一方面则是指多边联结与相互依存所形成的网络。并且"全球性"的程度或强或弱，可强至覆盖人类整体以及整个地球，也可弱至多个大陆之间的联系，乃至"全球性"的消失。"全球化"即应指这种"全球性"的动态扩展过程。学术界对"全球"一词的使用，即主要是根据"全球性"的定义。因此，全球环境问题应当是跨越大陆的与多个大陆甚或整个人类整体利益相关的问题，在治理上则需要一种多边联结的体制。有关"全球性"的探讨参见［美］罗伯特·基欧汉、约瑟夫·奈《权力与相互依赖》，门洪华译，北京大学出版社2002年版，第275页。

是沿海各国和小岛国的关注。因为目前全球一半以上的人口居住在离海岸60千米的沿海地区，这些地区的平均人口密度比内陆高出约10倍，亚太地区则有约2/3的人口居住在沿海地区，且这些地区又都是工农业经济最发达的地区，对各国的可持续发展有着举足轻重的作用。

2015年1月14日，科学杂志《自然》发表一份美国哈佛大学的研究称，由于全球气候变迁严重，世界海平面正以前所未有的速度加速上升，这将导致人们在未来更难适应气候变化导致的全球变暖。该研究称，自1990年起海平面上升速度骤然加快，每10年上升1.2英寸（约合3.04厘米）左右，比1900年到1990年的上升速度快2.5倍。海平面上升对沿海国家和小岛国家的海岸带，尤其是滨海平原、河口三角洲、低洼地带和沿海湿地等脆弱地区有着极大的威胁。据最新研究成果，假如未来海平面上升50厘米，可能每年将有9200万人处于风暴潮引起的洪灾风险中。占世界稻米产量85%的东南亚和东亚地区，有10%的稻米产地处于海平面上升的脆弱区。美国大西洋和墨西哥湾沿岸，当海平面上升1米时，可能淹没2万平方千米的土地和同样面积的湿地，并危及680万户居民的生命财产。总的来说，除了海平面上升造成的土地损失、湿地减少等环境影响外，社会和经济影响也是十分严重的，从人类社会发展的角度考虑，必须对海平面上升问题给予足够的重视。

（二）全球海洋环境恶化

海洋虽然有着巨大的自我调节能力，但是由于人类海洋活动的增加，向海洋中排放了大量的物质和能量，使海洋环境受到不同程度的污染损害。海洋环境污染使海洋资源的有序开发利用受到很大影响，同时也严重地影响了人们的身体健康。海洋污染已经成为联合国环境规划署提出的威胁人类的十大环境祸患之一。海洋污染包括石油污染，有毒有害化学物质污染，放射性污染，固体垃圾污染，有机物污染以及海水缺氧等。其中，石油污染是目前最重要的海洋污染。据估计，一座500万人口以上的城市，每年要排放4200万升石油产品。[①] 船舶和海上石油开发也要泄漏大量石油入海。2011年中海油渤海湾漏油事故一度引起广泛关注。至今，仍可看到一些后续新闻，可见影响深远。漏油事故对我国渤海地区生态环境和渔业经济的负面影响是

① 杨金森：《海洋生态经济系统的危机分析》，《海洋开发与管理》1999年第4期。

不可估量的，其中经济利益和环保意识的交织和冲突，进一步深化了此次事故的影响。此外，还有核武器爆炸后的大量放射性元素进入海洋，核工厂排放的放射废物，投入海底的放射性废物等等，造成了海洋的放射性污染。

（三）全球海洋生态危机

海洋是地球上最大的生态系统。海洋和任何陆地一样具有丰富的多种多样的生态系统。尽管深海地区大体上未受到污染，但是事实表明，由于许多海域的环境退化，许多海洋物种呈下降趋势。联合国环境规划署发表的《全球环境展望——2000》指出：沿海海洋环境明显地受到生态环境改变及破坏、过度捕捞和污染的影响。沿海地区的自然环境，包括湿地、河口、红树林和珊瑚礁等，都因农业和城市的发展、工业设施、港口和道路建设、挖泥和填海、旅游和水产养殖业等原因而退化。举例来说，当前海洋生物资源开发过度已经导致资源以及生物多样性危机。威胁海洋生物多样性的因素主要包括以下方面：(1) 过度利用引起物种遗传上的变化；(2) 填海造地等人为改变局部海域自然环境的行为，使海洋生物承受巨大的环境压力；(3) 海洋污染、盲目发展的单一海洋养殖品种及其饵料分解造成海域富营养化直至赤潮发生，进而造成大批海洋生物死亡；(4) 远洋船只携带或盲目引进外来物种，导致本地海洋生态系统受到影响，许多原有物种因被排挤而消失；(5) 全球气候变化导致海平面上升，引起海岸带生态系统向陆地后退，直接影响全球海洋海岸带的生物多样性。①

（四）极地海洋环境问题

极地地区在影响全球环境的动态方面起重要作用，并且是全球环境变化，尤其是气候变化的指示器。北极和南极虽然有一些共同的特性，如高纬度、寒冷和遥远等，但是也有显著的区别。北极占主要地位的是被陆地围绕的又大、又深的中央海洋。而南极是一片被海洋包围的大陆块，部分被冰雪覆盖。但目前两者有共性，就是北极和南极的极地环境正在受到污染。特别是北极地区，对北极环境的破坏归因于对自然资源的开采和加工。尤其是工业加工造成的严重的污染，由于臭氧层空洞的出现，南极冰层已经呈现缩小的趋势，这将对全球环境带来重大影响。联合国环境规划署出版的《全球

---

① 联合国环境规划署：《全球环境展望》(2000)，中国环境科学出版社 2000 年版。

环境展望——2000》指出："北极和南极都因其相对清洁的环境而具有价值。极地生物群已经适应那里极端的条件，其特点是温度、光照的巨大变化和冰雪的作用。这种适应性使部分动植物对于人类对环境的影响更加敏感。南北极地区都会受到发生在本地区以外的事件的影响。特别是极地地区成为气候较温和地带产生的各种污染物的沉积地，包括难降解有机污染物、重金属、放射性物质和酸性物质。人们越来越关注这些污染物对北极居民的健康造成的严重危害，因为它们在陆生和水生食物链中有生物积累性和生物放大性。"①

二、全球海洋环境问题的治理趋势

海洋环境问题的全球性决定了进行广泛而公平的国际合作是保护和治理全球海洋环境的关键。国际社会在全球性的海洋环境危机面前只有一个选择，那就是为了人类共同利益采取必要的共同行动以解决海洋环境问题。各国不论在政治、经济、文化等制度上有何差距，都面临着共同的威胁，任何国家都不可能单独面对，只有同舟共济、精诚合作，才能保持人类社会的可持续发展。

（一）国际合作是应对海洋环境危机的必然选择

海洋环境问题的加剧，使得许多海洋环境污染严重的国家开始采取治理措施，以改善被破坏的环境。但是，治理的脚步无法跟上海洋环境问题的发展，海洋环境污染和生态破坏的问题并未得到解决，并且在不断地加重，局部地区的问题打破了区域和国家的疆界演变成为全球性的问题；暂时性的问题相互贯通、相互影响演变成长远问题；潜在性的问题进一步恶化、蔓延演变成公开性问题。海洋环境问题的严重程度已经威胁到了整个人类的生存，"单靠一个国家，无论这个国家经济和科技实力多么雄厚，都不可能真正解决全球性或地域性问题，而只有国家间的相互合作才能有效地保护和解决环境问题"②。海洋污染问题的全球性确立了全球合作应付海洋环境危机的实际需要和基础，应建立一种协调机制来调整国际社会在保护、改善和合理利用海洋环境与资源过程中所产生的国际关系。唯有各国携手合作，共同努

① 联合国环境规划署：《全球环境展望》（2000），中国环境科学出版社 2000 年版。

② 王之佳：《中国环境外交》，中国环境科学出版社 1999 年版，第 260 页。

力，才能有效拯救海洋环境和整个人类。

（二）国际合作是海洋生态环境整体性的客观要求

海洋环境是一个开放的系统，和整个地球的环境相互影响、相互作用，但海洋环境又自成一体，形成一个独特的、复杂的海洋生态环境系统。在这个系统中，从初级的生命形式如浮游生物到高级的生命形式如海洋哺乳动物，组成了一个完整的生命链系统。这个生态系统内部各个组成部分之间相互作用、相互影响、相互制约、相互关联、不断演变，某一处的活动直接或间接地影响到另一处的状况。海洋环境是一个具有相对独立性的完整的生态系统，所以海洋环境的保护要从"大海洋生态系统"的观念出发，把海洋环境作为一个整体来加以保护。面对海洋环境问题的新发展，加强海洋环境保护成为全球共同关注的首要热点问题。海洋环境问题关系到全人类的总体利益，世界各国必须提高共识，基于人类生存环境总体利益的基本出发点，在保护海洋环境上提供国际合作。

海洋环境问题一方面与一定的区域地理环境和生态系统相关联，表现出区域性、地方性的特征；另一方面又通过海洋生态系统和地理联系传递，具有全球整体性和共同性。一国的海洋环境问题有可能对整个地区甚至全球的海洋环境产生影响，不受国界、社会制度、意识形态的制约，就需要有关国家共同予以保护。各国在经济和社会发展上已经成为紧密联系和相互依存的整体，而环境资源是这个整体存在的物质基础，对其进行保护是维护和发展国际经济贸易的需要。海洋属于人类共有的环境资源，更需要世界各国共同保护。各国只有进行广泛有效的国际合作，才能完成保护全球海洋环境这一共同任务。

海洋环境承载能力有限，如果不加限制地发展下去，可以预见资源耗尽、生物种群灭绝等等环境灾难迟早会降临，那时，人类的生存将面临严重的危机。正如美国参加《有关臭氧层损耗的蒙特利尔公约》的谈判代表理查德·本尼迪写道："没有一个国家，或者国家集团，能够有效地解决这个问题，即使它们很有实力。没有更大范围的合作，一些国家保护臭氧层的努力会被削弱。"① 在海洋污染防治方面，也是如此。也就是说，为了保护自己及

① Benedic，Richard：*Ozone Diplomacy*，Cambridge：Harvard University Pres，1998，p.25.

子孙后代赖以生存繁衍的地球，国际社会别无选择，只有互相协商，互相合作，为人类共同利益携手治理环境。

（三）维护环境安全要求国际社会进行合作

环境安全是全球问题所产生的新安全观的内容。环境安全一般包含两方面的内涵：其一，是环境恶化对人类生存造成的直接威胁；其二，因环境冲突而导致的安全威胁。[①] 从表面上看，环境问题大多表现为一些外在于经济社会领域的生态破坏和环境污染等现象，比如海洋污染。但实际上，不断遭到破坏的这些自然生态条件恰恰是任何形式生命包括人类生存延续的物质基础，环境问题从没像现在这样威胁到人类的生存安全。

冷战结束后，世界各国对传统军事安全的关注日益减少，取而代之的是对生态破坏和环境污染问题的关注。维护环境安全成为各国政府的共同责任和各国人民的迫切愿望。“全球问题在全球维度上展现了安全的高度相关性，因为，任何一个国家、地区、集团都无力从根本上解决相互缠结的全球问题，而正是这些问题构成了人类安全的严重威胁。全球问题所凸显的全球安全，不仅意味着追求安全价值的主体是全球，从而标示了安全的共同性，而且意味着实现安全的方式只能是合作。如果没有合作，那么克服全球问题所提出的安全挑战就是一句空话。”[②] 国际社会认识到环境安全对国际政治的深刻影响，已经开始采取切实有效的措施寻求解决方法，制定国际环境保护法律制度，赋予国际环境法律制度更有效、更有强制性的效力。环境安全是一种只能通过人类生活共同体间的相互合作与不断创新才能达致的共同性、综合性和全球性安全。

环境安全对国际关系的深刻影响，使得国际社会已经认识到环境问题的解决不能仅停留在各种论坛上的一般性讨论，必须在进行国际合作的基础上寻求制定共同遵守的国际环境保护法律规范，采取切实有效的行动。只有通过国际合作，以立法的方式解决国际环境争端、防止冲突，才能实现国际环境安全。

---

① 蔡拓：《全球问题与安全观的变革》，《世界经济与政治》2000 年第 9 期，第 32—33 页。

② 蔡拓：《全球问题与安全观的变革》，《世界经济与政治》2000 年第 9 期，第 35 页。

第　二　章

海洋环境管理的概念及其理论基础

海洋环境管理是海洋行政管理的重要组成部分，海洋环境管理的成效如何，关乎全体人类的生存与发展。因此，厘清海洋环境管理是什么，其主要特征是什么，以及在实践中应遵循哪些基本原则，是研究海洋环境管理的逻辑起点。

第一节　海洋环境管理的含义及其原则

一、海洋环境管理的含义

环境总是相对于某一中心事务而言的，并随着中心事物的变化而变化。《中华人民共和国环境保护法》中规定："本法所称环境，是指影响人类生存和发展的各种天然的和经过人类改造的自然因素的总和，包括大气、水、海洋、土壤、矿藏、森林、草原、野生动物、自然遗址、自然保护区、风景名胜区、城市和乡村等。""环境概念的内涵是强调以人为主体，还包括相对于主体周围存在的一切自然的、社会的事物及其变化与表征的整体。"①

与之相应，海洋环境的构成至少包括两个方面：一是围绕海洋的自然个体要素，即物理要素、化学要素、生物要素、海底地理、地貌等构成海洋空

---

①　管华诗、王曙光：《海洋管理概论》，中国海洋大学出版社2003年版，第108页。

间的环境要素；二是人类与海洋相互作用的非自然因素，如海洋污染、海洋灾害等。因此，海洋环境即是指围绕海洋的所有空间构成的自然要素和人类与这些空间要素间产生的一系列非自然要素的综合体。应该注意的是，非自然要素的海洋环境还包括由人类相互作用的关系形成的社会要素，因此，不能忽视海洋环境与人类的社会性相互作用而引发的一系列结果。在强调管理和保护海洋环境的一系列方法和措施时，需要充分考虑海洋环境的社会属性和特征。①

海洋环境管理通常与海洋环境保护等联系在一起。在多数情况下，大多数人一般认为海洋环境保护即是海洋环境管理。早在20世纪70—80年代，人们往往把海洋环境管理狭义地理解为海洋环境保护部门采取各种有效措施和手段控制海洋污染的行为。例如，通过制定国家海洋环境法律、法规和标准，运用经济、技术、行政等手段来控制各种污染物的排放。这种狭义的理解仅停留在海洋环境管理的微观层次上，把环境保护部门视为环境管理的主体，把污染源作为海洋环境管理的对象，把末端治理作为管理目标。没有从人的管理入手，没有从环境与发展的决策高度，从国家、社会发展战略的高度来思考。到了20世纪90年代，随着海洋环境问题的发展以及人们对环境问题认识的不断提高，人们发现，基于对海洋环境管理的传统理解已越来越突出地限制了环境管理理论与实践的发展。人们普遍认识到，要从根本上解决海洋环境问题，必须站在经济、社会发展的战略高度采取对策和控制措施，从区域发展的综合决策入手来解决海洋环境问题。因此，有必要扩展海洋环境管理的范围，并且通过确立一个科学的概念来刻画海洋环境管理的本质。

1992年，联合国环境与发展会议通过并签署的《21世纪议程》，对海洋环境保护特别强调以下问题：建立并加强国家协调机制，制定环境政策和规划、制定并实施法律和标准制度、综合运用经济、技术手段，以及有效的经常性的监督工作等来保证海洋环境的良好状况。这种规定实际上正是对海洋环境管理内涵的揭示。

到目前为止，关于海洋环境管理的概念，国内外学者并没有给出一个

① 王琪、王刚、王印红、吕建华：《海洋行政管理学》，人民出版社2013年版，第199页。

规范的、有说服力的定义。国内学者所采用的大多是鹿守本先生在《海洋管理通论》中对海洋环境管理的规定，即：海洋环境管理是以海洋环境自然平衡和持续利用为目的，运用行政、法律、经济、科学技术和国际合作等手段，维持海洋环境的良好状况，防止、减轻和控制海洋环境破坏、损害或退化的行政行为。①

这一定义突出了海洋环境管理的主体、海洋环境管理目标、海洋环境管理手段三个主要内容。其特点是：(1) 强调海洋环境管理是一种行政行为，把海洋管理作为政府行政管理的内容；(2) 突出海洋环境管理的手段；(3) 强调海洋管理的目标。应该说，鹿先生的海洋环境管理的界定是对我国海洋环境管理现实的直接反映，表明理论发展与实践的一致性。但是，现代海洋环境管理无论是在实践还是在理论的发展中，都是一个变化极大的领域，其内容到形式都在发生着变革。因此，当我们今天再来界定海洋环境管理的内容时，会发现原有定义的不完全性。主要在于：一是海洋环境管理的主体界定过于狭窄；二是海洋环境管理客体的界定不够明确。而对海洋环境主客体的回答正是区分传统海洋环境管理与现代海洋环境管理的标志。因为长期以来，海洋环境管理单纯强调政府的主导作用，忽视了其他主体的作用，因而使环境这一本来影响到所有人利益应该由公众广泛关注的活动变成政府单方面的行动，导致海洋环境管理活动难以在全体公众之间推行。再者，由于把海洋环境管理的客体一直看作海洋环境，导致一个误区就是把污染源作为管理对象，海洋环境保护部门围绕着各种污染源开发环境管理，这样的结果，致使人们只关心海洋环境问题产生的地理特征和时空分布，工作中被动地追随污染源，采取末端治理的方式。这种环境管理，实质上是一种见物不见人的物化管理，即对污染源和污染设施的管理，而忽视了对人的管理。人是各种行为的实施主体，是产生各种环境问题的根源。只有解决人的问题，从人的自然、经济、社会三种基本行为入手开展海洋环境管理，海洋环境问题才能得到有效解决。可以说，管理主体、客体的变化是海洋环境管理理论创新与实践深化的一个重要标志。

基于上述认识，结合现代管理学理论的发展成果，本书对海洋环境管

① 鹿守本：《海洋管理通论》，天津科学技术出版社 1997 年版，第 165—166 页。

理首先进行归类、定位，即确认：海洋环境管理属于公共管理范畴。从公共管理的框架体系定义海洋环境管理，可以得出如下定义：海洋环境管理是以政府为核心主体的涉海组织，为协调社会发展与海洋环境的关系、保持海洋环境的自然平衡和持续利用而综合运用各种有效手段，依法对影响海洋环境的各种行为进行的调节和控制活动。

本定义中所讲的“影响”是指将有、可能有或者已经有的影响，包括：第一，直接影响：指由行动引起的，与行动同时发生在相同地点的影响；第二，间接影响：指由行动引起的，发生在最后的时间或者较远的地方，但是可以合理预见的影响。影响的领域包括生态的、美学的、历史的、文化的、经济的、社会的、健康的，而不管是负面的、正面的、直接的、间接的或者累积的。由此也说明，海洋环境管理不仅仅是一种事后行为，而是包括“影响”发生之前的一系列调控、防范行为。

二、海洋环境管理的特征

（一）海洋环境管理的主体具有多元性

海洋环境管理的核心主体无疑是作为公共权力机关的政府，具体说，是海洋环境管理部门。在当今世界范围内放松管制呼声日渐高涨的情形下，之所以在海洋环境管理事务中要求政府干预，主要是由于海洋问题的特殊性和政府本应承担的职责使然。但海洋环境管理的主体又不仅仅是海洋环境管理部门。与单纯的海洋行政管理不同，海洋环境管理作为公共管理的一个具体领域，其主要特点就在于主体的多元性，海洋立法机关、海洋司法机关同样是海洋环境管理的主体。而私营部门、第三部门以及各种社会运动的蓬勃发展，使之在社会经济领域内积极活动，并依靠自身资源参与解决共同关切的社会事务的力量越来越突出。这也表明，有更多的非政府组织、私营企业、公众参与到海洋环境管理中来，并且发挥着越来越大的作用；与之相应，政府的作用将越来越受到限制，政府只有和社会合作才能做好海洋环境管理等公共事务。

海洋环境管理的主体是多元的，但主体间的地位和作用层次并不完全相同，在此，本书做了如下区分：一是核心主体，即相关的海洋环境管理部门。这是海洋环境管理的组织者、指挥者和协调者，在海洋环境管理中起主导作用。二是协同主体，主要指非营利组织。非营利组织上升为海洋环境管理的主体，主要因为仅靠市场这只“看不见的手”和政府这只“看得见的手”并不能涵盖全部海洋管理领域，其中有大量空余领域需要非营利组织来承担，非营利组织是政府海洋环境管理的重要补充力量。三是实施主体，也称之为参与主体、治理主体，主要包括私营企业和相关公众。海洋环境管理中的核心主体当然是政府，但仅靠政府难以完成海洋环境管理的任务。因为海洋环境管理不仅仅是制定政策、作出规划，更重要的还要将这些政策、规划转化为现实，以最终的海洋环境保护和质量改善为目标。这一过程的实现需要通过具体的实施行为才能完成，如大范围的海洋环境保护宣传工作、海洋环境保护工程项目的建设、海洋环境的整治等，这些活动的完成必须有公众、企业的参与。没有企业、公众参与的海洋环境管理只能是画饼充饥、空中楼阁。所以说，公众、企业作为海洋环境管理实施过程的重要力量，是海洋环境管理的实施主体、参与主体。

目前我国实施的《海洋环境保护法》中所涉及的管理主体仍然是从行政管理角度，列举的仅是行政管理部门。如《环保法》第五条规定：“国务院环境保护行政主管部门作为对全国环境保护工作统一监督管理的部门，对全国海洋环境保护工作实施指导、协调和监督，并负责全国防治陆源污染物和海岸工程建设项目对海洋污染损害的环境保护工作。国家海洋行政主管部门负责海洋环境的监督管理，组织海洋环境的调查、监测、监视、评价和科学研究，负责全国防治海洋工程建设项目和海洋倾倒废弃物对海洋污染损害的环境保护工作。”第五条中还对国家海事行政主管部门、国家渔业行政主管部门、军队环境保护部门、沿海县级以上地方人民政府等部门的职责进行了确定。从现代海洋环境管理发展的实践看，把海洋环境管理看作一种行政管理，把海洋环境管理的主体仅仅定为政府行政主管部门，实际上不够全面。因为无论是从理论上还是实践中，海洋环境管理的主体已不仅仅是政府行政主管部门。尽管政府行政主管部门是海洋环境管理的核心主体，但同时，私营部门、非营利性组织、公众也加入到海洋环境管理的行列，同样也作为海洋环境管理的主体而存在。而我国现行的海洋环境保护的国内相关法律法规没有明确规定社会团体和个人的法律主体地位，更没有明确规定国家、社会团体、个人作为海洋环境保护的法律主体各自所应负的相应的权利义务。这种状况极大地挫伤了社会团体和个人保护海洋环境的积极性。从海洋环境问题自身的特性来看，其科学技术性和高度利益冲突性决定了海洋环境管理具有很强的专业色彩，但由于海洋环境问题事关人民利益，因此又必须涵纳民主观念和利益衡量原则，综合平衡从事海洋开发活动的单位、地区居民、事业主管机关、相关政府机关、地方政府、环境行政机关等的意思、知识和要求，从而在发展方向上应当调和专业化与民主化的要求。海洋环境管理中的公众参与，已经成为各国特别是民主法治国家的通行做法，其基本目的在于通过广泛听取利害关系人或利害团体的意见和要求，使政府在对污染性设施的设厂或开发活动的审核等决策过程中尽可能兼顾各方利益，特别是能够充分考虑到生态环境利益，尽量采取有效、可行的措施来减轻和防止环境侵害。

（二）海洋环境管理的客体是“人”

海洋环境管理尽管是基于海洋环境问题而产生，最终指向物是海洋，但直接指向物是涉海活动的参与者，正如原联合国环境计划（UNEP）事务局局长 M.K. 图卢巴指出的，环境管理“并不是管理环境，而是管理影响环境的人的活动”①。海洋环境管理的对象是人，是从事海洋实践活动、影响海洋环境的人。自然的海洋生态环境系统，尽管对海洋环境管理活动产生一定的影响，但它不构成海洋环境管理的直接对象。因海洋环境作为一自然体，有其自身运动变化的规律，人类不可能通过海洋环境管理来规范海洋自然系统的行为，不可能按自己的主观需要改造海洋自然环境，要求海洋按照人的需要来运动。对于桀骜不驯的海洋，人类只能顺势而为，通过制定各种法律法规和方针政策来规范人们开发利用海洋的行为，运用各种手段促使人类调整其经济活动和社会行为，在不伤害海洋生态环境的前提下，让海洋为我所用，实现经济社会与海洋环境保护的协调发展。需要进一步说明的是，海洋环境管理的对象是人，但并不是所有从事海洋实践活动的人都纳入管理范围。如果涉海人员的活动仅仅属个体行为，并且这种行为对他人和社会没有产生不利影响，即没有产生负外部性，那么对这种自产自销、影响不大的行

---

①　转引自［日］岩佐茂《环境的思想：环境保护与马克思主义的结合处》，韩立新等译，中央编译出版社 1997 年版，第 83 页。

为政府也没必要进行干预。只有当其涉海行为已经超出了私人活动领域，产生了影响他人、社会的公共问题，造成了负的外部效应，如海洋环境污染、海洋资源破坏、海洋权益受损等，这时，才需要通过公共组织进行干预，通过管理使涉海活动参与者行为能够达到爱海、护海，向社会提供优良的海洋生态环境的目的。

（三）海洋环境管理的目标具有公共性

海洋环境属于公共物品的范畴，海洋环境质量优劣所产生影响的非排他性和非竞争性，使其成为影响甚广的公共问题。海洋环境管理的直接目的是通过建立健全海洋环境管理的制度体系、运行机制，保护海洋环境及资源，防止海洋污染损害和环境恶化，保持生态平衡，保障人体健康，实现海洋经济的持续发展和海洋资源的永续利用，促进社会经济的发展。海洋环境管理所研究的正是海洋公共事务，可见，海洋环境管理所研究的是海洋环境保护、海洋可持续发展等公共事务，所要解决的是海洋环境污染、海洋环境外部性等公共问题，所追求的是实现海洋经济与海洋环境协调发展的“公共利益”。海洋环境问题所影响的不仅仅是单个的个人或团体，而是对多数人甚至对所有人或团体产生普遍的影响，这种影响常常会超越地域或国界的限制，影响一个地区甚至影响全人类的生活。对于像海洋环境等公共问题，由于当其治理取得成效时，所有的人不花钱也都能从中得到好处，即免费“搭便车”，为此私人组织一般来说不愿意或没能力投资治理，只能由以政府为核心的公共组织承担起这一重任，而这也正是公共管理的重要职责。

（四）海洋环境管理具有层次性

海洋环境管理的层次性是指海洋环境管理包括宏观上的和微观上的两个层次：所谓宏观海洋环境管理是指以国家的海洋发展战略为指导，从环境与发展综合决策入手，制定一系列具有指导性的海洋环境战略、政策、对策和措施的行为总体。一般是指从总体、宏观及规划上对发展与海洋环境的关系进行调控，研究解决海洋环境问题。主要包括加强国家海洋环境法制建设，加快海洋环境管理体制改革，实施海洋环境与发展综合决策，制定国家的海洋环境保护方针、政策，制定国家的海洋环保产业政策、行业政策和技术政策等；而所谓微观海洋环境管理是指在宏观海洋环境管理指导下，以改善区域海洋环境质量为目的、以海洋污染防治和海洋生态保护为内容、以执法监督为基础的海洋环保部门经常性的管理工作。通常是指以特定地区或工业企业环境为对象，研究运用各种手段控制污染或破坏的具体方法、措施或方案，主要包括海洋环境规划管理、建设项目海洋环境管理、专项海洋环境管理、海洋环境监督管理、加强指导与服务等内容。

宏观海洋环境管理与微观海洋环境管理这二者之间存在着相互补充的系统关系。其中，宏观海洋环境管理高度统一，微观海洋环境管理非常具体；微观海洋环境管理以宏观海洋环境管理为指导，是宏观海洋环境管理的分解和落实；离开宏观海洋管理的指导，微观海洋管理将无法实施；离开微观海洋环境管理，宏观海洋管理的目标将无法实现。

（五）海洋环境管理具有国际性、开放性

海洋的自然特征、海洋开发利用的特殊性、海洋权益维护所涉及的国家利益之争，使得海洋环境管理的范围已超出了国内管理，走向了国际海洋管理。“世界海洋是一个整体，研究、开发和保护海洋需要世界各国的共同努力。”[①] 海洋的开放性、海洋环境问题的区域性、全球性决定了海洋环境管理具有国际性，海洋环境管理的边界已从一国陆域、海岸带扩展到可管辖海域、甚至公海领域，所管理的内容也由一国内部海洋事务延伸到国与国之间的区域海洋事务或全球海洋公共事务。例如，随着海上活动的愈加频繁，海洋环境危机发生的频率大大增加，危害程度加深，由海洋环境危机引发一系列其他领域的危机，比如海洋生态系统破坏、全球气候变化、海平面上升等，危机也逐渐走向“国际化”。海洋将全球连接在一起，海洋天然的公共性和国际性要求必须加强全球合作，治理海洋公共环境危机。与沿海国家合作共同治理海洋环境，成为海洋环境管理面临的一个新的课题，也给海洋环境管理者带来了新的挑战。

三、海洋环境管理的基本原则

尽管各个国家对海洋的认识以及相应的海洋政策各不相同，海洋环境的状况和趋势也在不断变化，基于海洋科学技术进步、海洋经济发展的要求，海洋环境管理在实践中应坚持如下原则：

---

① 《中国海洋事业的发展》（政府白皮书），海洋出版社 2001 年版，第 19 页。

（一）可持续发展的原则

可持续发展是人类对环境治理达成的共识，它是在20世纪80年代随着人们对环境认识的逐步深入而形成的。《我们共同的未来》中对可持续发展的定义为：可持续发展是既满足当代人的需求，又不损害子孙后代在满足其需要时的长久发展。① 这一概念是从环境与自然资源角度提出来的关于人类长期发展的战略。它所强调的是环境与自然资源的长期承载力对经济和社会发展的重要性，以及经济社会发展对改善生活质量与生态环境的重要性，主张环境与经济社会的协调，人与自然的协调与和谐。可见可持续发展是一个涉及经济、社会、文化、科技、自然环境等多方面的综合概念，是以自然资源的可持续利用和良好的生态环境为基础，以经济可持续发展为前提，以谋求社会的全面进步为目标。

海洋环境的自然属性与特点，使其与陆地环境相比具有更强的一体性特点。从一定意义上讲，海洋的流动性使得全球海洋有了共同的命运；另一方面，海洋中相当多的生物具有迁移和洄游的习性，其中那些高度洄游群种，它们的洄游区域多以洋区为主，海洋生物的这一特性决定了人类对海洋生物的影响具有广延性。因此，各个国家直接或间接施加给海洋的影响及其造成的危害，决非局限在一个海区之内，往往有着更大范围的区域性，甚至全球性。所以，海洋环境管理就需要贯彻可持续发展的原则。海洋环境问题的解决，应该以可持续发展的需求和环境与资源的持久支持动力为目标，根据国家、地区和国际的政治、经济的客观情况，针对海洋环境的不同区域确定具体的对策和采取不同的管理方式，真正达到海洋开发和环境保护协调发展的目的。

（二）预防为主、防治结合、综合治理的原则

这一原则是把海洋环境管理的重点放在防患于未然上。通过有效的措施和办法，预防海洋污染和其他损害性事件的进一步发生，防止环境质量的下降和生态的破坏。预防为主、防治结合是环境管理工作的指导思想，是人类利用海洋环境的实践经验总结，也是现实的必然选择。发达国家在过去的几十年里都是以牺牲海洋环境为代价获得一定的发展条件的，历史和现实已

① 世界环境与发展委员会：《我们共同的未来》，王之佳、柯金良译，吉林人民出版社1997年版。

经告诉我们，这种“先污染后治理”的模式必将付出更大的代价。然而，令人担忧的是，这种历史性包袱至今仍在继续，其中包括全球海平面上升、海洋自然景观和沿海沼泽地的消失、海洋生物多样性的减少、海洋污染的日趋恶化等。

海洋环境污染和破坏原因的多样性决定了治理的整体性、全面性和综合性。要想减轻或杜绝海洋环境的持续破坏，遏制海洋环境恶化，首先要切断污染和危害海洋环境的各种直接或间接的污染源。其次，由于海洋环境具有复杂性、一体性的特点，所以，在治理海洋污染时不能只采取单一的措施，而应该综合治理。再次，综合使用治理的技术和方法。在技术上，可以运用工程的方法，修筑堤坝、补充沙源以防止海岸侵蚀；应用生物工程，恢复和改善生态系统，提高海域生物生产力。在管理上，可以使用法律手段、经济手段与行政手段相结合的方法控制海洋环境非正常污染事件的发生。

（三）谁开发谁保护、谁污染谁治理的原则

谁开发谁保护，是指开发海洋的一切单位与个人既拥有开发海洋资源与环境的权利，也负有保护海洋资源与环境的义务和责任。无论是海洋资源的开发，还是海洋环境的保护，都可能对海洋环境产生干扰和破坏，甚至打破生态系统的平衡。因此，在开发利用海洋的同时必须做好对海洋环境的保护工作。我国的《民法通则》中明确规定了所有在中国海域进行海洋资源开发的行为主体都必须做好海洋环境的保护工作。

谁污染谁治理，是我国环境保护实践经验的总结。执行这一原则，能够加强开发利用海洋的单位和个人的行为责任，唤起开发利用者保护海洋环境的意识。作为理性经济人，每个人都希望“搭便车”，而不是主动承担责任，只有明确界定产权才能避免“搭便车”现象的出现。海洋环境管理也是如此，只有强制性地将“谁污染谁治理”这一原则加到当事人身上，才会引起开发者的足够重视，才会给开发者敲响警钟。

“谁污染谁治理”的原则在实践中也在发生着从内容到形式的变化。党的十八届三中全会《决定》明确提出要“引入市场化机制，推行环境污染第三方治理”，这实际上是将“谁污染谁治理”原则具体化和深入化。环境污染第三方治理标志着治污模式由传统的“谁污染谁治理”向“谁污染谁付费，专业化治理”转变，体现了专业分工的细化、市场机制的应用和对治污效率的价值追求，将极大地提高我国海洋环境治理的质量和水平。[①]

（四）海洋环境资源有偿使用的原则

环境这一类资源，对其开发利用不应该是无偿的，特别是有损害的环境利用，更应该支付使用费用。在我国的环境保护法律、法规中也有这方面的规定。例如，根据《中华人民共和国海洋倾废管理条例》和《中华人民共和国海洋石油勘探开发环境保护管理条例》的相关规定，凡在中华人民共和国内海、领海、大陆架和其他一切管辖海域倾倒各类废弃物的企事业单位和其他经济实体，应向所在海区的海洋主管部门提出申请，办理海洋倾废许可证，并缴纳废弃物倾倒费。[②] 这部分费用就是因使用海洋资源而支付的使用费用。

海洋环境资源的有偿使用，首先是海洋管理有效实施的重要途径，也是海洋环境保护在国际上的惯例。对于推进建立保护海洋的国际秩序，保障各个国家在治理海洋环境问题上达成一致意见，协调统一行动，实现海洋环境保护的跨地域性、全球性，具有重要的意义。其次，有利于减少对海洋环境的损害，维护海洋生态健康和自然景观。对海洋环境资源的有偿使用会对部分毫无节制地开发海洋资源、破坏海洋环境的行为形成制约。出于经济利益的考虑，开发者会在海洋资源带来的收益与为此付出的代价之间进行权衡。最后，海洋环境资源的有偿使用会积累海洋环境保护资金。人类利用海洋资源是必然的，也是完全应当的。与此同时，对海洋环境的破坏也是不可避免的，由此而产生的海洋环境治理工作是一项长期而又艰巨的任务，需要足够的资金支持。海洋环境资源的有偿使用取得的这部分资金就是用于海洋环境污染治理的。

第二节　海洋环境管理的理论基础——公共治理理论

作为公共管理的一个重要实践领域，海洋环境管理只有具备了坚实且合适的理论支撑，其在实践中方能取得良好的成效。

---

① 中共十八届三中全会《关于全面深化改革若干重大问题的决定》第 14 章 53 条。

② 《中华人民共和国海洋倾废管理条例》第 15 条，《中华人民共和国海洋石油勘探开发环境保护管理条例》第 23 条。

党的十八届三中全会明确提出："全面深化改革的总目标是完善和发展中国特色社会主义制度，推进国家治理体系和治理能力现代化。"由此可见，治理理论已不仅仅是学术界的一个研究领域，而是已作为我们国家治国方略的重要内容，在国家政治生活中发挥着越来越重要的作用。具体到海洋环境管理领域，本书将治理理论作为海洋环境管理的理论支撑，是基于两点考虑：第一，海洋环境管理作为公共管理的一种具体实施领域，借鉴和吸收公共管理理论研究的经验和成果，是促进其发展的有效途径，而治理理论正好适应了海洋环境管理的需求，能够为其提供有效的分析框架和解决问题的思路；第二，海洋环境管理涉及诸多主体，相互间关系的协调成为解决问题的关键，在这一点上治理理论可谓是最具有"切适性"的理论，它强调管理的基础是协调，而非控制。正是基于上述两点原因，治理理论是指导海洋环境管理各种活动的基本理论。

一、治理理论的产生

"西方的政治学家和管理学家之所以提出治理概念，主张用治理代替统治，是因为他们在社会资源的配置中既看到了市场的失效，又看到了政府的失效。"① "市场失效"（或称之为"市场失灵"）和"政府失效"（或称之为"政府失灵"）是治理理论兴起的主要原因。一方面，在自由资本主义时期，西方国家普遍信奉亚当·斯密的自由主义经济理论，相信"管得最少的政府是最好的政府"，政府的职能被严格定位于保卫国家领土主权、防范个人和集体损害社会利益、保护私人财产和市场机制不受破坏上，政府充当着"守夜人"的角色。20世纪二三十年代爆发的世界性经济危机，则宣告了"自由放任"思想的破产，出现了市场失灵。所谓"市场失灵"，就是指因市场缺陷而引起的资源配置的无效率，它包括两种情况：一是市场机制无法将社会资源予以有效配置；二是市场无法解决效率以外的非经济目标。市场失灵使人们认识到了市场机制的缺陷，为政府全面干预经济和社会公共事务提供了空间。另一方面，由于政府官员也是"经济人"，他们通过追求规模的最大化，以此来增加自己升迁的机会并扩大自己的势力范围，这就必然导致政

① 俞可平：《治理和善治引论》，《马克思主义与现实》1999年第5期，第37—41页。

府职能无限扩张。政府对各种社会事务大包大揽，使得服务差、效率低、财政危机遍布全国，政府越来越失去公民的信任，出现了管理危机，许多问题出现不可治理性，导致了政府失灵。所谓“政府失灵”，就是指政府机制存在本质上的缺失，无法使资源配置达到最佳情形。20 世纪 70 年代以来，各国政府针对政府失灵现象，掀起了一场政府管理改革运动，主要目的是削减政府职能，进行政府再造，构建企业型政府，并将企业家精神和市场机制引入公共事务的管理中，使政府由“全能政府”和“无限政府”转变为“小政府”和“有限政府”。这次改革运动虽然在很大程度上拓宽了行政管理的视野，丰富了公共事务管理的手段和方法，但它毕竟是以市场主义为基础，过分强调市场机制和私人企业的作用，忽视了公共事务管理和私人部门管理的差别，在实践中日益暴露出较大的局限性，再次产生诸多失灵现象。因此，从 20 世纪 90 年代开始，面对市场失灵和政府失灵，“愈来愈多的人热衷于以治理机制对付市场或国家政府协调的失败”①。

另外，从国际层面上看，全球问题的出现需要全球治理。全球政治经济的一体化产生了大量的、超出民族国家治理能力范围的公共问题，其最大特点就是共同性和不可分割性，没有一个国家可以置身于这些问题之外，这就要求以“全球治理”（global governance）的方式来解决这些问题。全球治理并不以创建新的世界秩序为目的，而是要借助于各种国际力量，确认全球治理责任，建立一种与世界秩序的霸权观念相反的模式。它意味着国家与非国家行为主体之间的合作，以及从地区到全球层次解决共同问题的新方式。全球治理的倡导者认为，要解决这些问题，除了要依靠各国政府以外，还要依靠各种国际组织、非政府组织、市民社会等其他非国家行为主体。在全球相互依存已成为当代人类的生存方式和基本规律的情况下，我们需要用全球治理来代替国家合作，通过国际政府间组织、各国政府、各种非政府组织以及多边合作等各种形式的治理机制，实现对全球问题“没有政府的治理”。②

自从世界银行 1989 年在讨论非洲的发展时首次提出“治理危机”以来，“治理”这个概念在学术界很快就流行开来，并成为当代政治学和行政学的

① ［英］鲍勃·杰索普：《治理的兴起及其失败的风险：以经济发展为例的论述》，《国际社会科学》（中文版）1999 年第 2 期，第 31—48 页。

② 刘鸿翔：《论治理理论的起因、学术渊源与内涵特点》，《云梦学刊》2008 年第 3 期，第 35—37 页。

显学。同时，在实践上，治理理论被广泛运用于当代各国的政治和行政改革，一些国家还提出“更少的统治，更多的治理（Less Government，More Governance)”这样的口号。最近几年，这一理论也受到我国学术界的重视，并且有一些学者开始应用这一理论来分析各领域的具体问题。

二、治理理论的内涵

英语中的“治理”(governance）一词源于拉丁文和古希腊语，原意是控制、引导和操纵。长期以来，它与统治（government）一词交叉使用，并且主要用于与国家公共事务相关的管理活动和政治活动中。但自从 20 世纪 90 年代以来，西方政治学家和经济学家赋予 governance 以新的含义，不仅涵盖的范围超出了传统的经典意义，而且与 government 有着明显的差异，代表着当代各国政府管理理念、方式和目标的新取向。关于治理的概念，学术界从不同的角度有着诸多不同的表达：

治理理论的创始人之一詹姆斯·N. 罗西瑙在其代表作《没有政府的治理》和《21 世纪的治理》中，将“治理”定义为一系列活动领域里的管理机制，它们虽未得到正式授权，却能有效发挥作用。与统治不同，治理是指一种由共同的目标支持的活动，这些管理活动的主体未必是政府，也无须依靠国家的强制力量来实现。换句话说，与政府统治相比，治理的内涵更加丰富，它既包括政府机制，同时也包括非正式的、非政府的机制。①

罗伯特·罗茨列举了 6 种关于治理的不同定义：其一，作为最小国家的治理，它指的是削减国家开支，缩小政府的规模以取得更大的效益；其二，作为公司的治理，它指的是指导和控制组织的体制；其三，作为新公共管理的治理，它指的是把私人部门的管理手段引入公共部门，把激励机制引入公共服务中；其四，作为善治的治理，它指的是强调效率、法治、责任并且被审计监督的公共服务体系；其五，作为社会—控制论系统的治理，它指的是政府与社会、公共部门与自愿部门以及私人部门之间的合作与互动；其六，作为自组织网络的治理，它指的是建立在信任与合作基础上的自主而且自我

① ［美］詹姆斯·N. 罗西瑙：《没有政府的治理》，张胜军、刘小林译，江西人民出版社 2001 年版，第 5 页。

管理的网络。①

研究治理理论的另一位权威格里·斯托克在对各种治理概念作了一番梳理后指出，到目前为止各国学者们对作为一种理论的治理已经提出了5种主要的观点，这5种观点分别是：一是治理意味着一系列来自政府，但又不限于政府的社会公共机构和行为者，它对传统的政府权威提出挑战，认为政府并不是唯一权力中心。各种公共的和私人的机构只要其行使的权力得到公众的认可，都可能成为在各个共同层面上的权力中心；二是治理意味着在社会和经济问题寻求解决方案的过程中，存在着界线和责任方面的模糊性。它表明，在现代社会，国家正在把原先由它独自承担的责任转移给公民社会，即各种私人部门和公民自愿性团体，后者正在承担着原先由国家承担的责任。这样国家与社会之间、公共部门和私人部门之间的界限和责任便日益变得模糊不清；三是治理明确肯定了在涉及集体行为的各个社会公共机构之间存在着权力依赖。所谓权力依赖，是指致力于集体行为的组织必须依靠其他组织，为达到目的，各个组织必须交换资源、谈判共同的目标，交换的结果不仅取决于各参与者的资源，而且也取决于游戏规则以及进行交换的环境；四是治理意味着参与者最终形成一个自主的网络。这一自主的网络在某一特定的领域中拥有发号施令的权威，它与政府在特定的领域中进行合作，分担政府的行政责任；五是治理意味着办好事情的能力并不仅限于政府的权力，不限于政府的发号施令或运用权威。在公共事务的管理中，还存在着其他的管理方法和技术，政府有责任使用这些新的方法和技术来更好地对公共事务进行控制和引导。②

我国学者毛寿龙认为，“英语词汇中的governance既不是统治（rule），也不是行政（administration）和管理（management），而是指政府对公共事务进行治理，它掌舵而不是划桨，不直接介入公共事务，只介于负责统治的政府和负责具体事务的管理之间，它是对于以韦伯的官僚制理论为基础的传统行政的替代，意味着新公共行政或者新公共管理的诞生，因此可译为

---

① ［英］罗伯特·罗茨：《新的治理》，载俞可平主编《治理与善治》，社会科学文献出版社2000年版，第86—96页。

② ［英］格里·斯托克：《作为理论的治理：五个论点》，《国际社会科学》（中文版）1999年第1期，第19—29页。

治理”。[①]

俞可平认为，“治理一词的基本含义是指官方的或民间的公共管理组织在一个既定的范围内运用公共权威维持秩序，满足公众需要。治理的目的是在各种不同的制度关系中运用权力去引导、控制和规范公民的各种活动，以最大限度地增进公众利益。所以，治理是一种公共管理活动和公共管理过程，它包括必要的公共权威、管理规则、治理机制和治理方式”[②]。治理与统治最基本的，甚至可以说是本质性的区别就是，治理虽然需要权威，但这个权威并非一定是政府机关；而统治的权威则必定是政府。统治的主体一定是社会的公共机构，而治理的主体既可以是公共机构，也可以是私人机构，还可以是公共机构和私人机构的合作。统治的手段和方法主要以具有强制性的行政、法律手段为主，而治理的手段更多的是强调各种机构之间自愿平等合作。与统治相联系的理想政治管理模式为“善政”，而治理所追求的目标是“善治”。善治就是使公共利益最大化的社会管理过程。[③]

比较权威的一种解释是由全球治理委员会在《我们的全球伙伴关系》的报告中给出的。该报告认为，“治理是各种公共的或私人的个人和机构共同管理其共同事务的诸多方式的总和，它是使相互冲突的或不同的利益得以调和并且采取联合行动的持续的过程”[④]。该报告进一步指出治理理论具有以下几方面特征：第一，治理不是一套规则，也不使用一种活动，而是一个过程；第二，治理过程的基础不是控制，而是协调；第三，治理既涉及公共部门，也包括私人部门；第四，治理不是一种正式的制度，而是持续的互动。

作为一种跨学科的理论，治理理论包含了一系列公共行政学或政治学主张：第一，去中心化。国家的主权地位和中央政府在公共行政中的核心地位被动摇，向地方分权、向社会分权，甚至将权力让渡给跨国家的组织成为一种趋势；第二，多中心。政府之外的治理主体须参与到公共事务的治理中，政府与其他组织的共治、社会的自治成为一种常态；第三，反对夸大纯粹的市场的作用，但认同并倡导等级、网络和市场的组合及相互渗透；第

① 毛寿龙：《西方政府的治道变革》，中国人民大学出版社 1998 年版，第 7 页。

② 俞可平：《治理和善治引论》，《马克思主义与现实》1999 年第 5 期，第 37—41 页。

③ 俞可平：《全球化：全球治理》，社会科学文献出版社 2003 年版，第 13 页。

④ 全球治理委员会：《我们的全球伙伴关系》，牛津大学出版社（中国）1995 年版，第 23 页。

四，多种层次的治理与多种工具使用的并存。治理可以在跨国家、国家、地方等多个水平上进行，在实践上则可以通过规制、市场签订合约、回应利益的联合、发展忠诚和信任的纽带等不同的工具，并借助于市场、层级和网络的结构使用这些工具；第五，在治理中，国家（政府）和公民双方的角色均要发生改变，国家能力将主要体现在整合、动员、把握进程和管制等方面，公民则不再是消极被动的消费者，而是积极的决策参与者、公共事务的管理者和社会政策的执行者。在公民参与中，第三部门成为主要的组织载体。①

三、治理理论的基本特征

在公共管理领域，与传统的管理相比，治理理论的特征主要体现在以下几个方面：

（一）治理主体的多元化

传统管理的主体是指社会公共机构，而治理的主体已不只是社会公共机构，也可以是私人机构，还可以是公共机构和私人机构的合作，范围涉及全球层面、国家层面和地方性的各种非政府非营利组织、政府间和非政府间组织、各种社会团体甚至私人部门在内的多元主体的分层治理。

（二）治理范围的扩展

治理是比传统管理更宽泛的概念，治理被看作与机构的内在性质、社会经济和文化背景、外部性和组成要素的监督有关，其中心是外部的。而管理主要关注的是在具体的时间和既定的组织具体的目标的实现，其中心是内部的。治理是一个开放的系统，而管理是一个相对封闭的系统。治理是战略导向的，而管理是历史任务导向的。

（三）就管理过程而言，治理是一个上下互动的管理过程

传统的管理其权力的运行方向是自上而下的，通过制定政策和实施政策，对社会公共事务实行单一向度的管理。而治理主要通过合作、协商、伙伴关系、确立认同和共同的目标等方式实施对公共事务的管理。治理的实质在于建立在市场原则、公共利益和认同基础之上的合作。“多元化的公共治理主体发展着相互依存的关系，推动了公共管理朝着网络化的方向发展”，

① 王诗宗：《治理理论与公共行政学范式进步》，《中国社会科学》2010 年第 4 期，第 87—100 页。

“治理是政府与社会力量通过面对面合作方式组成的网状管理系统”。[①] 治理是公共行动者建立伙伴关系进行合作的网络管理。网络治理模式是公共治理的一个重要表现形式。

（四）治理还意味着管理方式和管理手段的多元化

传统的管理手段单一，而公共治理变革的核心是引入私营部门管理的模式以改善公共部门的组织管理绩效。一方面，在公共部门的管理中积极引进私营部门中较为成功的管理理论、方法、技术和经验；另一方面，积极推进民营企业更多地参与公共事务和公共服务管理，实现管理方式和手段的多元化。

第三节 治理理论对海洋环境管理的适用性

随着海洋管理范围日益扩大和对象的日益复杂，海洋环境管理正经历着由管理向治理的转变。现在的海洋环境管理已经完全超出了传统环境管理的界限，步入了治理发展时期，体现了一种公共管理的范式转移。

一、海洋环境管理——从管理到治理的变革

（一）海洋环境管理的主体日益多元化

传统的海洋环境管理的主体仅仅是环境保护部门，单纯强调政府的主导作用，忽视了其他主体的作用，因而使环境这一本来影响到所有人利益，应该由公众广泛关注的活动变成政府单方面的行动。海洋环境管理发展至今，其主体范围已大大扩展，不仅包括其核心主体——作为公共权力机关的政府，还包括海洋立法机关、海洋执法机关、私营部门、第三部门和公众。

（二）海洋环境管理客体指向更加明确

传统的海洋环境管理把客体看作海洋环境。而今，其客体内容和范围都发生了根本变化，它不再指单一的海洋环境，而是指影响海洋环境的各种人的行为。正如原联合国环境规划署（UNEP）事务局局长 M.K. 图卢巴指

① ［英］托尼·麦克格鲁：《走向真正的全球治理》，《马克思主义与现实》2002 年第 1 期，第 36 页。

出的，环境管理“并不是管理环境，而是管理影响环境的人的活动”[①]。影响海洋环境的行为主要有政府行为、市场行为和公众行为。政府行为是国家的管理行为，包括制定海洋环境管理的政策、法律、法令、规划并组织实施等。市场行为是指各种市场主体包括企业和生产者个人在市场规律支配下，进行商品生产和交换的行为。公众行为则是指公众在日常生产中诸如消费、居家休闲、旅游等方面的行为。无论是政府行为，还是企业行为、公众行为，最终都是由人体现的，各类人及人群的集合所从事的涉海活动，以不同的方式影响到海洋环境，因而成为海洋环境管理直接指向的对象。

（三）海洋环境管理手段日趋多样化

传统的海洋环境管理手段主要是指法律政策手段、行政手段和经济手段，其运行方式也比较单一。现代海洋环境管理手段变化的一个基本趋势是越来越多地利用市场机制，加强激励与引导，积极引进私营部门中较为成功的管理理论、方法、技术和经验，其运行的方式也向着柔性、互动的方向发展。一方面，它克服了传统的命令—控制方式的强制性、单一性特点，综合运用多种灵活手段；另一方面，它不再采取自上而下的运行方式，而是采取上下互动的管理，通过合作、协商、伙伴关系等实现对海洋环境的管理。

（四）海洋环境管理目标凸现其战略性

传统的海洋环境管理具有明显的任务目标取向，仅以控制海洋污染为目标，采取末端治理。而现在的海洋环境管理的目标具有战略的高度，它是以可持续发展理念为支撑，通过建立健全海洋环境管理的制度体系、运行机制，保护海洋环境及资源，防止海洋污染损害和环境恶化，保持生态平衡，保障人体健康，实现海洋经济的持续发展和海洋资源的永续利用，促进社会经济的发展。与传统的治理污染为目标相比，具有极大的开放性、系统性和战略性。

海洋环境管理从内容到形式的多方位变化，不仅体现了海洋治理实践的日益丰富，而且表明治理理论用于指导海洋环境管理的适用性和契合性。

---

① ［日］岩佐茂：《环境的思想：环境保护与马克思主义的结合处》，韩立新等译，中央编译出版社1997年版，第83页。

二、基于治理理论的海洋环境网络治理模式特征

海洋环境管理由管理到治理的转变，必然要求建立与之相适应的治理模式。按照治理理论的主张，治理“是或公或私的个人和管理机构管理其共同事务的诸多方式的总和，它是使相互冲突或不同利益得以调和、并采取联合行动的持续过程”，“是政府与社会力量通过面对合作方式组成的网状管理系统”。[①] 也就是说，治理就是对合作网络的管理，因此又可称之为网络治理，共同的行动者在处理公事事务的过程中，通过制度化的合作机制，可以相互调适目标、共同解决冲突、增进彼此的利益。从这一意义上讲，网络管理就是在现在的跨组织关系网络中，针对特定问题，运用政策工具协调目标与各异的行动者的策略的合作管理，是“为了实现与增进公共利益，政府部门与非政府部门（私营部门、第三部门或公民个人）等众多公共行政主体彼此合作，在相互依赖的环境中分享公共权力，共同管理公共事务的过程”[②]。

网络管理的运行基础是网络主体的彼此依赖与相互合作，相互依赖是网络关系的最本质特征，正因为相互依赖才能使行动者实现地位的平等，需要采取合作的策略行动。公共行动者通过合作机制，交流信息，共享资源，谈判目标，减少分歧，以防止机会主义行为的危害，并努力达成共同意愿，在改善互动关系的过程中创造双赢局面。与等级制下的“一对多”（one-to-many）的关系不同，网络管理中的合作通常是一种“多对多”（many-to-many）结构关系，政府作为其中的一个主体，与国际组织、地区组织、其他层级的政府、企业和公民社会等形成一种“多边关系”（multilateral），而不仅仅是“双边关系”（bilateral）。建立多种伙伴关系是网络管理提高互动水平的途径，伙伴关系是许多行动者之间的动态关系。这些行动者是以接受共同目标为基础的，并且都认识到最合理的社会分工是建立每一个伙伴的各自比较优势基础上。伙伴关系包括相互影响，在协同发展和各自保持独立性之间精心平衡，还包括相互尊重、平等参与决策、共同承担责任、透明。伙伴关系实际上是一种利益联盟，涉及两个以上的行动者，其中至少有一个是公

① 陈振明：《公共管理学》，中国人民大学出版社 2003 年版，第 86 页。

② 陈振明：《公共管理学》，中国人民大学出版社 2003 年版，第 87 页。

共组织。每一个参与者都有自主性、独立性和行动的自由，这些参与者之间在持续的互动过程中形成了长期的关系，而不是简单的一次性交易。每一个参与者之间必须能够进行资源（物质和非物质资源）的交换，也就是伙伴间的互惠互利，并且各个参与者必须对其活动共同承担责任。伙伴关系的种类有很多，主要有三种形式：一是主导者与职能单位的关系，即主导者雇用职能单位或以发包方式使之承担某一项目；二是组织间的谈判协商关系，多个组织通过谈判对话，在某一项目上进行合作以达到各自的利益；三是系统协作关系，即多个组织通力合作，共同设计治理规则和组织结构，以建立自我管理的网络，这是伙伴关系的最高层次。在海洋环境管理的网络系统中，参与网络的行动者主要来自各级海洋环境保护部门、涉海企业、相关公众，他们的利益取向、追求目标各不相同，之所以能够进入同一网络系统，表明他们在不同的利益追求之外还有共同的利益取向，而且这种共同利益取向的完成单靠其中的任何一方都难以独立完成，必须有赖于彼此的相互依赖、合作完成。

因此，在治理理论下探索海洋环境管理的有效治理模式，就是要建立多元主体下海洋环境管理的网络治理模式。海洋所具有的海水流动性、环境复杂性、空间复合程度高等特性，使得海洋开发与管理所涉及的主体不但具有多元化特征，而且涉海主体间还易产生连带的影响，任何一方的海洋开发活动都会对其他各方产生不同程度的影响。资源的相互依赖性导致了他们之间权力的相互依赖性，各主体之间必须依赖相互的合作，需要各子系统之间的相互配合，加强信息的沟通和交流，在各子系统之间形成良性的互动，实现有效的协调合作，带动整个合作网络健康良性地运行，才能实现彼此利益的最大化。而治理理论主张非政府部门与政府部门连接起相互依存的合作关系（即网络关系），就共同关心的问题采取集体行动，在多元主体的前提下，倡导政府与私营部门、非赢利组织和公民个人分担责任，共同使用资源、知识和技能，形成合作网络的治理模式，达到公共利益最大化。因此，治理是政府与社会力量通过面对面的合作方式组成的网络管理系统，它明确肯定了在涉及集体行为的各个社会公共机构之间存在着权力依赖。为达到共同目的，各个组织必须交换资源、协商共同的目标；交换的结果不仅取决于各参与者的资源，而且也取决于游戏规则以及进行交换的环境。这就为海洋环境管理中多主体间的合作提供了现实的理论基础。海洋环境管理网络治理模式是指为了有效保护海洋环境，政府、企业和公众等海洋环境管理主体，相互依赖，相互合作，分享权力，共同管理海洋环境事务的过程。它作为治理理论下的一种网络治理模式，强调多中心主体，通过制度化的合作机制互相调试目标，解决冲突，增进彼此的利益。

三、治理工具在海洋环境管理中的适用性

伴随着公共管理运动的兴起、治理理论的风靡，治理工具得到了迅猛的发展。政府改革中要求引进新的治理工具或现代化公共管理技术。在海洋环境管理中，随着由管理向治理的转变，也必须把视线转移到治理工具的研究中，充分利用多样的治理工具来遏制海洋环境恶化的趋势，提升治理水平。

（一）海洋环境治理工具的类别

治理工具是治理主体为解决公共问题、实现现代治理水平的目标而采取的调整目标群体行为的行为方式和具体手段，其分类方式和表现形式多种多样。但从一般意义上讲，大致可分为强制性工具、经济型工具以及志愿型工具。

1. 强制性工具

这一工具类型包括全部的直接管制措施（即通过外部力量直接影响行为的规章制度），如环境质量标准、排污许可证、区划、配额、使用限制、环境影响评价制度、限期治理制度等。这些手段都是直接管制的措施，即通过管理生产过程或产品使用和限制特定污染物的排放，来达到环境治理的目的。2003 年 3 月 1 日起施行《海洋行政处罚实施办法》，就是用罚款等海洋行政处罚方式，通过对海洋行政相对人一定经济利益的剥夺，来规范其海洋经济活动。（1）污染物排放总量控制，是以环境质量目标为基本依据，对区域内各污染源的污染物的排放总量实施控制的管理制度。在实施总量控制时，污染物的排放总量应小于或等于允许排放总量。《海洋环境法》第三条指出，国家建立并实施重点海域排污总量控制制度，确定主要污染物排海总量控制指标，并对主要污染源分配排放控制数量。（2）环境影响评价是对拟建设项目、区域开发计划及国际政策实施后可能对环境造成的影响进行测评和评估。《海洋环境法》第四十三条规定海岸工程建设项目的单位，必须在建设项目可行性研究阶段，对海洋环境进行科学调查，根据自然条件和社会条件，合理选址，编报环境影响报告书。（3）限期治理制度。是指政府对严

重污染环境的污染源或区域发出命令、要求污染者在一定期限内完成治理任务、达到治理目标，这是政府为保护环境和公众的利益而采取的一项强制性措施和法律手段。《海洋环境法》第十二条指出对超过污染物排放标准的，或者在规定的期限内未完成污染物排放削减任务的，或者造成海洋环境严重污染损害的，应当限期治理。(4) 排污许可证制度。《海洋环境法》第五十五条规定任何单位未经国家海洋行政主管部门批准，不得向中华人民共和国管辖海域倾倒任何废弃物。需要倾倒废弃物的单位，必须向国家海洋行政主管部门提出书面申请，经国家海洋行政主管部门审查批准，发给许可证后方可倾倒。此外，所采取的强制性手段还涉及一系列标准、禁止等。

2. 经济型工具

经济型工具包括排污收费或征税、提供补贴、实行差别税收、排污权交易、押金退还制度、环保投资与信贷制度等。下面列举几项在海洋环境治理中的经济型工具：(1) 排污收费制度是中国实施时间最长的环境经济政策。《海洋环境法》第十一条规定直接向海洋排放污染物的单位和个人，必须按照国家规定缴纳排污费。向海洋倾倒废弃物，必须按照国家规定缴纳倾倒费。与命令控制型政策工具相比，市场型政策工具的优势在于它可以通过经济的激励作用来调节企业的排污和治污行为，暗合了“污染者支付”原则，这类工具能够使企业较为灵活地选择它们污染控制最小成本的方法。(2) 排污权交易是以让市场机制发挥基础性作用、各经济主体共同参与、政府参与调节的一种有效运行机制。排污权交易过程中，政府、企业、个人都作为地位平等的利益主体参与其中，虽然“污染权”初次交易发生在政府环境管理部门与各经济主体之间，即政府把“污染权”出售给各经济主体，政府具有出售和发放的资格，但当进入市场后，各经济主体之间的交易就可以在价格机制的作用下，通过竞争，实现污染企业与污染企业之间、污染企业与环境保护组织之间、污染企业与投资者之间、政府与各经济主体之间的平等交易。排污权交易在刺激排污企业采用先进技术，降低污染水平的同时，也调动了政府、企业及个人等各方力量参与环境保护的积极性。对我国现阶段来讲，实施排污权交易这种政府引导型的治理工具具有一定的现实性和实用性。(3) 押金退还制度，它包括了对特殊项目的收费和对退还的补贴。这一工具可以用来激励出于环境考虑的适当的循环利用。假定处置不恰当是由于生态原因，押金退款组合可以被归类为税收开支或者对不恰当处置的假定税收。那些不退还物品的排污者支付费用，而那些退还物品的人得到了退款，因此不需要支付任何费用。押金退款制度最显著的特征就是，它有一个灵敏的显示机制：当潜在的排污者通过退还带有退款的物品显示服从，从而就使对不合法处置的监测变得不必要了。(4) 环保投资与信贷制度。保护环境有很强的社会公益性质，因此需要在信贷市场方面给予扶持，信贷政策是环境经济政策的重要组成部分之一。它是根据环境保护及可持续发展的要求，对不同的对象实行不同的信贷政策，即优惠信贷政策或严格的信贷政策。具体来说，对环境保护及可持续发展有利的项目实施优惠信贷政策，反之，则实施严格的信贷政策。这种工具是将信贷制度与海洋环境治理相结合的工具，体现出治理工具的多元化，也体现出治理主体多元化。

3. 志愿型工具

自愿环境管制的主要方法是政府或其他机构通过某些信息渠道给广大群众提供更多的关于排污企业的环境信息，以便广大群众或自主性监管机构积极主动地、很便捷地对这些排污企业随时随地进行监督，同时给这些自愿环境监管者一些关于环境友好型企业的信息，促使越来越多的排污企业加入到环境自我约束当中。作为一种非正式的环境管制，它建立在政府、排污企业及广大群众自愿参与实施的基础之上，一般不具有强制性的执行要求。主要包括生态产品认证、清洁生产、环境标志、政府与企业签订自愿环境协议、绿色制造联盟、生态工业园、环境会计、环境审计、行业协会协议、供应商选择及针对具体企业的污染限制或降低能源消耗计划等。

自愿环境协议是指政府环境管理部门与企业之间关于企业在规定时限内要达到某种环境目标的协议，代表种类繁多的协议和安排，它由政府与企业自愿参与，共同制定，并利用合作协议来促使企业达到环境质量目标要求，是一种以污染预防为重点、把企业作为环境保护和发展中的主体的新思路。“自愿环境协议”是一种不具有强制命令性质和非权力作用性的治理工具，它可以呈现为承诺、契约的形式，表现为指导、协商、沟通、劝阻等方式。作为参与协议制度的双方，企业承诺要达到所商定的环境质量目标，政府的承诺则包括：推迟新的立法或法规措施；提供信息、鼓励措施、技术援助和公开表彰；消除那些妨碍成本有效的市场壁垒等。目前经合组织中已有

12 个国家提出了 300 多种环境“志愿协议”。

在实践中，三种治理工具可以进行不同的组合和混合应用，为海洋环境管理提供了治理工具选择的空间。

（二）海洋环境管理中引入治理工具的可能性和必要性

1. 海洋环境管理的内在要求与治理工具存在一致性

首先，治理工具的特点与海洋环境内在要求是一致的。治理工具具有公共性的特征，前边提到治理工具的目的在于解决公共问题，而海洋环境的问题无可置疑的是一个重要的公共问题，这表示海洋环境管理中运用治理工具是无可厚非的。解决海洋环境问题不是一蹴而就的，是一个渐进的过程。而每一种工具都有一种制度化的行动模式，规定了行动中的权利和义务，这与海洋环境管理的要求是一致的。其次，选择治理工具所考虑的要素与海洋环境管理实现的管理目标是一致的。选择治理工具要遵循可行性原则、效益原则、效率原则和公平原则，而海洋环境治理要实现的也正是效益、效率和公平。最后，两者发展的趋势是一致的。海洋环境管理逐渐向海洋环境治理转变，强调放松管制，政府放权给市场和社会，运用多样化的手段实现治理目标；治理工具本身具有多样性和动态性的特征，是一个开放的“工具箱”，随着时代的发展，不断产生新的工具，并且强调优化组合，软硬手段结合，符合海洋环境管理的发展趋势。

2. 海洋环境问题日益严重，迫切需要新的治理工具

陆源污染、大规模围填海、外来物种入侵、过度开发等原因造成近海生态系统大面积退化，海洋生态灾害频发，海洋生态服务功能受损，促使各国政府和人民寻找各种各样的治理工具试图来遏制海洋环境恶化的趋势。一方面，治理工具理论可以指导海洋环境管理主体选择合适的治理工具，从而有效地遏制海洋环境恶化的趋势；另一方面，通过学习其他国家运用治理工具的经验，适当地引入一些新的治理工具，根据本国国情做相应的调整，或者借鉴解决其他公共问题时用到的新的治理工具，将其运用到海洋环境治理中，寻找新的解决海洋环境问题的工具。例如，英国在环境政策上率先使用志愿协议，并且取得良好效果；中国近些年来正在探索将志愿协议这一工具运用到公共治理中；还有排污权交易等工具，都是经济型工具在海洋环境管理中的改变与应用。

第　三　章

我国海洋环境管理的发展历程及现状

第一节　我国海洋环境管理变革历程

相对于海洋管理的发展历史，人们对海洋环境管理研究的历史还相对短暂，也较少有学者对其发展历程进行总结。由于生产力水平决定生产关系，随着经济的不断发展，人们的海洋环境保护观念也逐渐形成，政府也逐渐提出了保护海洋环境的方针政策，不断完善相关法律法规，并且建立了专门的海洋环境管理机构。与此同时，企业与社会大众也参与到了海洋环境管理的过程中。海洋环境管理经历了从无到有，从不被重视到进入议事日程的发展阶段。根据海洋环境管理历程中出现的标志性事件来划分，将它的变革历程大致分为四个阶段：起步期、形成期、发展期以及不断完善期。

一、起步期（19 世纪 60 年代—70 年代）

新中国成立后，我国最早设立的海洋环境管理机构可以追溯到 60 年代。1963 年，29 位海洋专家学者上书党中央和国家科委，建议加强我国海洋工作。专家们认为，我国在海洋管理方面至少存在四个方面亟待解决的问题：一是海上活动安全没有保障；二是海洋水产资源没有得到充分合理利用；三是对海底矿产资源储量和分布情况了解甚少；四是国防建设和海上作战缺乏海洋资料。因此必须加强对全国海洋工作的领导，建议成立国家海洋局。专家们的意见得到了中央的认可，经过第二次全国人民代表大会常务委员会第

124 次会议批准，1964 年 7 月，国家海洋局正式成立。国家海洋局的成立，标志着我国开始专门的海洋管理，开始关注海洋，但海洋意识还较为薄弱。成立之初的国家海洋局是一个海洋综合事务管理机构，其职能包括统一管理海洋资源和海洋环境调查、资料收集整编和海洋公益服务。此外，海洋局还在地方逐渐成立了北海分局、东海分局、南海分局、海洋科技情报研究所，接管建设了 60 多个沿海海洋观测站、海洋水文气象预报总台、海洋仪器研究所以及三个海洋研究所和东北工作站（后来改为海洋环境保护研究所）等机构。当时的国家海洋局主要还是专注于海洋环境的调查，处于认识和开发海洋的阶段，没有形成初步的海洋管理框架，而国家海洋局和各分局的海洋环境管理职能单一，仅限于海洋环境的调查。

当时的国家主要领导人强调构建强大的海军军事力量，注重发展海洋经济和开发海洋资源，以此来增加我国的综合实力，在这样一种海洋价值观的指导下，往往更加注重对海洋的开发利用，而容易忽略对海洋环境的保护，更没有形成对海洋环境管理机构、体制等方面的建设。人们的海洋观念也很淡薄，并无意识参与到其中，普遍认为海洋管理是政府的工作，与个人无关。当时政府也并未提出关于海洋环境管理的方针政策，也无相关法律法规。因此，这个阶段只是建立了一个调查海洋环境的机构，为未来的海洋环境管理发展揭开了序幕，成为海洋环境管理的起步阶段。这个阶段的特点表现为：海洋环境管理主体单一，对象单一，手段单一。

二、形成期（19 世纪 70 年代—90 年代）

1972 年，我国恢复了在联合国常任理事国的地位，并于同年参加了在斯德哥尔摩召开的“人类环境会议”。这次会议成为唤醒我国环境管理意识的重要转折点，也是开启我国制定环境管理相关法律法规，提出发展环境管理的方针政策，健全环境管理体制的标志性事件。在这次会议上，中国提出了环境保护的“三十二字”方针：“全面规划、合理布局、综合利用、化害为利、依靠群众、大家动手、保护环境、造福人民。”① 根据斯德哥尔摩“人

① 韦连喜：《我国环境管理发展历程的回顾与反思》，《河南城建高专学报》1997 年第 6 期，第 20—22 页。

类环境会议”的建议而成立的联合国环境署，被赋予全球环境保护的规划、设计、组织及协调的职能，它为促进海洋环境保护的立法，特别是海洋环境保护区域协定的签订作出了重要贡献，对推动国家、区域乃至全球海洋环境保护的合作产生了深远的影响。这次会议之后，中国政府意识到环境问题的重要性，并在 1974 年制定了《中华人民共和国沿海水域污染暂行规定》，这是一部专门针对海域环境的单独法规，被视为中国海洋环境立法的开端。同年 5 月，成立了国务院环境领导小组，主要职责是通过制定政策法规和标准来控制环境污染，这个小组的成立意味着我国环境保护价值观的加强，并且成为健全环境管理体系的开端。

1979 年 9 月 13 日，第五届全国人大第十一次会议原则通过了《中华人民共和国环境保护法（试行）》，这是我国第一部关于保护环境和自然资源、防治污染和其他公害的综合性法律，这是中国环境保护的基本法，虽然这部法律没有把海洋环境作为独立的领域来制定法规，但是这部法律中包括了对海洋环境保护领域的相关规定，从此我国的环境保护有了法律保障，标志着我国的环境管理走上了法治轨道。真正把海洋环境作为独立领域制定的法律是 1982 年 8 月 23 日第五届全国人民代表大会常务委员会第二十四次会议通过的《中华人民共和国海洋环境保护法》，这部法律成为真正意义上的第一部专门性的海洋环境保护立法。它是中国海洋环境保护的总体基本法律，规定了沿岸工程建设、海洋石油勘察开发、船舶航行、废弃物排放、陆源污染物的排放引起的海洋环境问题等内容，成为中国海洋环境管理和各种规章、地方法规的法律依据。1982 年机构改革，成立了环境保护局，归属当时的城乡建设环境保护部，也就是建设部，环境保护局承担起一些宏观的海洋环境治理的职责。1983 年第二次全国环保会议提出“经济建设、城乡建设与环境建设同步规划，同步实施，同步发展”，达到“经济效益、社会效益与环境效益统一”，就是所谓的“三同步”、“三统一”。并确定环境保护是中国的一项基本国策，这使我国的环境管理从理论认识上产生了飞跃，而且制订了正确的战略方针。为实施《海洋环境保护法》，国务院从 1983 年至 1990 年先后制定发布了《中华人民共和国防止船舶污染海域管理条例》、《中华人民共和国海洋石油勘探开发环境保护管理条例》、《中华人民共和国海洋倾废管理条例》、《中华人民共和国防止拆船污染环境管理条例》、《中华人民共和国防治陆源污染物污染损害海洋环境管理条例》、《中华人民共和国防治海岸工程建设项目污染损害海洋环境管理条例》6个管理条例。依照法律法规行使海洋环境监督管理权的国务院有关部门，为进一步贯彻、实施《海洋环境保护法》及其配套管理条例，制定发布了一批行政规章。例如，《中华人民共和国海洋石油勘探开发环境保护管理条例实施办法》、《交通部港口油区安全生产管理规定》、《港口危险货物管理暂行规定》、《油船安全生产管理规则》、《交通部关于船舶污染事故处罚程序的规定》、《关于加强渔港水域环境保护工作的规定》、《海洋石油勘探开发已有应急计划编报和审批程序》、《海洋倾倒区选划与监测指南》等。[①] 而且，有关部门为实施国家海洋环境保护法及其行政法规，颁布了一批海洋环境标准，例如《海水水质标准》、《渔业水质标准》、《污水综合排放标准》、《船舶污染物排放标准》、《海洋石油开发工业含油污水排放标准》等，这些法律法规初步构成了海洋环境保护法体系。

1988年，国务院进行机构改革和调整，将国家环境保护局从原城乡建设环境保护部中独立出来，成为国务院直属机构，使得环境保护部拥有更充足的权力去治理环境。20世纪80年代初，当时的五部委联合在沿海省市开展全国海岸带和海涂资源综合调查，为了更好地配合这次调查，沿海各省市都成立了“海岸带调查办公室”这样一个临时性机构，成为今天沿海地方海洋行政管理机构的雏形。在历时8年的联合调查后，在国家科委和国家海洋局的倡议下，海岸带调查办公室改为沿海各省市科委下面管理本地海洋工作的海洋局等机构，基本形成地方海洋管理机构。海洋环境的治理中，作为政府这一级，除了国家海洋局与环保部以外，其他涉海行业机构也承担着一些海洋环境治理的职责，因此必须提到这些涉海行业的发展情况。国家设立了主管渔业和渔政的渔业局，隶属农业部。渔业局下设渔政渔港监督管理局、渔业船舶检验局，并在黄海与渤海、东海、南海设立了三个直属渔业局的海区渔政局。此外，沿海各省市和地县也都设立了水产行政主管机构和相应的渔政管理机构。交通部下设港务系统、航道系统和港务监督系统，进行海上航运管理。成立了港务监督局，主管水上交通安全。到1987年，我国在

① 管华诗、王曙光：《海洋管理概论》，中国海洋大学出版社2002年版，第49页。

沿海主要港口组建了14个交通部直属的海上安全局，沿海港建队伍扩大到一万多人。

三、发展期（20世纪90年代—21世纪初）

1992年的里约热内卢联合国环境与发展大会发挥了重大影响，具有划时代意义。会上颁布的《里约宣言》和1994年的《联合国海洋法公约》正式提出了可持续发展和海洋综合管理的理念，并且促进了海洋环境相关法律的建立健全。各国采纳了可持续发展与海洋综合管理的理念，不断重视经济发展和环境保护之间的关系，海洋环境管理也开始逐渐建立综合的管理体制，改变了过去部门分散的管理方式，建立多部门合作、社会各界广泛参与的海洋综合管理制度。1993年，全国人大增设了环境保护委员会，逐步建立起从中央到地方各级政府环境保护部门为主管的、各部门相互分工的环境保护管理体制，形成国家、省、市、县、乡五级管理体制。1995年9月，中央机构编制委员会办公室发出中编发11号文，要求国家海洋局理顺各分局与地方海洋机构的关系，将海岛、海岸带及其近岸海域的海洋工作下放给地方政府，由此国家加强了综合的海洋环境管理职能。1996年中国政府为响应联合国《海洋21世纪议程》颁布了《中国海洋21世纪议程》，表明中国政府坚持对海洋资源的可持续利用，着力促进海洋资源和环境保护。1996年3月17日第八届全国人民代表大会第四次会议批准《国家环境保护"九五"计划和2010年远景目标》，虽然这是为了推进经济发展的行动纲要，但是其中强调了对于环境和生态保护的要求。同年6月，发表了《中国的环境保护（1996—2005)》白皮书，指出在改革开放和现代化建设的过程中，中国将继续认真贯彻执行环境保护基本国策，实施可持续发展战略。同年8月颁布了《国务院关于环境保护若干问题的决定》，就实行环境质量行政领导负责制、认真解决区域环境问题、坚决控制新污染、加快治理老污染、禁止转嫁废物污染、维护生态平衡、提高全民环境意识等问题作出了具体规定。1998年的《中国海洋事业发展》阐明了以海洋可持续利用的发展战略为中心，合理地开发利用海洋、保护海洋环境安全的政策。1998年，国务院进行机构调整和改革，国家海洋局由隶属于国务院的直属局，整合为隶属新成立的国土资源部管理的独立局。国家海洋局的基本职能也进行了调整，被确定为海洋立法、海洋规划和海洋管理三项职能，其基本职责发展为海域使用管理、海洋环境保护、海洋科技、海洋国际合作、海洋减灾、维护海洋权益6个方面。确定了海洋局统筹海洋环境管理工作，向综合的海洋环境管理体制迈进。但是由于海洋环境的特殊性，使得海洋局和环保局之间存在千丝万缕又难以理清的职责交叉关系。

1998年以后，国家海洋局的综合管理层次已由两个层次的管理拓展为四个层次的管理，形成了国家海洋局—海区海洋分局—海洋管区—海洋监察站的四级管理。1999年，中国海监总队成立，其主要职能是依照有关法律和规定，对我国管辖海域（包括海岸带）实施巡航监视，查处侵犯海洋权益、违法使用海域、损害海洋环境与资源、破坏海上设施、扰乱海上秩序等违法违规行为，并根据委托或授权进行其他海上执法工作。随后不久，国家海洋局的三个分局也分别成立了北海区海监总队、东海区海监总队、南海区海监总队。[①] 这一时期，中国通过包括对沿海地区海洋资源和海洋环境的持续利用达到经济发展的目标，颁布了一系列政府措施来加强海洋环境的管理——建立了海洋环境保护机构及海洋环境保护法律体系，不断强化社会各界的海洋保护意识和法制观念，积极推进海洋环境管理及保护工作。但中国的海洋环境政策依然是坚持一个方向，为保证资源的可持续开发利用而以海洋环境保护为宗旨的初期政策，变为兼顾经济开发和海洋环境保护，最近又变为积极促进事前预防的阶段，一贯不变的是在经济开发和资源利用的前提下提倡海洋环境保护政策。

2002年1月1日起实施的《中华人民共和国海域使用管理法》更是我国政府为全面强化国家海洋权益、彻底解决海域使用及其资源开发中长期存在的“无序、无度、无偿”状态，强化海洋综合管理的关键举措。《海域使用管理法》相关法律法规及规定的贯彻实施，积极推进了依法治海，使海洋综合管理步入了法制化、科学化和规范化轨道。2003年的《全国海洋经济发展纲要》指出了海洋资源及海洋环境保护的具体政策方向。此外，大部分的海洋环境政策是编入海洋政策或其他发展政策的一个环节。2004年2月22日，国务院批复了第一个省级海洋功能区划——山东省海洋功能区划。

① 鹿守本等:《海岸带综合管理》，海洋出版社2001年版，第131页。

2006年颁布的《中华人民共和国国民经济和社会发展第十一个五年规划纲要》中把海洋作为一个独立章节来编订，指出了今后五年的政策方向，涉及海洋环境相关政策，通过强化海洋意识保护海洋生态环境，重点综合治理海域环境，遏制渤海、长江入海口、珠江等近岸海域生态恶化趋势，恢复近海海洋生态机能、保护红树林、海边湿地、珊瑚礁等海洋沿岸生态系统，加强海岛保护和海洋资源保护区的管理等具体的海洋环境保护强化政策内容。

虽然这个时期的海洋环境管理，随着可持续发展理念的引进，人们在观念上开始重视对于海洋环境的保护和管理，公众参与海洋环境管理的意识也不断增强，政府也层次渐近地在建立健全相关的法律法规，并且逐渐开始提出战略层面的海洋环境管理规划，海洋环境管理体制逐渐向综合的海洋环境管理体制过渡，但是这个时期仍然是分散的海洋环境管理体制，海洋环境管理的职能分散在各部门，缺乏独立的海洋环境管理机构，缺乏有效的协调机制等。

四、走向完善期（21世纪初至今）

2008年，国务院发布了《国家海洋事业发展规划纲要》，其中提出，“加强对海洋经济发展的调控、指导和服务”。这是我国自新中国成立以来第一个指导全国海洋事业发展的纲领性文件，是新时期我国海洋事业发展的基本思路和主要指南。党的十六大和十七大报告分别提出“实施海洋开发”和“发展海洋产业”重大战略。这些战略的实施必然都要求有着良好的海洋生态和海洋环境，海洋环境治理变得更加重要。2010年党的十七届五中全会通过《中共中央关于制定国民经济和社会发展第十二个五年规划的建议》；经全国人民代表大会批准的《中华人民共和国国民经济和社会发展第十二个五年规划纲要》（以下简称《纲要》）提出“制定和实施海洋发展的战略”，这标志着我国海洋发展开始纳入到国家战略的整体设计层面。《纲要》指出了亟待加强对海洋经济发展方式转变，切实提高海洋防灾减灾和海洋资源环境监管等方面的能力，并且亟待完善海洋综合协调机制。此外，强调了在海洋环境保护中加大环境保护力度、促进生态保护和修复。

2013年4月发布的针对海洋领域的十二五规划《国家海洋事业发展“十二五”规划》中指出要不断提高全民海洋意识，进一步完善海洋综合管理体制机制，实现海域、海岛、海洋环境、交通运输、渔业管理更为规范有力，不断加大海洋联合执法力度，日益健全涉海法律法规和政策，海洋综合管理调控的手段要明显加强。并且在海洋环境治理方面提出了具体的目标，即海洋环境恶化趋势得到遏制，主要入海污染物排放总量得到有效控制，近岸海域水质总体保持稳定，重点近岸海域水质有所改善，2015 年中度和重度污染海域面积比 2010 年减少 10%。海洋保护区占管辖海域面积的比例由 2010 年的 1.1% 提升到 2015 年的 3%，大陆自然岸线保有率不低于 36%。到 2015 年，新建国家级海洋自然保护区 3 个、海洋特别保护区 44 个，推进形成海洋保护区网络。研究建立海洋生态补偿机制，选择典型海域开展海洋生态补偿试点。[①] 对于海洋环境治理的内容日益细化，有了较为量化的治理目标，并且不断探索新的治理机制。2013 年 11 月党的十八大报告提出："提高海洋资源开发能力，坚决维护国家海洋权益，建设海洋强国"，这是在党的全国代表大会报告中首次提出我国新时期海洋事业发展的总体思路，具有重要而深远的战略指导意义。

在国家战略上"海洋"的地位日益攀升，为了适应这种发展，国家也非常重视对海洋环境治理的行政机构的改革，以实现良好治理。2013 年的机构改革中，国务院机构改革和职能转变方案的重要内容之一，就是重新组建国家海洋局。重新组建后的国家海洋局，在几个方面实现了突破。首先，成立了高层次的议事协调机构国家海洋委员会。国家海洋委员会负责研究制定国家海洋发展战略，并统筹协调海洋重大事项。国家海洋局负责国家海洋委员会的具体工作。其次，整合了海上执法队伍，成立了新的国家海警局。2013 年的机构改革和职能转变方案，将原来分别隶属于海洋局、公安部、农业部、海关的海上执法队伍进行了整合，成立了新的海上执法队伍——中国海警局。海警局接受国家海洋局的领导，公安部进行业务指导。

尽管 2013 年的机构改革中，并没有对国家海洋局的隶属关系进行调整，国家海洋局依然是国土资源部下辖的国家局，但是它设立了高层次的国家海洋委员会，并对执法队伍进行了整合，这预示着我国的海洋管理体制进入一个完善期，当然也可以看成是海洋环境管理进入了完善期。我国海洋环境管

① 参见《国家海洋事业发展"十二五"规划》。

理体制从半集中型向集中型过渡。在今后的海洋环境管理体制改革中，重点是进一步建立健全集中型的海洋环境管理体制，加强海洋局的管理能力和执行能力，进一步理顺国家海洋局内部以及与国家海洋委员会、海警局之间的关系。同时，这次改革并未对海洋行政主管部门与其他涉海部门之间的关系进行梳理，也没有对海洋局和环保部之间的关系进行调整。事实上，海洋局在调整后仍然隶属于国土资源部，属于副部级机构，而环保部是部级机构，在级别上要高于海洋局，这使得在海洋环境管理的事务中，有可能因海洋局和环保部之间的关系不畅而影响海洋环境治理的实效。

第二节　我国海洋环境管理的现状

"十一五"期间，我国海洋经济年均增长13.5%，持续高于同期国民经济增速。海洋生产总值占国内生产总值和沿海地区生产总值比重分别为9.9%和16.1%，较"十五"期末分别提高了0.3%和0.8%。中国沿海地区工农业总产值占全国总产值的60%左右，占据全国经济发展的主要位置，海洋经济成为经济增长的重要途径。与此同时，粗放增长方式尚未根本转变，海洋生态和海洋环境的污染状况日益严峻。就在最近一次海洋环境监测中发现，2013年陆源排污压力巨大，近岸局部海域污染严重，15%近岸海域水质劣于第四类海水水质标准，约1.8万平方千米海域呈重度富营养化状态。海洋生态环境退化、环境灾害多发等问题依然突出①，迫切要求对海洋环境进行保护，对污染海洋环境的行为进行治理。2013年中共十八大报告第一次明确将"海洋强国"上升为国家发展战略，海洋强国战略的一个重要组成部分就是海洋生态文明建设，它是建设"海洋强国"的基础环境，也是重要目的之一。在这样的大背景下，国家对海洋环境治理的关注也与日俱增。目前的海洋环境现状前面已经阐述，这一节主要围绕海洋环境治理的治理主体和治理手段现状展开阐述。

政府作为核心的管理主体，是海洋环境管理的组织者、指挥者和协调者，发挥主导作用。从构成上来看，政府海洋环境管理体制的核心内容是政

---

①　国家海洋局：《2013年中国海洋环境状况公报》。

府海洋环境管理职责和权力的划分。这里主要包括三个部分：其一，政府海洋管理机构内部各组成部门之间的关系；其二，政府海洋管理内部机构与政府海洋管理外部机构的关系；其三，政府海洋管理机构的行政职权在中央与地方层面的划分。作为海洋环境管理的掌舵者、调节者和服务者，政府主体包括不同层级和部门，我国现行的政府海洋管理体制基本上延续了新中国成立以来统分结合、综合管理与行业管理相结合的复合管理体制，即通常所说的“条块分割”的管理体制。为明确职责，理清相互间的关系，本书将就我国各政府涉海部门的职责和管辖区域作进一步阐述。

一、赋有海洋环境治理职责的部门

我国海洋环境管理相关政府部门包括环保、海洋、海事、渔政，军事部门。根据《中华人民共和国海洋环境保护法》第一章第五条规定划分的各机构职责（表 3–1），除沿海各级地方政府外，其他五大部门各自负责海洋环境保护的一定领域。

表 3–1：我国海洋环境管理机构及其对应职责①

部门 / 机构名称	职　责
国务院环境保护行政主管部门（环保部）	全国环境保护工作统一监督管理； 指导、协调和监督全国海洋环境保护工作； 全国防治陆源污染物和海岸工程建设项目对海洋污染损害的环境保护工作
国家海洋行政主管部门（国土资源部海洋局）	海洋环境的监督管理； 组织海洋环境的调查、监测、监视、评价和科学研究； 全国防治海洋工程建设项目和海洋倾倒废弃物对海洋污染损害的环境保护工作
国家海事行政主管部门（交通运输部海事局）	所辖港区水域内非军事船舶和港区水域外非渔业、非军事船舶污染海洋环境的监督管理，并负责污染事故的调查处理； 对在中华人民共和国管辖海域航行、停泊和作业的外国籍船舶造成的污染事故登轮检查处理； 船舶污染事故给渔业造成损害的，应当吸收渔业行政主管部门参与调查处理

① 根据《中华人民共和国海洋环境保护法》第一章第五条整理。

续表

部门 / 机构名称	职　责
国家渔业行政主管部门（农业部渔业局）	渔港水域内非军事船舶和渔港水域外渔业船舶污染海洋环境的监督管理； 保护渔业水域生态环境； 调查处理海事行政主管部门负责的污染事故以外的渔业污染事故
军队环境保护部门（海军）	军事船舶污染海洋环境的监督管理及污染事故的调查处理

2013 年政府机构改革后，组建了国家海洋委员会作为我国最高层次的海洋事务统筹和协调机构。为加强海洋事务的统筹规划和综合协调，国务院机构改革和职能转变方案提出，设立高层次议事协调机构国家海洋委员会。至此，我国海洋环境领导与协调机构分为两个部分：一是 2013 年新组建的高层的国家海洋委员会，二是隶属于国土资源部的国家海洋局。国家海洋委员会层级较高，它的成立，意味着海洋事务可以较为迅捷地进入国家高层次的决策议程之中，同时也为相关机构之间在海洋事务上的沟通协调提供了平台。国家海洋委员会尽管层次较高，但是其机构性质是一个议事和协调机构。因此，机构决议的具体执行由海洋行政主管部门——国家海洋局负责。在体制上，我国正在走向集中型的海洋行政管理体制，国家海洋委员会的成立，使得这一相对集中的海洋环境管理体制更能统筹海洋事务。国务院机构改革和职能转变方案设定的国家海洋委员会职能主要包括两大部分：负责研究制定国家海洋发展战略；统筹协调海洋各大事项。国家海洋委员会为我国海洋事务的统一领导、组织协调奠定了体制保障，是我国海洋环境管理体制逐步走向完善的重要举措。

二、区域海洋环境治理机构

由于海洋环境的自然背景、人类活动方式及环境质量标准等具有明显的地区差异，所以海洋环境管理的任何重大决策和行动，都必须具体分析不同海域的自然条件和社会条件的区域性特点。在海洋环境综合管理的前提下，也基于注重生态系统的区域海洋环境管理。就目前我国的区域海洋环境管理而言，相关区域机构有海洋局三个海洋分局、环保部六个环境保护督察中心（华北、华南、华东、东北、西北、西南），水利部七个驻区流域管理机构（长江、黄河、淮河、海河、珠江、松花江和辽河、太湖），农业部直属三个渔政渔港监督管理局（黄渤海区、东海区以及南海区渔政渔港监督管理局），交通运输部二十个区域海事局、海军三大舰队（北海、东海和南海）（见表 3–2）。

表 3–2：海洋环境管理相关区域机构职责[1]

机构名称	海洋环境保护相关职责	区域范围
海洋分局（北海、东海、南海）	直接管理海洋倾倒废弃物，海洋石油开发环境保护，海区海洋功能区划、海洋环境监测等；[2] 指导、监督、协调和服务地方海洋自然保护区建设与管理，海岸工程建设的海洋环境保护，拆船厂的海洋环境保护，陆源污染的海洋环境保护，省级海洋功能区划，海洋环境监测等	北海分局：苏鲁交界的绣针河口以北中国海域
		东海分局：北起江苏连云港南至福建东山的南黄海和东海海域
		南海分局：南海海域
环境保护督察中心（华北、华南、华东、东北、西北、西南）	承办跨省区域、流域、海域重大环境纠纷的协调处理工作； 承担或参与跨省区域、流域、海域环境污染与生态破坏案件的来访投诉受理和协调工作等	华北：北京、天津、河北、山西、内蒙古、河南
		华东：上海、江苏、浙江、安徽、福建、江西、山东
		华南：湖北、湖南、广东、广西、海南
		西北：陕西、甘肃、青海、宁夏、新疆
		西南：重庆、四川、贵州、云南、西藏
		东北：辽宁、吉林、黑龙江
驻区流域管理机构（长江、黄河、淮河、海河、珠江、松辽、太湖）	区域内水的行政执法，水资源统一管理、节约、配置和保护； 指导流域内河流、湖泊及河口、海岸滩涂的治理和开发； 负责省际水事纠纷调处工作； 组织实施流域水土保持生态建设重点区水土流失的预防、监督与治理等	长江：长江流域和澜沧江以西（含澜沧江）
		黄河：黄河流域和新疆、青海、甘肃、内蒙古内陆河区域内
		淮河：淮河流域和山东半岛区域内
		海河：海河流域、滦河流域和鲁北地区区域内

① 根据各机构官方网站职责规定编制。

② 滕祖文、朱贤姬：《加强海区分局海洋行政管理的思考》，《海洋开发与管理》2008 年第 2 期，第 34—41 页。

续表

机构名称	海洋环境保护相关职责	区域范围
		珠江：珠江流域、汉江流域、澜沧江以东国际河流（不含澜沧江）、粤桂沿海诸河和海南省区域内
		松辽：松花江、辽河流域和东北地区国际界河（湖）及独流入海河流区域内
		太湖：太湖流域
渔政渔港监督管理局（黄渤海区、东海区、南海区）	指导、协调辖区内渔业水域生态环境监测网络工作；组织划分辖区内重点渔业水域，研究提出渔业水域生态环境保护管理的措施，并依据有关法律法规组织实施；会同国家和地方有关部门调查处理跨界渔业水域重大污染事故；协同海洋行政主管部门做好倾废区的选划工作；依法协助调查处理重大渔业海损及港区污染事故等	黄渤海区：黄渤海区（山东、辽宁、河北、天津）
		东海区：所辖江苏、上海、浙江、福建及长江流域四川、云南、贵州、湖北、湖南、江西、安徽、重庆
		南海区：南海辖区
区域海事局	贯彻和执行国家水上交通安全、防止船舶污染以及航海保障方面的法规，制定本辖区具体管理规定并监督执行；负责辖区内防止船舶污染水域等监督工作；监视港区水域污染情况，拟定和执行港口油污应急计划；负责辖区内船舶污染事故等的调查、处理等	天津等 14 个直属海事机构； 陕西省地方海事局等 28 个地方海事机构
海军舰队	军事船舶污染海洋环境的监督管理及污染事故的调查处理	北海舰队：渤海黄海 东海舰队：东海 南海舰队：南海

从图表可见，就区域机构的地位而言，环境保护督察中心、驻区流域管理机构、渔政渔港监督管理局、区域海事局均是国家部委的直属机构，而海洋分局是国土资源部下设国家海洋局的局属机构，海军舰队属于国防部的海军，各机构的地位并不平等。我国目前海洋环境实施“分类指导、分级控制、分区管理”，作为以环境要求为基础，约束和调控区域海洋开发活动，统筹海洋开发与环境保护关系的依据，实现海洋资源可持续利用与保护。就

职责而言，并非权责明确，各机构间尚存在重合，如海洋分局和环境保护督察中心就同时肩负协调区域内跨省海域环境污染事故的职责，难免造成责任推诿。而就管辖区域而言，各机构间管辖范围的交叉更为突出，在同一片海区，可能会涉及不同部门的区域机构，甚至同一部门的多个区域机构。总之，在我国区域海洋环境管理中，看似明晰的权责划分事实上仍存在交叉重合，各政府主体难以维持按既定职能各司其职，各尽所能，共同进行海洋环境管理的协作关系，这也在一定程度上导致区域机构权威不足，不能有效协调并约束辖区内地方政府的海洋环境管理行为。

三、地方海洋环境治理机构

在地方层级上，赋予海洋环境治理职责的机构有两种，一是沿海地方政府，二是地方海洋管理机构。《中华人民共和国海洋环境保护法》中规定省、自治区、直辖市人民政府应根据海洋环境保护法及国务院有关规定，确定行使海洋环境监督管理权的部门职责。目前我国地方海洋管理机构主要有三种模式：一是海洋与渔业管理模式，即地方政府成立海洋与渔业厅（局），其职能有海洋与渔业管理，受海洋局和农业部的双重领导。我国大部分沿海省市实行这种模式。二是国土资源管理模式，即遵循 1998 年中央机构的改革模式，将地矿、国土、海洋合并，成立国土资源厅（局），其中海洋部门负责海洋综合管理和海上执法。河北省、天津市、广西壮族自治区等实行这种模式。三是分局与地方结合模式，即将隶属海洋局的分局与地方海洋管理机构合并，加大地方政府与海洋局的沟通和协调力度。目前只有上海市实行这一模式，将上海市地方海洋管理机构纳入东海分局。

表 3–3：地方海洋管理机构模式一览表

模　式	海洋与渔业模式	国土资源模式	分局与地方结合模式
实行省市自治区	辽宁、山东、江苏、浙江、福建、广东、海南	河北、天津、广西	上海

四、海洋环境管理的执法机构

2013 年的机构改革，其值得关注的就是整合了我国的海上执法队伍，将原来分散在多个职能部门的执法权限进行了整合，成立了新的海警局。海警局是国家海洋局的执法部门，因此，2013年的国务院改革方案设定，海警局接受国家海洋局的领导，接受公安部的业务指导。换言之，海洋环境主管部门与海上执法队伍之间是领导与被领导的关系。这种权责关系会衍生很多协调问题。在我国有一个权力运作的关键法则，即同一个级别性质的单位不能向另一个单位发出有约束力的指令。从操作上说，这意味着一个部不能向另一个部发布有约束力的命令，一个省也不能向另一个省发布有约束力的命令。① 这一法则使得同一级别的职能管理部门之间很难有直接的权力运作关系，同一级别的地方政府之间也很难有直接的权力运作关系，一般是不同性质的行政组织之间具有领导与被领导、指导与被指导的纵横关系。像中国海警局这样隶属于一个职能部门（国家海洋局），又接受另一个职能部门（公安部）业务指导的情况并不多见。因此，必须进一步理顺海洋环境主管部门与其执法机构之间的权责关系，与我国整体的行政管理权力运作原则相符。

第三节 我国海洋环境管理存在的问题

近年来，我国海洋环境管理成效显著。从20世纪80年代至今，我国海洋环境法律体系的建设也得到快速发展，已初步建立了一套较完备齐全的海洋环境保护法律制度，海洋环境管理体制也得到了改革与完善。这些成为推动我国海洋环境保护事业发展的动力因素。然而，在取得成绩的同时，我国的海洋环境管理行业存在诸多不足，尚需不断改革。

一、对于海洋环境管理的认识还不够全面

随着治理理论的出现，海洋环境管理经历着从管理到治理的重大转变，政府意识到了要调动多元主体共同参与海洋环境管理，政府作为主导力量在推动多元主体共同治理的进程。但是现实中，政府作为核心主体，往往掌握

---

① 李侃如:《中国的政府管理体制及其对环境政策执行的影响》，《经济社会体制比较》2011年第2期，第142—147页。

全局，控制力强，忽视了调动企业、公众参与海洋环境管理。并且作为企业以及公众，对于自己是管理主体的认识不到位，依旧认为海洋环境管理是政府的事情，人们往往把海洋环境管理狭义地理解为海洋环境保护部门采取各种有效措施和手段控制海洋污染的行为，使得在海洋环境治理中，企业和公众的参与不够。

管理意识对管理过程及结果有着重要的影响。我国的海洋行政管理中，存在注重经济发展而忽视环境保护的管理意识。这一管理意识对海洋环境管理造成两个方面的不利影响：首先，使得海洋环境管理在海洋行政管理乃至行政管理中处于边缘位置。我国确立了以经济发展为中心的发展思路，追求 GDP 的增长成为各级政府的目标选择，而环境保护往往忽视或置于各项议程之后，环境保护机构也处于弱势地位。这种状况在海洋行政管理中同样存在。海洋环境管理在沿海地方政府的海洋管理中，很难成为首先考虑的议程，而进行海洋资源和能源开发、海洋产业扶持等成为首先考虑的议程。海洋环境管理在海洋行政管理乃至国家管理中仍处于边缘地位，使得海洋环境管理难以获得决策者的足够重视，也难以获得足够的资源进行海洋环境的有效治理；其次，这一管理意识也使得海洋环境管理存在内部分化。这一管理意识除了使得海洋环境管理在整体的海洋管理中处于弱势地位外，它使得海洋环境管理内容难以整合思路，在应对重大抉择过程中，出现过多考虑经济发展而牺牲海洋环境的状况。换言之，这一管理意识使得海洋环境管理难以承担起有效治理海洋环境的职责。

二、分散的海洋环境管理体制

我国海洋环境管理体制是一种分散的海洋环境管理体制，有关海洋环境管理的职责分属于不同的管理部门之中。国家海洋局作为我国的海洋行政主管部门，具有进行海洋环境管理的一般职能。但是除了国家海洋局之外，其他一些涉海管理部门也具有一定的海洋环境管理职能。交通部的海事部门，具有应对海洋船舶溢油的管理权限，也具有一定的海洋环境管理职权。农业部的渔业部门，具有保护海洋渔业资源的管理权限，这涉及海洋生态的保护，因而也具有一定的海洋环境管理职权。海军具有军事船舶污染海洋环境的监督管理及污染事故的调查处理等海洋环境管理的职权。沿海地方人民政府具有根据海洋环境保护法及国务院有关规定，确定行使海洋环境监督管理权的部门的职责。此外，旅游部门、国土部门等也对海洋环境具有一定的管理职权。尽管环境保护部不直接管理海洋环境，但是作为主管全国环境的管理部门，其对海洋环境的保护和治理也具有一定的指导权。可见，目前我国海洋环境管理体制不顺，海洋环境管理的职能分散于各部门，并且各部门职能交叉、机构重复，缺少协作，影响了海洋环境污染的治理效果。存在政出多门、分散、多头管理，海域使用管理混乱，海岸带开发缺乏统一规划等问题。

（一）高层次的协调议事机构的权责还未细化，难以发挥核心领导作用

一是国家海洋委员会的组成仍未具体规定。国家海洋委员会作为我国最高层次的海洋事务议事和协调机构，应该直接接受党中央、国务院的领导。由于我国的涉海行业管理部门众多，很多部门的管理职能都涉及海洋事务，因此，哪些部门领导应该是国家海洋委员会常务会议的组成人员，是目前存在的重要问题之一。二是国家海洋委员会的职责不够明确。2013 年的机构改革，对国家海洋委员会的职责进行了初步的设定，但是这种设定还需要进一步细化和明确。哪些海洋事务应该进入海洋委员会的议事日程，哪些海洋事务直接由海洋行政主管部门或其他涉海行业部门自行处理，都尚需进一步明确。三是海洋行政主管部门间的权责关系重叠交叉严重。国家海洋局作为我国海洋环境主管部门，也是海洋环境管理领导与协调机构的组成部分，其权责关系还需要进一步理顺。2013 年的国务院机构改革方案中，将国家海洋局定位为国家海洋委员会的执行机构，同时还将延续以往的惯例，将国家海洋局定位为国土资源部下属的国家局。这种权责关系，需要在今后的运行中，进一步明确三者的关系，从而避免一些管理的掣肘和权责不明。

（二）海洋环境执法机构仍然较为分散

我国海上执法队伍整合之后，成立中国海警局，适用了统一执法的需要，也更有利于维护海洋权益。但是成立后的海警局需要进一步加强内部的整合，否则将使得改革的效果大打折扣。如上述，我国以前的五支海上执法队伍由隶属于公安部的中国公安边防海警部队、隶属于交通运输部的中国海事、隶属于农业部的中国渔政、隶属于国家海洋局的中国海监、隶属于中国海关的海上缉私队组成，这些机构历史悠久且分属不同的职能部门，形成了

不同的执法风格和组织文化。对如此复杂的海上执法队伍，要实现真正的统一执法，尚需要在以下几个方面进行整合：一是进行机构合并。机构的合并是统一执法的基础，合并后的四支队伍（中国海监、中国渔政、中国海警及海关缉私队）。需要进行机构的重新设置和整合，这是统一执法的需要。二是权力关系的重新确立。新成立的海警局，不仅仅是四支执法队伍的合并，执法权限和隶属关系也发生了变化。中国海警局将拥有比以往中国海监更多的执法权限，其权力隶属也更为复杂。因此，确立合理、明确的执法权限和执法性质，理顺其与海洋局、公安部等职能部门的权力关系，避免权责不清，是海警局内部整合的内容之一。三是进行人员的整合和人事关系的梳理。整合后的四支执法队伍，在人员上需要重新整合，其人事任免和隶属关系也需要进一步理顺。

过于分散的海洋环境管理体制，是我国分散的海洋行政管理的必然结果。它使得我国的海洋环境管理存在职能交叉，从而造成管理过程中的推诿和扯皮现象。在船舶进行海上运输过程中，一旦发生溢油造成海洋环境污染，将涉及多家管理部门：海事部门、海洋行政主管部门、渔业部门等都会介入。多部门的同时介入而又没有建立有效的沟通机制，往往滞后海洋环境治理的最佳时期；在陆源污染造成沿海区域的生态环境恶化后，也会涉及环境保护部门、海洋行政主管部门、渔业部门等，同样会使得管理责任不清，治理难以有效推进。并且这种分散的海洋环境体制以及海洋环境管理体制不顺导致信息不对称问题突出。因此，分散的海洋环境管理体制是造成我国海洋环境管理问题的原因之一。

三、海洋环境管理沟通协调机制不够畅通

在管理过程中，建立良好的沟通协调机制，是管理顺利进行的重要保障。分散的海洋环境管理造成了管理中的推诿和扯皮，但是如果能够建立良好的沟通协调机制，也可以将这种不良后果降到最低。由于我国的海洋环境管理并没有建立良好的沟通协调机制，这就使得分散的海洋环境管理的弊端难以有效化解。目前，我国的海洋环境管理沟通协调机制不畅表现在以下两个方面：

第一，海洋环境管理沟通协调机制单一，主要依赖纵向协调，横向协

调机制滞后。政府的协调模式可以分为三个类型，即：纵向协调、横向协调、纵向协调与横向并用协调。所谓纵向协调，亦称之为垂直式协调，是指依靠政府间的等级化从属关系，构建各级组织的协助关系。其典型特征是依靠权力的等级序列，建立在命令与服从基础上的一种上下级协调关系。所谓横向协调，亦称水平式协调，是指没有上下隶属关系的地方政府或其部门之间在水平方向上的合作，其典型特征是平等性、公共性、共赢性和复合性。单纯依靠纵向协调而忽视了横向沟通，一方面加大了上级部门的工作强权，另一方面也使得沟通协调滞后。

纵向协调实质上是依照权力链进行。纵向上的协调关系即命令—服从的关系，因此容易实现。而横向协调缺乏协调机制，而且缺乏协调动力。例如地方政府和海洋环境管理机构之间的协调，一方面二者有共同的目标即共同治理地方环境；而另一方面，前者重点管理陆地环境，后者负责海洋环境管理，截然分开的管理模式显然与陆海一体的现实相悖，而且陆源污染成为海洋环境污染的一大源头，加大了双方的矛盾。海洋环境管理部门与各涉海行业部门之间的协调也是这样，存在一定的共同目标，但又有各自不同的部门利益，涉海行业部门容易从本部门的根本利益出发，侧重于行业经济的发展而忽视由此造成的海洋环境破坏，进而导致专门的海洋环保部门与涉海行业部门的对立。

第二，海洋环境管理注重临时协调，忽视长期协调机制的构建。一般而言，我国遇到重大海洋环境事件，通常由国务院成立临时性指挥机构，由国务院分管领导任总指挥，有关部门参加，日常办事机构设在对口主管部门，统一指挥和协调各部门、各地区的处置工作。这种临时性的中央指挥机构，注定了其政府协调也是临时的。我国尚没有在中央一级设立长效的海洋环境管理指挥机构，沿海地方政府在海洋环境的应急管理中的角色扮演也是临时性的，这种现状很难为下一次的应急管理提供有效的借鉴。一方面，海洋环境复杂，投资风险高，管理成本大，地方政府不愿涉猎。而与之相反，海洋开发活动经济效益好，投资回报率高，但难免会造成海洋环境的破坏。在以 GDP 为导向的政绩考核指标影响下，追求本地方利益最大化的各地方政府面对海洋开发与环境保护，往往更愿意选择前者，甚至不惜牺牲海洋环境为代价。另一方面，海洋环境作为一种跨区域的公共物品，无法回避“搭便车”及外部性原因引起的供给与维护等问题。忽视政府长期协调机制构建的一个最为严重的后果，就是鼓励了地方政府保护，并且注重短期效益。海洋环境管理沟通协调机制的上述弊端，使得沟通协调不畅，从而成为我国海洋环境管理中的一个非常重要的问题。

四、海洋环境管理的手段较为单一

我国的海洋环境管理手段较为单一，从而使得处理海洋环境事件的途径较为狭窄。从理论上而言，海洋环境管理手段可以分为多种类型。例如，按照方式的标准，可以分为注重命令控制的行政手段和注重激励引导的经济手段两种。前者包括环境标准、环境规划、环境影响评价、环境许可、环境处罚等，后者包括环境保护押金、环境税、环境保护补贴、生态补偿等。而按照时间的维度，又可以分为事前的、事中的和事后的海洋环境管理手段。尽管理论上海洋环境管理有多种手段可以使用，但是在实际中，我国的海洋环境管理手段具有以下弊端：

第一，我国的海洋环境管理手段过于注重行政手段，而忽视经济手段。目前，我国海洋环境管理手段中，强制型手段较多，虽然已经不断呼吁使用经济型手段，但在实践中运用的经济手段较少。经济手段的明显优势在于能够调动被管理者的积极性，主动参与海洋环境管理的治理。从某种程度上而言，也具有公平性。例如环境保护补贴，它会吸收和调动社会资源积极参与海洋环境的治理。但是，我国目前海洋环境管理的经济手段种类单一，且不常用。在海洋环境治理方面，如果政府仅采取强制型的命令服从和利益限制模式，企业等社会主体容易产生抵触情绪，滋生偷排、暗排等法律规避行为，从而增加治理成本。而政府根据生产者的相关需求，采取支持、引导、鼓励、服务等诱导性措施，则能促进企业克服资金、技术、市场等方面的障碍，主动减低污染、进行清洁生产。

第二，我国的海洋行政管理手段过于注重事后的手段，而忽视事前和事中的手段。目前，预防性原则已经成为环境保护的一项最为重要的原则。国际环境法专家基斯认为，预防性原则可以解释为防止环境恶化原则的最高形式。我国学者也认为，在环境保护中，预防为主的原则应该是环境保护中的一项基本原则。尽管预防性原则已经受到国内外环境保护专家的一致认可，但是我国在海洋环境管理中，基于预防性的事前管理手段很少使用，大部分的管理手段是基于事后的末端治理管理手段。这种单一的海洋环境管理手段，使得我国的海洋环境管理是一种典型的“末端管理”，而不是“预防管理”和“过程管理”。

第三，我国海洋环境管理中对经济手段的应用存在缺陷。随着我国市场化的推进，政府越来越关注市场化、经济型手段的应用。但是目前我国海洋环境治理中的经济手段没有起到应有的效果。虽然企业积极革新生产技术，淘汰落后的生产设备，进行污染物的无害化处理会有利于海洋环境保护的推进，但这些投入要在相当长的时间内才能收到回报，并且企业对环境所做的贡献无法得到具体的衡量，难以得到相应的补偿，往往政府对于企业的补贴或者奖励，企业在短期内得不到收益。例如国家环境保护部一年一度的环保工作先进企业表彰大会，对主动完成节能减排任务，在社会上起到表率作用的企业予以精神表彰或物质嘉奖。这虽然可以起到激励企业今后继续实施此类行为的作用，同时能够发挥榜样作用，但它很难促进没有既定行为动机的企业从事相同的保护海洋环境、创新环保技术的行为。

第　四　章

海洋环境管理中的政府行为

现代海洋开发活动在迅速展现其巨大经济效益的同时，也给海洋环境带来更大的冲击，使海洋环境面临更为严峻的考验。而区域海洋环境的破坏，又必将影响、制约着经济的发展。如何在经济迅速发展的同时，保护好海洋环境，成为海洋经济发展过程中所要解决的中心问题。要使海洋经济的发展向着有利于环境保护的可持续的方向发展，防止或制止海洋环境问题的发生和蔓延，必须实现对海洋环境的有效管理。而要实现对海洋环境的有效管理，重要一点在于充分发挥政府的作用。作为海洋环境管理的核心主体，政府的主动参与、适当干预，是海洋环境管理发挥作用的重要保障。但是，政府介入过多，干预过度，又会对海洋环境的管理起到负面影响。因此，认清政府管理海洋环境的必然性，明确政府在海洋环境管理中的职能，分析当前政府失败的原因，并找出解决问题的对策，成为海洋环境管理必须要解决的问题。

第一节　政府作为海洋环境管理核心主体的必然性

一、政府管理海洋环境的必然性

海洋环境的特殊性，要求政府必须参与管理。海洋环境作为影响人类生活与发展的又一类自然因素的地理区域总体，有着一般环境的特点，如整体性、变动性、区域性、资源性和价值性等。但是，无论从其自然属性、经济特征还是海洋开发的内在矛盾来看，海洋环境又有其特殊性。正是这些特殊性，使海洋环境的政府管理成为必要。

（一）海洋环境自然属性的特殊性，决定政府管理的必要性

海洋环境的多层次复合性、多功能性特点导致海洋环境开发利用的多行业性，从而要求政府进行监督与协调。与陆地环境不同，海洋环境具有空间复合程度高的显著特点。同一海洋环境下，多种资源共存，并且在种类、用途上表现出极大的不同。不少海域，海底是油气田，水体是渔场，水面是船舶航行的航道。海洋环境的这种多层次复合性特点，表明海洋的每一部分都拥有多种价值、多种功能，由此导致海洋环境开发利用的多行业性。多行业的立体化开发，以及对同一海区某种资源的争相开发，这些现象的存在如果缺少一种强有力的制约监督和协调力量，必将导致海洋开发的无序状态，进而影响海洋环境的利用程度，并不可避免地导致对海洋环境的破坏。因此，在海洋开发过程中必须树立统筹兼顾、综合平衡的观念，对海洋环境进行系统规划、综合利用。即对任何海区环境的开发利用都必须建立在对区域基础功能和价值的客观了解与分析基础之上，通过对该区全部可利用环境（包括物质的和空间与环境的）的科学评价，确定该海洋环境所具有的各种功能，并对各种功能进行优势分析，最终作出最优选择或者作出对海洋环境冲击最小化选择，力求使海域的客观价值得到最佳的使用，使其功能得到最充分的发挥，并力求使每一类开发活动所产生的负面影响减少到最低限度，防止因规划的短视行为而破坏了海洋环境多功能性。由于海洋环境开发利用涉及许多行业，协调发展是客观要求，在管理海洋环境的时候，要兼顾海洋环境的所有功能，充分考虑各部门之间的相互关系，在保证整体利益的前提下，实现各种资源的有效利用和各部门的有机配合。为此，需要借助政府的综合管理机制，对影响海洋环境的各种海洋开发活动进行组织、指导、协调、控制和监督，并通过统一规划，联合各种海洋环境保护的力量，努力改变海洋环境质量与沿海经济发展不相适应的局面。海洋资源开发程度越高，涉海行业越多，这种协调功能越要加强，政府的作用越突出。

海洋环境的流动性、关联性特点导致海洋污染影响的广泛性和长远性。海洋的最突出特点在于它具有流动性，即海水是流动的，海洋中的许多资源也是流动的。这一点决定了海洋开发与陆地开发的一个明显差别，即某一陆地的资源开发一般不会给不相连的陆地资源带来直接的影响。而海洋的开发和利用则不然，海洋环境的流动性特点，使其在开发过程中更易产生连带影响。连续统一的海洋，通过流动的海水可把不同区域的开发利用活动联系起来，即某一区域海洋的开发利用，不仅影响本区域内的自然生态环境和经济效益，而且必然影响到邻近海域甚至更大范围内的生态环境和经济效益，当然，这种影响可能是正面的，也可能是负面的。一旦因人类的不合理开发破坏了某种海洋生物的生存状况，污染了某处海洋环境，那将对其他海洋生物的生存、其他海区海洋环境的质量产生直接或间接的影响，并有可能危及海岸带资源、环境和经济的发展。海洋环境之间的这种联带作用，使海洋开发暗含着极大的风险性，稍有不慎，可影响全局和长远，破坏整体生态环境。而企业或个人则往往从自身利益、眼前利益出发，不会或不想海洋经济发展的全局和长远利益，因此，海洋环境的开发利用过程中，经常出现顾此失彼、经济发展与环境污染同时出现的状况。由此可见，海洋环境的流动性、关联性特点，使得海洋环境一旦污染，其造成的危害要比陆地的某处污染造成的危害严重得多。减少海洋环境污染的影响面，防止其负外部性，需要企业、个人和政府等各方力量的共同努力，但政府的职能和作用，决定其比企业和个人更有责任防止污染，治理环境。而且，政府的优势，使其有能力引导企业和个人在从事海洋经济活动时，能够从海洋经济发展的全局和长远出发，更好地保护海洋环境，实现对海洋环境的可持续利用。

海洋环境的不可逆性要求政府主动介入，对企业和个人的排污行为进行界定。海洋处在地球的最低处，陆地上的各种物质，包括各种污染物质，最终都将归属海洋。尽管海洋对进入其中的物质具有巨大的稀释、扩散、氧化、还原、生物降解能力，可以容纳一定量的污染物而不至于造成海洋环境的损害和破坏，但是，同任何一个环境系统对外来的干扰都有一定的忍耐极限一样，海洋的净化能力也是有一定限度的。无节制地任意向海洋倾倒废水、废物，不仅将造成海洋环境的污染和损害，而且，更为严重的是，如果人类活动排出的污染物超出环境的自净能力时，就会导致海洋环境系统产生不可逆的变化。即一旦对海洋环境造成污染损害，再要治理和恢复将十分困难。因此，必须加强对海洋环境的保护和管理，尽可能将污染控制在许可的范围当中。要做到这一点，需要政府制订相关的政策法规，规范海洋开发行为，防患于未然。

（二）海洋环境的公共性和外部性等经济特征，使政府干预成为必然

从经济学意义上讲，海洋环境是一种典型的公共物品，具有不可分性、非竞争性和非排他性。海洋环境为人类提供了新鲜的空气、优美的风景、舒适的生存条件、大量的资源以及吸收容纳了来自各方面的废弃物。任何人都可以在彼此没有相互竞争的情况下享用海洋环境所带给我们的一切，而不需要承担生产成本。由于海洋环境这一公共物品的产权难以界定清楚，很多情况下任何人都可以免费自由使用，因而，为追逐个人利润的最大化，每个使用者都会最大限度地使用无需支付费用的海洋资源，其结果经常导致海洋公共财产被过度使用，出现所谓的“公地的悲剧”现象。海洋环境的公共性，使得在海洋环境开发利用过程中，所产生的外部性经常是负面的。因为，从事海洋开发利用的个体或企业往往都是从自身利益出发，他们只关注自身利益的最大化，关心自己的私人生产成本，而不顾社会成本及对海洋环境这一公共资源的破坏。个体或企业在海洋开发利用活动中，所产生的污染物排放对公有资源、海洋环境而言是一种破坏，但从眼前来说，对自身的利益可能非但没有损害，反而从中获利。也就是说，生产者追逐自身利益的私人行为所带来的影响却是社会性的，其造成的污染由他人或社会来承担，甚至要由子孙后代来承担。这种私人成本和社会成本的不一致，就是经济学上所指的外部效应。在外部效应存在时，通过市场机制的自发作用难以达到有效配置社会资源的目的。因为，在这一过程中，会出现两种情况：一方面，有益性外部效应得不到鼓励，一些企业从事海洋环境保护工作，使社会和他人跟着受益，但在许多情况下，从事海洋环境保护的企业无法从跟着受益的社会或他人那里得到回报，由于得不到应有的鼓励，这些企业将尽可能少的从事海洋环保活动。另一方面，由于一些企业或个人的排污行为所产生负面效应没有得到应有的惩罚，即他们不必为此承担负外部效应的全部成本，他们必将置污染物排放所带来的损失于不顾，过度地从事这类活动，导致的结果是资源过度开发和对海洋环境造成破坏。如在渔场捕鱼，渔场是公共的，任何个人或企业都希望捕得越多越好，但很少有人会主动保护渔场和致力于做促进鱼类生产的公益性生产投入。总之，在公共物品面前，市场机制失灵。海洋环境的公共性和外部性特征，使其不能按照市场机制配置，需要政府运作。通过政府的作用，可以更好地实现对海洋环境资源的有效配置，尽可能地防止海洋环境利用中的负外部效应存在。

二、政府具有承担海洋环境管理职能的责任和优势

（一）政府权力的强制性使其能够有效地调动、配置海洋环境资源

政府是由于社会公共需要而产生的、对全体社会成员具有普遍性的组织，具有宪法授予的公共权力。依靠这种公共权力，政府可以以法律的形式确认市场规则，并以司法强制力保证规则的执行。强制力使政府在解决海洋环境问题时具有独特的力量，可以通过各种法规、政策来规范和引导企业和个人合理利用和保护海洋环境，如政府的征税权、禁止权、处罚权和奖励权等。政府借助于宪法赋予的这些权力，可以合法地来禁止或允许某些企业或个人采取某种行为或退出某些经济活动；政府通过其掌握的权力优势和信息等资源优势，能够有效地配置与海洋环境管理相关的各种资本；政府所拥有的庞大的财政实力和独特的财政货币权力，使其在特定条件下，可以通过财政货币权力来加大对从事海洋环境保护的企业的投入，引导企业或个人投身海洋环境保护事业。所以，政府的权力优势，是其在海洋环境治理中发挥重要作用的制度保障。

（二）政府权力的公共性使其应该承担起为未来世代保管地球、管理海洋的责任

海洋环境一旦受到破坏，其影响不仅仅是在当代，更重要的是危及后代人的利益。由于海洋环境问题的影响往往要通过一个很长的周期才能表现出来，其产生在当代，大范围的影响可能在后代，像海平面上升、北极冰雪融化、全球气温上升等现象绝非一朝一世所致，是世代积累的结果。因此，海洋环境影响的代际外部性表现得更为突出。由于当今世代作为受托人为未来世代保管地球，因此，保护未来世代，保护子孙后代人的利益，这个责任应由当代所有人共同承担。但是，政府在其中承担着更大的责任。因为，政府是公共权力的代表，受公众的委托来管理社会。企业或个人尽管也应该站在可持续发展的立场上，保护海洋环境，但企业或个人并没有义务也没有能力承担起为子孙后代管理好海洋环境的重任。这一任务应由政府来承担。政府

作为全体公民的委托代理人，有责任为全体人民，包括当代人及其子孙后代管理好这些财产。政府可以以法律形式和国家名义，在全国范围内执行、指挥、组织和监督海洋环境保护工作，并对全社会的可持续发展作出长远规划、统筹解决。政府可以通过法规引导全社会参与海洋环境保护，加强各阶层、集团和社会群体之间的交流和信息沟通，促进公民的环保合作。可见，保护海洋环境，为当代人和后代人提供一个良好的生存环境，政府责无旁贷。

（三）政府行为的公益性表明其目标在于提供公共物品和准公共物品

政府的公共特性决定了政府的一般功能在于维护社会的公共利益，解决社会的公共问题，为社会提供公共物品。政府代表公共权力，从事社会的公共管理，因而政府的行为必须以非盈利性政策目标为依据。也就是说，政府在履行其社会职责时，并不计较也不可能完全计较直接成本和收益。如果某一政府在兴办教育时考虑能赚多少钱，在维护社会治安时考虑能有多少利润，那么这不仅使这些事情办不好或根本就办不成，而且还扭曲了政府的形象，使政府不成其为政府。海洋环境具有公共特性，属于公共物品。良好的海洋环境会使每个身处其中的人受益，但社会成本和私人成本的不一致性使许多企业或企业个人不愿投入。海洋环境保护、海洋环境质量这些公益事业，如果完全由市场进行安排或完全由民间组织兴办，往往会导致低效率，即可能由于收费过高而阻止或抑制人们购买或消费，从而使之不能得到有效利用；或者导致供给不足，即私人或企业为了维护适当的利润，可能控制供给或觉得无利可图不组织供给。而政府作为一个公共服务机构，不以盈利为目的，便能较好地解决公共物品的供给问题，尽可能满足人们的需要。特别是基于海洋环境保护的许多建设项目耗资巨大、投资回收期长，一般市场行为主体不愿投资或无力投资，但又为社会所必需。因此，组织公共物品生产，为社会提供良好的海洋环境质量，政府具有义不容辞的责任。政府为社会提供质优的海洋环境这一公共物品，并不意味着一定要由政府亲自进行生产、计划安排，或者说政府是唯一的提供者，而是指在政府参与下，由政府和企业、个人共同来提供。政府在其中起着组织、协调和监督的作用。政府可以利用自身优势，通过制定一定的政策，一方面鼓励企业、个人积极参与海洋环境保护的活动，另一方面，采取各种措施合理配置资源，防止由于利润最大化的市场原则造成对海洋环境的损害。为此，这既需要政府直接投资进行海洋环境保护事业，也需要在政府的诱导和协助下或在政府的直接规制下，采用市场手段兴办海洋环保事业，以满足经济发展的需要。

（四）政府能够更有效地协调、处理海洋环境使用者、管理者及彼此之间的矛盾冲突

政府作为权力机关，是一种凌驾于社会之上的公共权力。其公共利益代表的身份使其能够超越于各个经济主体之上，协调、处理经济主体之间的利益冲突。在海洋环境开发利用和保护过程中，由于海洋环境的公共性，有些人从自身利益出发，总希望免费使用或免费搭车。也有些企业或个人，为了实现个体的眼前利益，不愿为保护海洋环境、治理海洋环境投入资金或人力。而且，在海洋环境整治过程中，必然会涉及甚至牺牲某些企业或个体眼前的特殊利益。当相互竞争的各经济主体一旦发生利益冲突，当事人自己是无法界定各自的利益分界的，他们自身不具备化解冲突的能力，所以，需要政府来充当仲裁人的角色，以设定划分经济主体利益的规则，并根据既定的规则，确定经济主体之间冲突的经济利益，保证各经济主体能在公平条件下竞争。同时，海洋环境管理自身也具有复杂性。首先是海洋开发的多行业性，对同一处海洋环境的利用往往涉及海、陆、空方方面面，而各行业都从本行业利益出发，强调自身行为的合理性、可行性，由此造成彼此间的矛盾冲突。如果矛盾不解决，各行业的竞争你死我活，形不成合力，非但不会对海洋经济的总体发展起到积极作用，反而会因各经济个体的自相残杀而使原有的各行业竞争优势受到破坏。因此，需要强有力的政府加以协调，对涉海行业的发展进行宏观调控，统筹安排。其次，海洋环境的多头管理。对海洋的管理，涉及环保、海洋、海事、海政渔港、军队等多个部门，被人戏称“多龙闹海”。海洋、环保、水产、交通、水利、盐业、旅游、矿产等部门都作为执法部门，依据有关法律法规所赋予的权限在进行执法管理，大都自成体系，各自为政，造成多头管理、政出多门的弊端。当前海洋环境管理体制的缺陷，要求加强政府的行政干预，建立统一的协调管理机制，加强对海洋环境的综合管理，切实把海洋环境规划好、管理好、监督好、开发利用好。

三、海洋环境管理中政府的职能定位

在海洋环境管理中，政府作为掌握一定公共权力的管理者，应充分发挥其干预作用，防止海洋开发活动中的无序、无政府状态；又要把握政府行为的限度，防止干预过度所带来的种种不良后果，以此来保证海洋开发沿着可持续的方向发展，海洋环境得到有效保护和治理。因此，必须对政府在海洋环境治理中的角色进行合理的定位，确保政府行为适度合理。在海洋环境治理中，政府职能定位主要集中在以下几点：

（一）海洋环境规划和政策的统筹者

海洋环境作为一个生态系统整体，资源的配置、利益的调整都需要从整体出发，站在共同利益的立场上，以维护海洋生态系统健康和可持续发展为目标，指导海洋环境管理在科学合理的轨道上运行。而政府作为公共利益的代表理所应当承担这样的角色。在海洋环境管理中，政府是一名“掌舵者”，要在各管理主体的互动和协调中，在考虑各方利益和广泛收集信息的基础上，按照自然规律，统筹安排海洋环境资源的开发和海域使用，制定出统一的海洋环境管理计划和规划，以及一致的行动计划，保证海洋生态系统健康。同时，要以“统筹者”的身份，统筹海洋区域内社会、经济、文化、环境的协调发展，统筹海洋区域内各种资源的合理利用，达到资源的有效配置，不能顾此失彼，并制定相应的制度，规范和协调合作机制的运行，达到各主体的有序互动，同时要通过法律、法规、政策的途径对各主体实行规制和监督，必要时通过强制力保证统一政策的实行。

（二）协助调节海洋环境网络中各涉海主体的利益矛盾和冲突的调节者

海洋环境管理中需要处理诸多复杂关系，各方主体间涉及众多的利益争夺，这种利益之争，有时仅仅依靠平等协商并不一定能够得到及时有效的解决，因为，协调机制的建立是以各方主体的平等为原则的，多方必须按照统一的规则有序表达自己的利益需求、行使自己应有的权力，这在多数情况下是协调各方关系的有效途径。但是，任何手段也会出现失灵。一种情况是，有时绝对的平等协商会导致矛盾的持续存在，协商一直在进行，而却达不成一致的意见、解决问题的方式和双方共同满意的利益分配方式，这时就需要政府以“同辈中的长者”出任“调节者”，作为公共利益的代表，利用手中的公共权力，站在公共利益的立场上，促使各方作出相应的妥协和让步，从而解决持久不定的利益矛盾；另一种情况是，在不断变化的内外部环境下，协调机制在运行一段时间后就会出现不符合现实的情况，对各方关系的调节出现失灵，原有的合作规则不再适应现实的需求，这时就需要政府的介入，凭借其公共权力以及作为公共利益代表的合法性，进行规则的修改和完善，以适应变化了的新情况，使合作机制重新有效运作。

（三）海洋环境公共物品的提供者和服务者

政府的本质是社会的“服务者”，为社会提供公共物品是政府的重要职责，在一定的海洋区域内，海洋经济的发展，对海洋资源的开发和利用，都需要众多的公共工程。从公共物品的理论可以分析，由于“搭便车”现象和“公用地的悲剧”现象的存在，企业不可能主动提供公共物品，公共物品的提供主要靠政府，一个海洋区域内的环境公共工程、环境勘测项目、海洋区域环境质量等都是需要政府提供的公共物品或服务。但是，政府提供公共物品的过程，并不一定是政府亲自生产、计划和安排，政府在其中起着组织、协调和监督的作用，比如在区域海洋环境保护上，政府可以利用自身优势，通过制定一定的政策，一方面鼓励企业、个人积极参与海洋环境保护的活动；另一方面，采取各种措施合理配置资源，防止由于利润最大化的市场原则，造成对海洋环境的损害。为此，这既需要政府直接投资进行海洋环境保护事业，也需要在政府的诱导和协助下，或在政府的直接规制下，采用市场手段兴办海洋环保事业，以满足经济发展的需要。

（四）各涉海主体力量的整合者

海洋管理体制条块分割的复杂性、海洋开发涉及主体的多样性，使得海洋区域存在众多的管理和开发利用海洋的力量。这些力量本身都有着各自的利益需求，都站在自己的立场上最大限度地开发利用海洋，追求自身利益的最大化。如果不对这些力量加以整合，就会造成无序的海洋竞争，破坏海洋生态系统，这就需要在区域海洋环境管理中有一方主体能够按照自然系统的原则，引导其他主体的参与，形成共同的方向和目标，把开发利用海洋的各种力量整合起来，形成促进海洋经济发展的合力。这一主体必须能够代表公共利益，并且有极强的号召力和权威性，而在各个主体中，只有政府部门才有这样的能力。因此，政府要通过合作机制的构建，有效地整合各方主体力量，达成共同的目标和一致的行动计划，共同致力于海洋环境的可持续发展，达到“1+1＞2”整体效应。

第二节 海洋环境管理中政府主体的构成

由于海洋环境管理的核心主体是政府，而政府本身又是一个由不同层级、不同部门所构成的运行系统，所以政府自身的存在状况、政府这一系统的内在运行机制等问题便成为海洋环境管理的最重要影响因素。

我国目前已初步建立了国家环境保护部门统一协调和监督与各有关部门分工负责相结合，中央管理与地方分级管理相结合的海洋环境管理体制。1999年新修订的《中华人民共和国海洋环境保护法》，在第一章、第二章明确规定了各有关管理部门的管理职能、管理手段和管理机制。

《海洋环境保护法》第一章第五条对海洋环境管理的主体及管理职责进行了确定："国务院环境保护行政主管部门作为对全国环境保护统一监督管理的部门，对全国海洋环境保护工作实施指导、协调和监督，并负责全国防治陆源污染物和海岸工程建设项目对海洋污染损害的环境保护工作。国家海洋行政主管部门负责海洋环境的监督管理，组织海洋环境的调查、监测、监视、评价和科学研究，负责全国防治海洋工程建设项目和海洋倾倒废弃物对海洋污染损害的环境保护工作。国家海事行政主管部门负责所辖港区水域内非军事船舶和港区水域外非渔业、非军事船舶污染海洋环境的监督管理，并负责污染事故的调查处理；对在中华人民共和国管辖海域航行、停泊和作业的外国籍船舶造成的污染事故登轮检查处理。船舶污染事故给渔业造成损害的，应当吸收渔业行政主管部门参与调查处理。国家渔业行政主管部门负责渔港水域内非军事船舶和渔港水域外渔业船舶污染海洋环境的监督管理，负责保护渔业水域生态环境工作，并调查处理前款规定的污染事故以外的渔业污染事故。军队环境保护部门负责军事船舶污染海洋环境的监督管理及污染事故的调查处理。沿海县级以上地方人民政府行使海洋环境监督管理权的部门的职责，由省、自治区、直辖市人民政府根据本法及国务院有关规定确定。"

顺应国际海洋环境立法和海洋环境管理的发展趋势，根据国内海洋环境管理的实际需要，《海洋环境保护法》还特别增加规定了跨区域、跨部门协调、合作的内容。第二章第八条指出："跨区域的海洋环境保护工作，由有关沿海地方人民政府协商解决，或者由上级人民政府协调解决。跨部门的重大海洋环境保护工作，由国务院环境保护行政主管部门协调；协调未能解决的，由国务院作出决定。"《海洋环境保护法》还规定了海上联合执法的内容，在一定程度上增加和加强了海洋行政主管部门的职责和权限。

由上可见，海洋环境保护法所确立的主体主要是指海洋环境行政管理部门，这些行政管理部门实际包括三个层面：一是中央政府。中央政府作为国家利益的代表，在海洋环境管理中，尤其是在海洋环境管理的综合决策中，是最重要的决策主体，其重要性主要来自于它的权力和权威，它对海洋环境管理起支持和倡导作用，因为这种管理决策过程有利于全社会的利益平衡。二是政府各职能部门，政府各职能部门是在海洋环境管理中起实质性作用的主体，这主要指它们是"政府"在各项职能上的实际代表者，掌握着重要的计划、组织、领导和控制的权力。海洋环境管理的政府职能部门主要有：国务院环境保护行政主管部门，如国家环保局；国家海洋行政主管部门，如国家海洋局；国家海事行政主管部门，如国家海事局；国家渔业行政主管部门，军队环境保护部门等。其中，国务院环境保护行政主管部门与国家海洋行政主管部门是海洋环境管理的两个主要部门。由于海洋环境管理涉及相关职能部门，因此，人们通常所说的海洋环境的"综合管理"，最主要的是指政府各职能部门之间的合作，这是对海洋环境综合管理的比较"狭义"然而是比较核心的理解。

海洋环境管理行政主体的第三层次是地方各级人民政府。《海洋环境保护法》第二章第七条规定："毗邻重点海域的有关沿海省、自治区、直辖市人民政府及行使海洋环境监督管理权的部门，可以建立海洋环境保护区域合作组织，负责实施重点海域区域性海洋环境保护规划、海洋环境污染的防治和海洋生态保护工作。"地方政府作为海洋环境管理的主体之一，是由地方作为独立的利益实体地位所决定的。在市场经济下，地方不仅具有独立的经济利益，也具有独立或相对独立的环境利益，沿海地方政府对海洋环境的关注始终是不可避免的，这就会在其决策、管理过程中反映出来。随着我国沿海经济的快速发展，沿海特有的环境条件和便利的进出口口岸，已成为众多投资者的首选之地。受经济利益的驱使，沿海地方政府越来越关注海洋。从福建省提出"念山海经"以来，山东省和辽宁省也提出了"海上山东"和

“海上辽宁”的战略构想。迄今为止，几乎所有的沿海地方政府都十分关心海洋工作，并建立了相应的海洋环境管理机构，它们强烈地要求改变地方政府行政区划不含海域的现状，要求辖区下海，建立一种新的中央与地方分级管理海洋的制度，有的还自行认定了本地区的海域范围。另外，从已颁布的法律法规来看，虽然没有明确划定中央与地方的管理范围，但有的专项法规已就特定管理对象的中央行政主管的海域范围作了明确规定。如《中华人民共和国渔业法》规定，机动渔船拖网禁渔区线外侧属国家管理，由国家渔业行政主管部门监督管理；机动渔船拖网禁渔区线海域的渔业，由毗邻海域的省、市、自治区人民政府渔业行政主管部门监督管理。美国学者 Biliana Cicin-Sain 和 Robert W.Knecht 曾对谁将负责海岸带综合管理这一问题进行了调查，结果表明，61% 的被调查者认为中央政府对海岸带负有主要责任；16% 的人认为地方政府应负主要责任；20% 的人认为不同级别的政府共同负责。① 美国学者 J.M. 阿姆斯特朗、P.C. 赖纳在所著的《美国海洋管理》一书中强调了地方政府在海洋管理中的特殊地位，指出：“地方政府包括各种政府机构，从一百人的乡村到比几个其他国家面积总和还大的加利福尼亚圣内纳迪诺县，每个公民都在地方政府管辖下生活。主要港口、近海管道靠岸设施、海军基础、发电站和进入沿海的通路都处于地方政府的管辖之下。地方政府作为大部分土地的主要执行者至为重要。地方政府这一级往往负责区划、规划并提供基本的公共服务设施。为了进行有效的近海管理以及使地方政府免受不利影响，必须更好地协调地方和近海的规划和管理。”② 我国《海域使用管理法》（以下简称《海域法》）确立了国家统一管理和地方根据授权分级管理的模式，这一模式在确保国家整体利益得到实现的同时，给予地方海域管理以极大自主性。在划分国务院和省级以下人民政府的权限范围上，《海域法》第十八条规定：“下列项目用海应当报国务院审批：（1）填海 50 公顷以上的项目用海；（2）围海 100 公顷以上的项目用海；（3）不改变海域自然属性的用海 700 公顷以上的项目用海；（4）国家重大建设项目用海；（5）国务院规定的其他项目用海。”为了进一步明确项目用海的审批权限，国务

① 徐质斌：《“海洋地方问题”浅探》，《湛江海洋大学学报》2002 年第 4 期，第 1—6 页。

② ［美］J.M. 阿姆斯特朗、P.C. 赖纳：《美国海洋管理》，林宝法等译，海洋出版社 1986 年版，第 93 页。

院办公厅下发了《关于沿海省、自治区、直辖市审批项目用海有关问题的通知》，规定：国务院审批以外的项目用海的审批权限，按照以下原则规定授权地方人民政府：(1) 填海（围海造地）50 公顷以下（不含本数）的项目用海，由省、自治区、直辖市人民政府审批，其审批权不得下放。(2) 围海 100 公顷以下（不含本数）的项目用海，由省、自治区、直辖市、设区的市、县（市）人民政府审批，分级审批权限由省、自治区、直辖市人民政府按照项目种类、用海面积规定。(3) 700 公顷以下（不含本数）不改变海域自然属性的项目用海，主要由设区的市、县（市）人民政府审批。这种按照项目内容分级管理的模式，有利于调动地方管海、用海的积极性，增强海域管理者的责任感。

海洋环境管理中的政府各层级或各部门之间存在着既相互依赖又相互制约甚至相互矛盾的关系，厘清关系，明确各自的职能，是政府正确行使海洋环境管理职能的基本前提。

第三节　政府海洋环境管理的手段

在海洋环境管理中，政府为了保障其“统筹者”、“调节者”、“服务者”和“整合者”的职能得以切实履行，保障其对区域海洋环境的维护和管理工作顺利开展，从不同角度入手，采取多种手段对区域海洋环境进行管理，包括：以命令控制为主的行政手段和法律手段、基于市场化的经济手段、基于主体自律的道义手段等。本书主要侧重分析两种手段：

一、海洋环境的政府管制手段

海洋环境问题上的市场失灵现象为政府干预提供了空间，海洋环境是典型的公共物品，应当由社会利益的代表者——政府来管理，并组织经济资源和社会力量投入环境保护。面对日益严重的环境污染，政府通常运用行政的、法律的、道德的各种手段进行干预和引导。其中，管制方式由于其直接性、强制性、有力度、见效快，而被各国政府普遍采用。

政府管制是指具有法律地位的、相对独立的政府管制机构，依照一定的法规对微观经济主体的活动和行为所采取的一系列行政管理与监督活动，

“直接管制可以被界定为旨在通过管理生产过程或产品使用、限制特定污染物的排放，或在特定时间和区域限制某些活动等直接影响污染者的环境行为方面的制度措施。它们的主要特征是对污染排放或削减进行规定。污染者只能按规定行事或面临处罚以及法律和行政诉讼而没有其他选择”①。直接管制是政府以非市场途径（即规章制度）对环境污染外部性的直接干预，主要是依据法律、法规和标准，通过许可证、区划、配额、使用限制等方式直接规定活动者产生和排放污染允许数量及方式，或者对生产投入和消费的过程直接提出环境要求。直接管制通常是以命令—控制（command-and-control）方式进行。“命令”是指示污染者一定不能超过已经预先确定了的环境质量直接管制水平，例如提出具体的污染物排放控制标准或发放“排污许可证”，实行“禁渔期”制度，在禁渔期间，要求渔民全部到港，渔具上岸，在禁渔区内加强巡逻等；“控制”是对标准的监督和强制执行，例如对生产过程的管制，政府不允许使用某些品种的煤或要求厂商使用洗涤器和其他控污设备或修建规定高度的大烟囱等等。当直接管制污染水平可行时，政府更愿意采用这种措施。其中，最有代表性的就是实施排污标准，即由管制部门制定并依法强制实施的每一污染源特定污染物排放的最高限度。通常排污标准和惩罚相联系，超过标准，排污者将受到惩罚。

海洋环境的政府管制模式主要依靠法律或行政手段，按照一定的法律规范和规章制度来管理环境经济活动的一种方法。政府作为海洋环境治理的参与者，起积极、主动的作用。它以法律或政策的权威性为作用机制，强制性地要求企业遵守环境治理的规章制度，如：环境质量标准、排污许可证、区划、配额、使用限制等。这些手段都是直接管制的措施，即通过管理生产过程或产品使用和限制特定污染物的排放，来达到环境治理的目的。我国自1974年10月30日经国务院批准发布了《中华人民共和国防止沿海水域污染暂行规定》，1983年3月1日起施行的《海洋环境保护法》，是我国第一部保护海洋环境的单行法律。为实施《海洋环境保护法》，由国务院颁布了《中华人民共和国防治陆源污染物污染损害海洋环境管理条例》、《中华人民共和国防治海岸工程建设项目污染损害海洋环境管理条例》、《中华人民共和

① 经济合作与发展组织：《环境管理中的经济手段》，中国环境科学出版社1996年版，第8—9页。

国防止拆船污染环境管理条例》等 3 项行政法规。国家环境保护局还批准发布了《渔业水质标准》、《海水水质标准》、《污水综合排放标准》、《船舶污染物排放标准》、《船舶工业污染物排放标准》和《海洋石油开发工业含油污水排放标准》。为了防治陆源污染物污染海洋，沿海各省、自治区、直辖市也分别制定了一批地方性海洋环境保护法规、规章和标准。1999 年对《海洋环境保护法》进行了修订，新的《海洋环境保护法》引入总量控制制度。环境保护部门将按照国务院的规定在陆域已经开展的总量控制制度引入海洋环境管理，明确"国家建立并实施重点海域排污总量控制制度"，这个制度的建立将使海洋污染防治工作上一个新台阶。专设"海洋生态保护"一章，充分体现了环境保护、污染防治与生态保护"并重"的方针，对保护海洋珍稀物种、海洋生物多样性和防止海洋生态系统破坏具有重要意义。增加了"海洋环境监督管理"一章，在这一章中规定了国家要制定海洋环境保护规划和海洋环境质量标准。新的《海洋环境保护法》中还规定了排污收费、限期治理、淘汰落后设备工艺等制度。2003 年 3 月 1 日起施行《海洋行政处罚实施办法》，就是用罚款等海洋行政处罚方式，通过对海洋行政相对人一定经济利益的剥夺，来规范其海洋经济活动。从中国的现状来看，管制手段仍然是一种最有效的方式。中国当前正处于市场经济建立、完善的过程之中，严格而有效的法律体系尚未完善，自由竞争的市场环境尚未建全，环境资源的产权尚未处于明晰状态，企业和个人的行为还缺少规范性、自律性，所以，靠命令—控制型的管理模式，可以凭借其惩罚的威慑力量，强制性地约束经济主体的行为，起到立竿见影的功效。特别是针对海洋环境而言，命令—控制型的环境管制更具有特殊的意义。

"但是，遵循集中控制的建议所实现的最优均衡，是建立在信息准确、监督能力强、制裁可靠有效以及行政费用为零这些假定的基础上的。没有准确可靠的信息，中央机构可能犯各种各样的错误，其中包括主观确定资源负载能力，罚金太高或太低，制裁了合作的牧人或放过了背叛者。"① 命令—控制型的环境政策，应体现在宏观环境管理方面，如环境立法、环境标准制

① ［美］埃莉诺·奥斯特罗姆：《公共事物的治理之道》，余逊达、陈旭东译，上海三联书店 2000 年版，第 24 页。

定、政府内部各个不同职能部门之间的协调、环境质量监测、数据公布等。而对那些大量发生且分散度大的“微观环境管理”事务，即数量庞大的环境污染者和环境破坏行为，仅靠有限的政府力量，这种命令—控制的环境管制去监督管理就显得力不从心。政府环境管制的实施者通常把自由市场本身的不完善作为干预的理论。“然而，管制作为市场力量的替代手段也并非总是能够实现其目标的。管理政策通常没有被充分理解，制定过程耗时，且随意性强，往往被与其初衷毫不相干的政治目的所操纵。”① 所以，尽管命令—控制模式的功效不能否定，但这种管理模式仍然存在着诸多问题，主要表现在：

第一，忽视管制对象的个性特征，搞一刀切。我国地域辽阔，自然条件复杂，各地区经济发展水平不尽相同，政府又不可能获取各企业生产技术的完全或充分信息。一般来说，直接管制是对生产和消费过程中所涉及的污染活动的直接干预，倾向于迫使每个厂商承担同样份额的污染控制负担，而不考虑相应的成本差异问题。它不考虑厂商之间成本与收益的差别，而是“一刀切”。一刀切的命令—控制政策往往会因为过分强调环境效果而忽视了经济效率和社会公平。尽管政府制定的各种环境标准可能会有效地限制污染物排放，但企业在采取规定的污控措施过程中，有可能因设备更新和技术改造带来巨额成本支出。因为厂商之间的污染控制成本千差万别，即使在同一企业里，在某一情况下适宜的技术，换到另一情况下就不一定适用。因此，污染控制成本会由于厂商的产品设计、物理构造、资产新旧状况及其他一些因素的影响而存在巨大差别。对不同性质、不同规模、不同区域的企业采取完全划一的标准，管制过程中出现“不惜一切代价”的做法，只能导致企业的消极执行或采取阳奉阴违的做法。

第二，管理方法僵化，缺乏对企业的有效激励。在环境管制中，企业必须服从，只能被动执行，没有选择的余地。管制手段通常是通过法律程序确定的，即使在执行过程中发现问题，也不得随意改变。这些直接干预，都带有法定性质，一旦不遵守，就会有严重的法律和经济后果，所承担的责任

① ［美］保罗·R. 伯特尼等主编：《环境保护的公共政策》（第 2 版），穆贤清、方志伟译，上海人民出版社 2004 年版，第 22 页。

风险远远高于控制成本或边际收益；这种不考虑企业实际利益的做法实际上限制了减少污染的边际成本最低的企业作出更大的努力，趋向于阻碍污染控制技术的发展，因企业在履行环境法规时，不是基于前瞻性的思路考虑，而是尽力采取防御性的短期对策，其结果将窒息企业环境保护的技术革新。这种方式最大的缺陷是几乎不存在促使企业超越其控制目标的经济激励，一个采用了新技术的企业得到的回报是更严格的控制标准和控制绩效，而无法从投资中取得经济利益——除非它的竞争者为到达新的标准面临更大的困难。因此，排污企业宁可被动地接受管制政策的控制，也不愿积极主动地进行减少污染的行为。如现行的排污收费制度，由于费率太低，对污染者的刺激作用很小，也就是说，排污收费制度在事前防范意义上对于厂商控制污染产生的激励程度太低，使得厂商几乎没有动力去采取措施（新的技术、设备等）控制污染，而是在缴纳远远低于边际治理成本的排污费的条件下排污。这使得排污收费制度作为环境管制手段来说，并没有发挥通过市场的手段来控制污染的作用，而是通过事后弥补，在一定程度上保护了环境。相对于环境管制目标来说，排污收费制度的实际使用效果大打折扣，既没有将环境污染水平控制在一定范围内，同时也扭曲了资源配置，使得环境被过度利用。单方面地强调政府行政干预，把企业置于被动、服从的地位，政府与企业处于地位不对等的对立两极，缺乏激励性而使企业缺少从事环境保护的动力。而基于市场的经济激励，则可以使污染者自己决定采用哪种最合适的方式达到规定标准，如可选择添置环保设备，改进生产工艺的方式，也可选择超标排污而缴纳排污费的方法；或选择到排污许可交易市场购买许可证的方式。企业在污染处理问题上拥有自主选择权，可以激发企业为减少环境污染而采取积极有效的行为方式，从而达到资源的有效配置和环境成本的最小化。

第三，在经济上缺乏效率，成本太高。直接管制虽然以严格的约束性来维护了政策的严肃性，能够起到立竿见影的功效，但同时，因执行过程中需设置大量的机构，投入大量的资金和人力而导致管理成本太高，难以承受。而且，管制的过程是政府和企业博弈的过程。其间，企业作为一种利益集团，为追求自身利益的最大化，必然想方设法游说政府，以促使政府利用权力资源采取有利于游说企业的政策，而政府管制者既然可以通过管制活动与被管制者分享利益，因此，常常会被受管制企业所“俘虏”。特别是环境管制政策中的一些惩罚标准往往上下限浮动较大，政府部门有着较大的自由裁量权，而且，相对于“税”而言，排污收费“费”的征收具有一定随意性，这就给排污企业寻租提供了机会，为厂商俘虏监管者提供了更大的可能性。其结果是一些污染大户往往因与政府有着千丝万缕的关系而逃避或减少交费，从而导致管制执行不严、执行不利、催生腐败等恶果，致使整个社会为此付出环境、经济和政治代价。

第四，政府身份的双重性使得管制失效。政府是作为环境管制者而存在，应该与被管制者——主要指企业之间形成对立的两极。然而，现实生活中，政企不分，政府经常承担着管理者和生产者双重身份，政府既当裁判员又当运动员。一些地方政府尤其是基层政府为了追求眼前的经济利益和政绩，往往在未经充分的调查研究和科学论证的前提下，就“钦定”一些重大的涉海工程建设项目。同时，为了使工程尽快上马，往往规避一些严格的法律规定，随意简化程序和内容，使得许多必不可少的有关涉海工程建设项目的环境监督管理流于形式，走过场，从而为海洋工程建设项目破坏和损害海洋生态环境埋下了隐患。

由上述分析可以看到，对海洋环境的政府管制具有双重效应，既可以促进海洋环境的保护，也可能影响海洋环境的保护。不论从西方国家的环境管理实践还是从中国环境管理的现实需要，环境管制都是解决环境问题的一个重要的基本管理方式。从 20 世纪 90 年代开始，环境管制进入新的发展阶段，一方面进一步使用更集中和综合的措施提升现有环境管制的质量、简化管制程序，减少管制成本；另一方面则是寻求更好的政策工具，将命令—控制型、经济刺激型和自愿型措施结合起来。

二、海洋环境管理的经济手段

海洋环境管理中的经济手段是基于市场的经济激励手段，即在市场机制发挥作用的前提下，政府从影响成本和收益入手，利用价格机制采取鼓励性或限制性措施，促使污染者减少、消除污染，达到保护和改善区域海洋环境目标的手段。最常用的经济手段有下列几种类型：

（1）收税。税收手段旨在通过调整比价、改变市场信号以影响特定的消费形式或生产方法，从而降低生产过程和消费过程中产生的污染物排放水平。该手段可分为三大类：对环境、资源和产品的税收（如产品税）以及对污染的税收（即污染税）；对有利于环境和资源保护的行为实行的税收减免；对不同产品实行的差别税收——对那些有益于环境的产品实行低额税收。税收的目的是刺激各项活动都要将环境要素纳入决策过程，从而达到控制污染、改善环境的目的。（2）收费。收费制度旨在通过对有害于环境的活动和产品，以及对相应的"服务"征收一定的费用，从而使造成外部性的主体承担相应的外部成本或外部效果。如对向海洋环境排放污染物的污染者按其排放污染物的质量和数量征收费用，收取渔业资源增殖保护费；收取海域有偿使用费等。收取费用是对海洋环境价值的一种补偿，从一定程度上使海洋环境资源的使用者改变排污等有损海洋环境的行为，有效地利用越来越稀缺的海洋环境资源。（3）补贴。补贴是指国家通过财政资金的分配，给予某项海洋活动补贴，以影响和调控海洋资源配置，从而保证海洋资源在政府预想的目标内得以合理开发和保护。如我国在南极考察、海底锰结核资源勘查以及海岸带综合调查方面，给予了可观的财政援助；政府还将征收的排污费纳入财政预算，作为环境保护补助资金，专款专用，补助重点排污单位治理污染源以及补贴环境污染的综合性治理。另外，也可以对污染的受损者进行补贴。如海洋工程项目的建设有可能使渔民受到影响，对这些受到影响的渔民政府给予补贴。类似地，对其他各种污染受害者也应如此，补贴金额等于污染的外部成本。（4）可交易许可证。是通过分配市场许可设定可接受的污染水平。政府根据可接受的污染水平，发行一定的排污许可证，厂商向政府购买（或被授予）排污许可证，从而被允许排放一定量的污染。厂商也被允许出售它们的许可证。因此，如果一个厂商通过技术革新等措施能将其污染减少一半，那么它就可以把一些许可证卖给其他想扩张生产因而增加其污染物排放的厂商。这样做的结果是，污染总量并没有超标，而污染者之间重新配置许可证可以使达标费用最小化，也就是说能够确保以最低的社会成本达到设定的污染或排放目标。可交易许可证的实施包括以下几个方面：在可接受的排污总量限度内，给污染制造者分发排污许可证；允许排污量较低的公司把剩余的配额出售给其他公司，或者用来抵消其他设施的超额部分；也允许超标排放的公司从其他公司购买排放量。这一制度可以激励公司和个人改善控污技术，从而降低控污的费用，并最终达到逐渐降低污染程度。

在海洋环境管理中，排污收费制度相对成熟，也是一种应用广泛的管理手段。我国的排污收费制度起源于1978年底，原国务院环境保护领导小组在《环境保护工作汇报要点》中第一次提出“向排污单位实行排放污染物的收费制度”的设想。1979年9月颁布的《中华人民共和国环境保护法（试行)》从法律上确立了这一制度。1982年7月，国务院正式发布并施行《征收排污费暂行办法》，排污收费制度在全国普遍实行。1982年《中华人民共和国海洋环境保护法》首次强调了海洋环境管理中的排污收费制度。第41条规定，凡违反本法，造成或者可能造成海洋环境污染损害的，本法第五条规定的有关主管部门可以责令限期治理，缴纳排污费，支付消除污染费。1999年《海洋环境保护法》对海洋环境管理中的排污收费制度进行了改革。第11条明确规定，直接向海洋排放污染物的单位和个人，必须按照国家规定缴纳排污费。向海洋倾倒废弃物，必须按照国家规定缴纳倾倒费。新修订的《海洋环境保护法》率先将排污收费的对象界定为排污者，将排污行为界定为合法行为，采用经济管理手段管理海洋环境。2003年3月，国务院《排污费征收使用管理条例》颁布，成为排污收费制度的一次理论创新。核心内容体现在4个方面：污染物排放总量控制，实行排污即收费；加大执法力度，扩大征收范围；严格实行收支两条线；构建强有力的监督和保障体系。① 目前我国海洋环境管理中排污收费制度的运用主要依据是1999年《海洋环境保护法》和2003年《排污费征收使用管理条例》。

相对于以往的命令控制型环境管理手段，排污收费制度具有突出的优越性。首先，它能够确保自觉对污染进行控制的企业都是那些能以最低成本来进行控污的企业。也就是说，它模仿了最低成本的集中管理方法，但无需管理机构指定每个污染源应削减的排污量。第二，它向企业提供了减少污染控制成本的持续动力。企业要不断地支付其污染物排放的费用，如果企业能够找到办法使得污染削减成本低于排污费，他将会持续获得经济利益。第三，要求所有污染源都采取某种行动，他们必须削减污染以避免支付排污

① 环境保护部环境监察局：《中国排污收费制度30年回顾及经验启示》，《环境保护》2009年第20期，第13—16页。

费，要么继续为污染付费。[①] 总之，完善的排污收费制度能将排污者的切身利益与污染削减紧密结合起来，有利于排污个人或组织自觉减排，共同维护海洋环境。

但随着排污收费制度的广泛运用，其弊病日益凸显。首先，排污收费制度并不能实现对污染物排放的总量控制。排污收费制度调整的是污染控制的成本，而非污染控制水平。现行排污收费的核算是以排污者的生产需求以及所排放的污染物种类、数量、浓度为终端，而不是以流域或区域环境容量和环境质量控制要求为终端。而收费，在理论上，只要排污者履行排污收费义务，排污总量可以随意拓展，在环境管理上只能考虑排污者是否达标排放，而不能充分发挥排污收费的经济杠杆作用来遏制区域排污总量的增加，先污染后收费，事后管理，形成环境污染总量控制的被动局面，难以解决环境污染总量面临的严峻形势和巨大压力。[②] 其次，收费标准过低。根据庇古税原理，只有当排污费与污染削减的边际收益相当的情况下才能得到最高效率。而我国目前的排污收费标准仅为污染治理设施运转成本的50%，某些项目甚至不到污染治理成本的10%，排污费作为对环境损害的补偿只能算作“欠量补偿”。[③] 排污者宁愿交少量排污收费也不愿进行减排，海洋环境污染问题自然得不到根本解决。最后，排污费征收标准不一致，容易引起污染转移。我国海洋环境保护法第九条规定，“国家根据海洋环境质量状况和国家经济、技术条件，制定国家海洋环境质量标准。沿海省、自治区、直辖市人民政府对国家海洋环境质量标准中未作规定的项目，可以制定地方海洋环境质量标准”。这一规定从理论上导致部分经济发达地区海洋环境质量标准较高，而经济欠发达地区则相对较低。海洋环境质量标准决定着企业环境外部成本的高低，于是一些污染企业从经济发达地区转移到欠发达地区，形成环境热点。而在实践中，经济发达地区为进一步提升经济实力，也可能在一定程度上压低海洋环境质量标准，造成地方甚至区域整体海洋环境污染治理无效。

---

① ［美］保罗·R.伯特尼等主编：《环境保护的公共政策》（第2版），穆贤清、方志伟译，上海人民出版社2004年版，第29页。

② 肖建华：《生态环境政策工具的治道变革》，知识产权出版社2010年版，第143页。

③ 章鸿、林萌：《论排污收费制度的健全与完善——从排污收费制度性质的角度看》，《甘肃农业》2005年第10期，第72页。

第四节 海洋环境管理中政府行为的有限性

环境管制反映了政府在环境管理中的主导地位，但主导地位并不意味着唯一性和全能性。政府职能、政府权力的特殊性，使人们赋予政府以特殊的职能，以为只要政府出面，没有解决不了的问题。有人说，“经济靠市场，环保靠政府”，这句话反映了政府在环保中的权威作用。但也应看到，政府不是万能的。政府一般采取首长负责集体领导，政府的整体意志来自一个个生活在现实社会关系网中的个人，有时甚至来自少数的几个乃至一个“掌权者”，这就使政府海洋环境决策的科学性大打折扣。而且在具体的管理过程中，政府行为有时因地方保护主义等原因亦可能偏离科学化的管理行为，政府在决策上有失误，从而导致环境的破坏和环境污染，或者地方政府在环境管理上失职或环境管理不力，而使本地区的海洋环境质量恶化，政府对此要负责。这种非科学化的管理行为通过影响企业行为而间接对海洋环境造成污染。因此，对政府行为的限制、监督也就非常必要。长期以来，在海洋环境管理中，政府始终处于主导地位，作为行政领导以“命令—控制”的方式对各种涉海活动进行直接管理，但在管理过程中，经常“公域”、“私域”不分，政府过多地参与和干预了“私人物品”的生产与交换，而对自己分内的事，即安排好“公共物品”的供给，则没有管好。所以，海洋环境管理中政府行为的范围界定主要体现在环境公共物品的供给上。

一、政府所应提供的具体的海洋环境物品

本书在此讲到的海洋环境公共物品是指用于海洋环境保护和海洋污染防治、与海洋环境状况密切相关的各种政策制度、服务项目和基本设施。主要包括：

（一）海洋环境管理的基本政策、法规，海洋环境管理规划和制度体系

如《中华人民共和国海洋环境保护法》、《中国海洋21世纪议程》等，中国海洋环境的管理制度、行政管理体制等。海洋环境管理政策是国家在一定历史时期为保护海洋环境、提高海洋环境质量、保持生态平衡所规定的行动准则和战略目标。国家以本国的海洋环境调查、监测和科学研究为依据，综

合考虑本国经济发展水平、科学技术能力、海洋资源开发状况及海洋环境保护的需要而制定适合本国国情的海洋环境政策。这些都是涉及国家海洋事业发展基本方向和国家海洋环境保护的全局问题，不仅具有非排他性、非竞争性，而且具有基础性、公共性，由全体社会成员共同受益，是为了满足社会的公共需要，属于纯粹的公共物品。正是由于上述物品的特殊性，决定此类物品的供给并不是取决于个人意愿，而是集体选择的结果，其配置往往依靠政治性决策或社会选择而不是以市场选择为主。因此，政府对此有着不可推卸的责任，既是提供者又是生产者，必须亲力亲为。当然，这些基本政策的制定过程离不开企业、公众的参与，但企业、公众仅仅是参与者，决策者是政府。

（二）海洋环境管理的具体政策、规划、海洋环境质量标准

如：《海洋倾废管理条例》、《海洋标准化管理规定》、《海洋石油工业含油污水排放标准》、《船舶污染物排放标准》、海洋环境监测网站等。海洋环境规划的目的在于将海洋环境保护工作纳入有秩序而全面发展的轨道，避免发生混乱及顾此失彼的现象。规划的内容如海洋污染控制规划、污染治理规划、污染调查监测规划、海洋环境科学技术发展规划、海洋环境保护设施规划等。海洋环境标准包括海洋环境质量标准、海水水质标准、船舶排污标准、海上石油平台含污水排放标准、海洋污染调查规范等。具体讲要控制陆上生产活动对海洋环境的污染损害，对污染物排放浓度和排海总量实行控制；对超过或接近环境质量标准的污染物，制定排放标准和区域总量控制标准；对城镇生活污水进行处理，对工业废物进行综合处理和陆上处置技术研究与开发；逐步禁止生产和使用已证明对海洋环境有害的化肥和农药等；通过政府和企业双方努力，使重点污染企业得到治理，使海洋环境污染恶化趋势得到减缓，并逐渐恢复其生态系统的结构与功能，达到可持续利用的生态环境。这些内容也属于规章制度，但大多是行业性质的，行业、专业特征突出。尽管此类政策规定也具有公共性特点，但作用范围有一定的限度。对于此类物品，政府当然是主要提供者，但相对来说，企业、公众参与的程度要加大一些，特别是企业、公众中的专业技术人员有着重要的发言权，在制定这些政策、标准的过程中扮演着不可替代的作用。

（三）海洋环境保护的基础设施、环境工程项目

这些物品如果供给不足，会影响到公共环境和公众利益，是政府失职的表现。但政府并不一定直接参与这些物品的生产，而是仅仅承担着规划、组织、监督、管理的职能，具体的生产主要是由企业来完成。如政府对影响海洋环境的行为进行监督，查明海洋环境质量状况，预测发展趋势，制订防止海洋环境质量退化的政策、法令，并组织有效的执法管理和监督检查；海洋行政管理部门依据协议规定，定期对企业执行海洋环境标准的情况进行抽查、监测，对于评估和检查的结果应及时向社会公开，以利于舆论监督和公众举报。引导企业开展清洁生产，进行海洋产业清洁生产的宣传和培训，促使企业由单纯末端污染控制转向全过程污染控制，减少海洋产业自身产生的污染物总量，防止海洋产业污染损害海洋环境。依据法律和协议规定，对造成污染损害的企业追究法律责任和赔偿责任。同时，对治污效果显著的企业和行为予以奖励。

二、海洋环境物品的政府供给的有限性

由上可知，在海洋环境物品的供给上，存在着提供者与生产者的分离，即提供者不一定是生产者。美国学者埃莉诺·奥斯特罗姆在谈到公共池塘资源的供给时，曾指出："我把那些计划和安排公共池塘资源提供的人称为'提供者'（provider），而使用'生产者'（producer）这个术语来指实际从事建造、修理或采取行动确保资源系统本身长期存在的任何人。提供者和生产者常常是同一的，但也并不必须如此。"① 这种区分对于转变政府职能，划定政府的作用边界具有积极意义。我国长期以来由政府全面垄断环境保护事业。在一定程度上，这确实是必要的，这符合公益物品的公益性和环境保护事业的公益性。但在目前，这种提供者和生产者合二为一的做法，反而使政府陷入垄断但却低效的尴尬境地。依赖政府的惯性，也使人们对政府抱以过高期望和过多要求，认为环保是政府的职责，似乎环境保护不力全部是由政府造成的，并因此对政府提供的服务怨声载道。提供者和生产者相区分，则可以使政府脱离这种尴尬境地。政府的有限能力和有限理性决定了它不可能提供所有的合适的公共环境物品。同时，政府没有必要也不可能包揽公共环

① ［美］埃莉诺·奥斯特罗姆：《公共事物的治理之道》，余逊达、陈旭东译，上海三联书店 2000 年版，第 54 页。

境物品生产与供给的全部责任。在很多方面，政府有必要退出直接生产领域，通过政府与非政府机构签订各种形式的特许协议契约，将公共环境物品的生产职责交给私营部门或第三部门，政府的职责应由直接生产转向间接生产，由生产者转变为提供者，政府将主要职责界定在宏观调控、政府采购、提供服务以及公共物品的分配等方面。在公共环境物品供给方面，政府肩负的职责有：建立科学规范的价格、产品与服务质量监督控制体系，保证公共环境物品市场供给的公平有序；通过制定灵活的产业政策，在公共环境物品供给中引入竞争机制，发挥市场配置资源的效率，提高公共环境物品生产和提供的企业经营效率，并减轻政府的财政负担和补贴额度；加强基础设施建设，改善投资环境，维护市场秩序，将其基本职能由生产转向服务与协调；将公共环境物品承包给私营部门投资、建设、经营，对于一些已经由政府投资建成的项目，也可以通过管理合同、租赁协议等方式转交私营企业经营，同时，政府予以必要的财政补贴或政策优惠。

从公共物品基本性质分析入手，界定政府在环境公共物品提供与生产中的基本职能范围，这是海洋环境管理制度创新最为关键的一环。对环境公共物品提供多种制度安排以及物品提供与生产的区分，它突破了所有公共物品都应该由政府提供甚至直接生产的传统思路，同时，也打破了政府无所不包、无所不能的神话。公共物品全部由政府组织或公营部门提供、生产或管制，并非是唯一或最有效的途径。由于政府本身存在着垄断性、官僚组织的自利性和面对环境的不确定性与信息的不完全性等约束条件，政府并不能通过“有形的手”将资源的配置达到帕累托最优，往往伴随着公共物品提供不足或提供过度的问题出现。政府提供某类公共物品，并不等于生产此类公共物品的责任也必须由政府或公营部门自身来承担。政府可以借助市场组织和社会组织的优势与能力，来生产这些公共物品。在此过程中，政府更重要的责任实际体现在为保证公众的利益满足，须和生产的组织订立收费标准、服务数量与服务质量的契约，监控这些组织的不合法或侵害公众利益的行为。同时，政府还可以通过补贴、税收政策等调控手段，激发民营企业或社会公益组织生产公共物品的积极性。可见，政府在经济生活中的功能是逐步走向建立伙伴关系、引导和间接的管理，其责任方式发生了显著的变化。对此，选择多种组织形式提供公共物品和服务成为一种必然。现代的公共经济学和公共管理学都揭示了公共产品提供主体多元化的必要性和现实性。现代市场经济体系中的公共产品可以由政府、社区、私人企业、第三部门、国际组织等主体提供。公共产品的多元主体提供弥补了政府作为单一提供主体的各种缺陷和不足，是社会的一大进步，并且某些人类社会所必需的公共产品只能由社会提供，如制约政府权力的力量，满足社会多元化需求。环境保护这种公共产品可以划分为纯公共产品和准公共产品。纯公共产品包括环境保护法律法规、制度和标准；大气质量的改善；大江大河和海洋环境污染的治理等。这些产品应主要由政府提供；准公共产品包括城市垃圾及其他废弃物的回收处理；公共环境卫生、污水处理、城市绿化等，这些产品可以由私人企业、社区和非盈利组织共同提供。为提高效率、增进效益，环境保护可以从政府垄断转变为多个主体共同努力。环境保护的提供者主要是政府，而生产者可以是多种多样的，包括政府本身、企业法人、公民团体与个人等。政府负责环境保护的提供，由其他主体负责生产，建立容纳多主体的政策制定和执行框架，形成共同分担环境责任的机制，是建立复合多样的海洋环境保护制度的一项重要内容。

同时，由于海洋环境保护的生产者不是独此一家，这样，就可在生产者之间建立竞争关系，由此可减少因寻租所带来的经济效益和社会效益的损失。公共物品的供给带有垄断性特征，通常会诱使人们动用一切额外资源去影响政府部门的公共决策，从而获取垄断经营权。在信息不对称、市场不完全的情况下，试图与政府签订契约的生产者很可能为了承揽盈利性环保项目，不惜花费大量资金向政府官员进行寻租活动，致使大量国有资源流入一些政府官员手中，造成浪费与无效。因此，对于具有赢利性的环境保护，应该考虑避免寻租问题的发生。同时，当某一承包商承担某项环境保护任务，由于大量资金可能花在寻租活动，致使承包商为获取利润而在技术装备、服务质量等方面减少必要的花费，从而可能导致低劣的环保提供。相反，政府如果能够在生产者竞争的过程中公开信息、鼓励竞争、制定严格标准，为生产者创造完全市场竞争的条件，不仅可以限制甚至消除寻租现象，而且也为企业投身于环境保护创造了激励，企业的价值取向也逐渐接近公益事业应具有的公共社会目标。

第五章

海洋环境管理的政府间协调

海洋环境管理的政府主体复杂，涉及多个地方政府以及若干涉海部门，鉴于海洋环境的特殊性，他们之间只有相互合作才能更好地实现治理目标。由于彼此间存在不同的利益诉求，利益协调便在很大程度上决定着合作的成败。因此，良好的协调机制至关重要。由于海洋环境问题主要发生于沿海各区域，突出表现为区域性问题，因而，海洋环境管理中的政府各主体间关系主要表现为特定区域内各主体间的关系，政府间的协调也主要体现为区域内地方政府、政府各部门等相关主体间的协调。本章通过对区域海洋环境管理政府协调机制的概念界定和内涵说明，分析我国目前海洋环境管理的政府间关系，从中得出区域海洋环境管理政府间存在不协调问题的结论，进而构建我国区域海洋环境管理的政府协调机制。

第一节　区域海洋环境管理政府间协调的提出及内涵

一、我国区域海洋环境管理的相关主体

我国区域海洋环境管理的主体为宽泛意义上的主体，既包括通常意义上的主要管理主体——各级地方政府及政府部门，也包括参与主体，即企业和社会，三者地位、职责和作用各有不同，但在海洋环境管理的实践中，缺一不可。政府作为核心的管理主体，发挥主导作用，负责制定海洋环境管理

的总体战略和政策规定，监督企业和社会公众遵守各项政策，调动各种力量积极保护海洋环境，为海洋环境保护和治理提供资金、技术支持，实现海洋经济持续健康发展；同时，协调各级地方政府及政府部门关系，以发挥最大合力，共同管理海洋环境。企业是区域海洋环境管理的重要参与主体。一方面，企业缴纳税收，为治理海洋环境提供重要的资金来源；另一方面，排污企业通过提高技术，加强管理等途径，减少污染物排放，对区域海洋环境改善有重要意义。同时，企业间相互监督，有利于区域内海洋环境的维护。当然，排污企业也成为政府进行海洋环境管理的主要管制对象。社会同样是区域海洋环境管理的重要参与者，包括海洋环境管理相关领域的专家学者、非政府组织以及社会公众。专家学者是海洋环境管理相关政府部门的智囊团，为海洋环境管理提供专业性建议和改善意见；海洋环境保护类非政府组织是海洋环境保护的宣传者和实践者，或通过开展公益性活动，引导公众注重海洋环境保护，或通过提供海洋环保资金，推动海洋环境管理顺利进行，也有些科技类社团，通过技术咨询等业务，完成海洋环保使命。北京地球村教育中心就开展过保护黄海生态系统的项目。我国环保类非政府组织还有自然之友、中华环保基金会、中国环境科学学会、中国环保产业学会等，但专门针对海洋环境的不多，即便是以海洋环境为目标的项目也不多见，使得非政府组织在海洋环境管理中并未发挥应有的作用。而作为普通公众，尤其是沿海公民，对于与自身利益密切相关的海洋环境管理，更具发言权。他们是政府部门管理活动及企业排污行为的监督者，是海洋环境管理政策的建议者，是海洋环境状况的反映者，也是履行海洋环保义务的实践者。政府、企业和社会各尽其责、协调合作，才能最终达到区域内海洋环境管理的最佳效果。

作为区域海洋环境管理的总体调控者，政府主体包括不同层级和部门，为明确职责，理清相互间的关系，本书将就各政府部门的职责和管辖区域，做进一步阐述。我国海洋环境管理相关政府主体包括环保、海洋、海事、渔政、军事部门以及沿海各级地方政府。根据《中华人民共和国海洋环境保护法》（1999）第一章第五条规定划分的各机构职责（表 5–1），除沿海各级地方政府外，其他五大部门各自负责海洋环境保护的一定领域。

表 5–1：我国海洋环境管理机构及其对应职责①

部门 / 机构名称	职 责
国务院环境保护行政主管部门（环保部）	全国环境保护工作统一监督管理； 指导、协调和监督全国海洋环境保护工作； 全国防治陆源污染物和海岸工程建设项目对海洋污染损害的环境保护工作
国家海洋行政主管部门（国土资源部海洋局）	海洋环境的监督管理； 组织海洋环境的调查、监测、监视、评价和科学研究； 全国防治海洋工程建设项目和海洋倾倒废弃物对海洋污染损害的环境保护工作
国家海事行政主管部门（交通运输部海事局）	所辖港区水域内非军事船舶和港区水域外非渔业、非军事船舶污染海洋环境的监督管理，并负责污染事故的调查处理； 对在中华人民共和国管辖海域航行、停泊和作业的外国籍船舶造成的污染事故登轮检查处理； 船舶污染事故给渔业造成损害的，应当吸收渔业行政主管部门参与调查处理
国家渔业行政主管部门（农业部渔业局）	渔港水域内非军事船舶和渔港水域外渔业船舶污染海洋环境的监督管理； 保护渔业水域生态环境； 调查处理海事行政主管部门负责的污染事故以外的渔业污染事故
军队环境保护部门（海军）	军事船舶污染海洋环境的监督管理及污染事故的调查处理
沿海县级以上地方人民政府	省、自治区、直辖市人民政府根据海洋环境保护法及国务院有关规定，确定行使海洋环境监督管理权的部门的职责

就目前我国的区域海洋环境管理而言，相关区域机构有海洋局 3 个海洋分局、环保部 6 个环境保护督察中心（华北、华南、华东、东北，西北，西南），水利部 7 个驻区流域管理机构（长江、黄河、淮河、海河、珠江、松花江和辽河、太湖），农业部直属 3 个渔政渔港监督管理局（黄渤海区、东海区以及南海区渔政渔港监督管理局），交通运输部 20 个区域海事局、海军三大舰队（北海、东海和南海）。（表 5–2）

① 根据《中华人民共和国海洋环境保护法》整理。

表 5–2：海洋环境管理相关区域机构职责①

机构名称	海洋环境保护相关职责	区域范围
海洋分局（北海、东海、南海）	直接管理海洋倾倒废弃物，海洋石油开发环境保护，海区海洋功能区划、海洋环境监测等；② 指导、监督、协调和服务地方海洋自然保护区建设与管理，海岸工程建设的海洋环境保护，拆船厂的海洋环境保护，陆源污染的海洋环境保护，省级海洋功能区划，海洋环境监测等③	北海分局：苏鲁交界的绣针河口以北中国海域
		东海分局：北起江苏连云港南至福建东山的南黄海和东海海域
		南海分局：南海海域
环境保护督察中心（华北、华南、华东、东北，西北，西南）	承办跨省区域、流域、海域重大环境纠纷的协调处理工作； 承担或参与跨省区域、流域、海域环境污染与生态破坏案件的来访投诉受理和协调工作等	华北：北京、天津、河北、山西、内蒙古、河南
		华东：上海、江苏、浙江、安徽、福建、江西、山东
		华南：湖北、湖南、广东、广西、海南
		西北：陕西、甘肃、青海、宁夏、新疆
		西南：重庆、四川、贵州、云南、西藏
		东北：辽宁、吉林、黑龙江
驻区流域管理机构（长江、黄河、淮河、海河、珠江、松辽、太湖）	区域内的水行政执法，水资源统一管理、节约、配置和保护； 指导流域内河流、湖泊及河口、海岸滩涂的治理和开发； 负责省际水事纠纷调处工作；组织实施流域水土保持生态建设重点区水土流失的预防、监督与治理等	长江：长江流域和澜沧江以西（含澜沧江）
		黄河：黄河流域和新疆、青海、甘肃、内蒙古内陆河区域内
		淮河：淮河流域和山东半岛区域内
		海河：海河流域、滦河流域和鲁北地区区域内
		珠江：珠江流域、韩江流域、澜沧江以东国际河流（不含澜沧江）、粤桂沿海诸河和海南省区域内
		松辽：松花江、辽河流域和东北地区国际界河（湖）及独流入海河流域区域内
		太湖：太湖流域

① 根据各机构官方网站职责规定编制。

② 滕祖文、朱贤姬：《加强海区分局海洋行政管理的思考》，《海洋开发与管理》2008 年第 2 期，第 34—41 页。

③ 滕祖文、朱贤姬：《加强海区分局海洋行政管理的思考》，《海洋开发与管理》2008 年第 2 期，第 34—41 页。

续表

机构名称	海洋环境保护相关职责	区域范围
渔政渔港监督管理局（黄渤海区、东海区、南海区）	指导、协调辖区内渔业水域生态环境监测网络工作；组织划分辖区内重点渔业水域，研究提出渔业水域生态环境保护管理的措施，并依据有关法律法规组织实施；会同国家和地方有关部门调查处理跨界渔业水域重大污染事故；协同海洋行政主管部门做好倾废区的选划工作；依法协助调查处理重大渔业海损及港区污染事故等	黄渤海区：黄渤海区（山东、辽宁、河北、天津）
		东海区：所辖江苏、上海、浙江、福建及长江流域四川、云南、贵州、湖北、湖南、江西、安徽、重庆
		南海区：南海辖区
区域海事局	贯彻和执行国家水上交通安全、防止船舶污染以及航海保障方面的法规，制定本辖区具体管理规定并监督执行；负责辖区内防止船舶污染水域等监督工作；监视港区水域污染情况，拟定和执行港口油污应急计划；负责辖区内船舶污染事故等的调查、处理等	天津等14个直属海事机构、陕西省地方海事局等28个地方海事机构
海军舰队	军事船舶污染海洋环境的监督管理及污染事故的调查处理	北海舰队：渤海黄海 东海舰队：东海 南海舰队：南海

从图表可见，就区域机构的地位而言，环境保护督察中心、驻区流域管理机构、渔政渔港监督管理局、区域海事局均是国家部委的直属机构，而海洋分局是国土资源部下设国家海洋局的局属机构，海军舰队属于国防部的海军，各机构的地位并不平等。就职责而言，并非权责明确，各机构间尚存在重合，如海洋分局和环境保护督察中心就同时肩负协调区域内跨省海域环境污染事故的职责，难免造成责任推诿。而就管辖区域而言，各机构间管辖范围的交叉更为突出，在同一片海区，可能会涉及不同部门的区域机构，甚至同一部门的多个区域机构。总之，在我国区域海洋环境管理中，看似明晰的权责划分事实上仍存在交叉重合，各政府主体难以维持按既定职能各司其职、各尽所能，共同进行海洋环境管理的协作关系，这也在一定程度上导致区域机构权威不足，不能有效协调并约束辖区内地方政府的海洋环境管理

行为。

二、区域海洋环境管理协调机制的提出

协调思想早在19世纪末20世纪初的古典管理理论阶段便为学者们所重视。著名管理学家法约尔将管理界定为“实行计划、组织、指挥、协调和控制”，把协调看作管理职能的一部分。[①] 关于协调，《韦伯斯特国际大辞典》（第3版，1971）将其界定为，“为达到最有效或和谐的结果而作出的最适当的关系合作，即使各部分机能处于合作与有序状态”[②]。在《现代汉语词典》（2002年增补本）中，“协调”解释（1）配合得适当；（2）使配合得适当。无论是合作与有序，还是配合得当，其本质都在于和谐，协调的最终目的是要实现整体的最优目标。协调的对象是各要素间的关系，它所针对的不仅是已经存在的矛盾和冲突，还包括各要素间合作或竞争关系中潜在的矛盾冲突。为更好地实现整体最优目标，协调的重要使命还在于联系整体中各孤立的要素。作为政府的一项重要管理职能，如何发挥协调的作用，理顺各种关系，促进组织机构正常运转，进而实现组织目标是政府部门必须重视的问题。

由于海洋环境的流动性和整体性特征，同一区域的海洋环境管理往往涉及多个地方政府，作为管理的核心主体，他们之间的关系在很大程度上影响着区域内海洋环境的治理。一方面，海洋环境复杂，治理难度大，技术要求高，且存在投资风险，单个地方政府难以承担海洋环境的治理活动。尤其是面临重大海洋环境突发事件，仅靠单个地方政府也难以及时有效解决。另一方面，由于海洋环境的联动性及区域的濒临性，相邻行政区域海洋环境不可避免要相互影响。各地方政府的互不合作，分散运作，往往会因沟通不畅，信息不对称而引起海洋环境利益的外溢甚至矛盾冲突，各方均受损。而地方政府之间合作共治、强强联合，则有利于共同提高治理水平，实现区域内海洋环境的改善，促进整个区域海洋经济的可持续发展，达到各地方政府的最终目的。可见，海洋环境的特殊性要求区域治理中地方政府的协调与合

① ［法］法约尔：《工业管理与一般管理》，周安华等译，中国社会科学出版社1998年版，第5—6页。
② 转引自何笑《社会性规制的协调机制研究》，博士学位论文，江西财经大学，2009年，第38页。

作。同时，各政府在资源、技术等方面的互补性也为海洋环境管理的区域合作提供了现实基础，有利于提高海洋环境治理的效率和效果，从而使各方受益。因此，地方政府在区域海洋环境管理中应确立良好的合作关系，从传统的“故步自封”甚至“以邻为壑”走向“共赢共治”，实现区域内海洋环境的有效治理。当然，这种合作关系的建立和维持必须有健全稳定的协调机制作为保障。

所谓机制，泛指一个工作系统的组织或部分之间相互作用的过程和方式。机制的重要性在于它能自动发挥作用，即只要一启动机制，事物就会向着机制所规定的方向前进。① 区域各地方政府是独立的实体，存在共同的利益诉求，但基于自身利益的考虑，相互之间的矛盾也不可避免，要实现海洋环境治理的主动合作，必须有一定的外在约束力或内在强烈的合作意愿作为引导，这便需要协调机制。本书认为，区域海洋环境管理的协调机制，是指在海洋环境管理活动中，区域利益协调主体依据中央（上级政府）制定或政府间协商订立的契约（法律、法规或协议），依托一定的组织机构，按照既定的运行机制，作用于协调客体，进而实现区域内海洋环境维护目标的过程。

由以上定义，区域海洋环境管理的政府间协调机制包括四方面的内容：协调主体、契约、组织机构及运行机制。区域利益协调主体应多元化，不仅包括中央和区域内地方各级政府，还应囊括非政府组织、专家学者及其他涉海利益相关者，如区域内涉海企业、公民等，以广泛听取他们的意见和建议，实现决策的科学化和民主化。从海洋环境保护的目标出发，各地方政府应该积极进行环境治理，但区域海洋环境管理的各地方政府既肩负着海洋环境保护的使命，又承担着本行政区海洋经济发展的职责，在现行政绩考核体系下，作为理性经济人的政府及政府官员，难免出于本地区或个人利益考虑，而重经济发展，忽视海洋环境的保护，进而造成区域海洋环境的“霍布斯丛林”现象。因此，一套旨在维护区域整体海洋环境、督促并约束各地方政府行为的契约亟待建立，这些具有法律约束效力或自愿达成的协议成为海洋环境区域协调的重要依据。同时，这套契约的实行必须依靠一定的物质载

① 转引自杨莉莉、杨宏起《产业集群与区域经济协调发展机制及对策》，《科技与管理》2008 年第 3 期，第 7—10 页。

体，即区域海洋环境管理的协调机构。为保证其顺利履行职责，这些机构要有法定地位和职权限定。最后，协调机制必须包括一套完善的运行机制，即推动协调政策得以落实和组织机构得以健康运转的方式。在地方利益的驱动下，即便有来自法律政策和协调机构的压力，区域内地方政府在合作过程中也存在理性博弈，“上有政策，下有对策”便是突出体现。因此，要实现区域内零和博弈向正和博弈的转变，必须在区域整体利益的基础上，实现地方政府的利益，同时要加强各地方政府之间的沟通，增强彼此信任，从而增进磨合度，实现协调治海。所以信息沟通、自愿协商、利益分享和补偿等运行机制成为契约实施和机构有效运行的润滑剂。

第二节　我国区域海洋环境管理的政府各主体间关系

“利益关系是政府间关系中最根本、最实质的关系。当利益协调机制运作良好时，各地方政府的利益便能得到较好的满足，地方政府间关系发展就比较顺利。”① 反过来，地方政府间关系发展不顺，则表明利益协调机制并不完善，部门间关系亦如此。可见，区域内各地方政府以及各部门间的关系在一定程度上反映着区域协调机制的情况。在我国海洋环境管理中，政府主体包括海洋行政主管部门、环保行政主管部门、渔业行政主管部门、海事行政部门、军队环境保护部门以及县级以上各地方政府，关系复杂，横纵交织，横向有地方政府之间的关系，专门的海洋环保部门与其他涉海部门之间的关系；纵向有地方政府与中央政府的关系，海洋环保部门与地方政府之间的关系。

一、涉海区域机构与地方政府之间的关系

在我国，涉海区域机构和沿海地方政府都是海洋环境管理的主体，由于各自管辖区域范围、资源享赋、利益归属主体、公众需求以及所处的地位等差异，其着眼点不同，决定了他们之间处理问题的方式也不同。② 双方出

---

① 金太军、张开平：《论长三角一体化进程中区域合作协调机制的构建》，《晋阳学刊》2009 年第 4 期，第 34 页。

② 王琪、吴慧：《我国海洋管理中的协调机制探析》，《海洋开发与管理》2008 年第 11 期，第 55—59 页。

于自身职责和利益的考虑，在实践管理活动中更多地体现为相互对立的关系。区域机构代表中央的意志，要求严格贯彻中央制定的海洋环境管理政策，而地方政府在海洋环境管理工作中，往往只做表面文章，阳奉阴违，使得政策执行结果远达不到预期目标，或虎头蛇尾，半途而废，因执行过程中的阻力而中途停滞政策落实，或扭曲政策意图，以“上有政策，下有对策”的态度应付工作。总之，出于地方或官员自身利益的考虑，区域机构所代表的中央的政策制定与地方的政策执行难以衔接，海洋环境管理成效不大。而究其原因，主要体现在以下几点：一是，海洋环境具有特殊性，地方政府在海洋环境管理中难以满足自身的利益需求。海洋环境的综合性、复杂性和流动性使海洋环境管理中公共产品的提供存在投资大、回报小甚至负回报的风险，而海洋环境的外部性使环保基础设施建设、监测技术和设备投入等容易产生搭便车的现象。政府虽然是国家的公共权力机构，是服务部门，但也有其自身的利益追求，因此，对于海洋环境管理积极性不高。二是，中央与地方政府地位不平等，政府考核指标单一化。地方政府的政绩由中央考评，地方官员的升迁调动与上级密不可分，而职位提升、政绩显著的一个重要标准是经济增长。而近年来，海洋产业产值已占沿海地区国内生产总值的10%—65%。① 因此，各地方政府加大海洋产业的发展，而无暇顾及海洋环境的管理，甚至充当了地方海洋环境破坏的保护伞。三是，地方政府垄断信息。在区域海洋环境管理中，区域机构往往负责整体调控和引导，具体事务由地方政府操作，因而，地方政府对管理进度和效果等信息的掌握要绝对多于涉海区域机构，处于自身利益的考虑，地方往往会向区域机构隐瞒甚至虚报信息，信息的不对称，使得双方难以协调进行海洋环境管理。综上，在各种因素的影响下，区域海洋环境管理中，代表中央利益的区域机构和地方政府之间目标不一致、行动不统一，双方关系亟待协调。

二、区域内地方政府之间的关系

在我国区域海洋环境管理中，各地方政府间的关系体现为合作与互不关联状态并存，以后者为主。但此处所指的互不关联，并非地方政府之间毫

① 王淼、段志霞：《浅谈建立区域海洋管理体系》，《中国海洋大学学报》2007年第6期，第1—4页。

无交流，也不否定地方政府与上级政府的沟通，只是强调在区域海洋环境管理中，同级地方政府间缺乏相互竞争、相互合作的积极性和主动性。在重大突发性海洋环境问题面前，各地方政府能够迅速采取行动，建立统一战线，合作治理。如 2008 年青岛市浒苔事件，“浒苔攻坚战打响后，烟台、威海、日照、潍坊、东营等兄弟城市纷纷伸出援手，在第一时间成立了由市长或分管副市长为总指挥的应急工作领导小组，全面展开对青岛的支援”①。然而，在面对一般海洋环境问题时，区域内地方政府之间则呈现明显的各自为政、互不关联状态。如前所述，海洋环境的特殊性及当前 GDP 导向的政绩考核体系使得大部分地方政府在一般的海洋环境管理过程中，积极性不高，行动滞后，区域内共同治理海洋环境难以实现。正如美国经济学家曼库尔·奥尔森在《集体行动的逻辑》中指出：“除非一个集团中人数很少，或者除非存在强制或其他特殊手段以使个人按照他们的共同利益行事，有理性的、寻求自我利益的个人不会采取行动以实现他们的共同或集体利益。”② 目前同一区域海洋环境管理涉及的地方政府并不少，而旨在约束地方政府行为的各个区域机构尚又存在职责交叉不清、权威不足等尴尬状况，难以协调各地方政府合作治理海洋环境，因此，各地方政府为改善区域整体海洋环境而采取行动的可能性并不大。尤其是在经济发展水平不同的情况下，率先进行先进设备或技术投资的政府不愿同落后地区分享自己的投资成果，彼此之间的利益难以协调，各政府理性博弈的结果便导致了区域海洋环境管理中政府间的互不关联。

三、涉海各部门之间的关系

海洋环境区域管理的涉海部门间关系包括环保部门与海洋环境保护部门以及海洋环境保护部门与其他涉海行业部门之间的关系两大类，处于矛盾的对立统一关系。我国海洋环境管理的中央涉海部门包括海洋、环保、渔政、海事及军队五大部门；在地方，涉海部门的设置并没有与中央一一对

① 孙丰欣、孟琳达：《回看 2008 大事件：抗击浒苔展现青岛力量》，2009 年 1 月 6 日，见 http://news.bandao.cn/news_html/200901/20090106/news_20090106_772359.shtml。

② ［美］曼库尔·奥尔森：《集体行动的逻辑》，陈郁、郭宇峰、李崇新译，上海人民出版社 1995 年版，第 2 页。

应，各地方涉海机构设置不同，其职责自然有差异。而且，有些地方出现组织机构不健全，职能交叉以及职责缺失等现象，增大了地方海洋环境区域管理中涉海部门间关系的复杂性和矛盾冲突发生的可能性。即便是涉海部门及职能构建完善的区域内部门之间也并不和谐。地方环保部门与专门的海洋环境管理部门，一方面两者共同治理地方环境，存在目标的一致性；而另一方面，前者重点管理陆地环境，后者负责海洋环境管理，截然分开的管理模式显然与陆海一体的现实相悖，而且陆源污染成为海洋环境污染的一大源头，加大了双方的矛盾。同时，在同一涉海行政区域内，环境保护部门与海洋管理部门处于平行级别，但专门的海洋环境保护部门隶属于海洋管理部门，级别不同，双方的协调难度可见一斑。海洋环境管理部门与各涉海行业部门之间都肩负着不同领域的海洋环保职责，本应形成双方的同一立场，共同致力于区域海洋环境的维护，但在行业管理为主、条块分割的海洋环境管理体系下，各涉海行业部门自成体系，管理目标和管理手段各不相同，对于海洋环境保护指标的设置也存在不一致的情况。而且，涉海行业部门容易从本部门的根本利益出发，侧重于行业经济的发展而忽视由此造成的海洋环境破坏，进而导致专门的海洋环保部门与涉海行业部门的对立。以辽宁省海洋管理机构设置[①] 为例，辽宁省海洋与渔业厅是管理海洋与渔业事务的省政府组成部门，设置主要业务处室有环境保护处（海洋预报减灾处）、渔政处、渔业处、科技教育处等，渔业处有提出渔业产业化经营、渔民专业合作组织发展的政策措施，指导全省水产养殖业、捕捞业和加工业发展等方面的职责，更注重的是渔业经济效益，而环境管理处则肩负组织渔业水域环境监督管理、质量评价和污染事故调查处理等方面的使命，出于对本部门利益的维护，两者必然产生难以调和的矛盾。因为按部门设置，前者对海洋环境产生的影响，应由环境管理部门进行制约，但环境管理处和其他业务部门处于平级地位，具体的海洋环境管理部门即以上提到的环境管理处难以对其他部门的环境破坏行为起到有效的监督管理作用。

① 《辽宁省海洋与渔业厅主要职责内设机构和人员编制规定》，见 http：//www.ln.gov.cn/zfxx/zfjg/szfzcbm/200907/t20090710_397142.html。

四、海洋环保部门与地方政府之间的关系

在区域海洋环境管理中，海洋环保部门受当地地方政府领导，其管理活动很大程度上受制于当地政府的海洋环保态度。海洋环境管理部门隶属于地方政府，在行政级别上低于地方政府，各项工作必须对地方政府负责。在人事任免上，地方海洋环境管理部门的管理者（地方环保局局长或海洋水产厅厅长等）由本级政府提名，本级人大或人大常委会任命。在经费方面，海洋环境管理部门的经费也由同级地方政府负责拨付。在职责上，海洋环境管理部门作为地方一个负责海洋环境的部门，环境法律对其行政授权比较保守，例如环境法律把限期治理的权限赋予地方政府，当地方政府出于地方利益而放松对排污企业的监督时，地方环保局将因未得到法律授权而无法对企业采取行动。[①] 因此，地方海洋环境管理部门的管理行为很大程度上受当地政府的制约，地方政府对海洋环境管理重视将督促海洋环境管理部门的工作，反之，地方政府忽视本地区海洋环境管理，则影响本地区海洋环境管理部门的积极性。而实践中，地方政府往往忽视海洋环境管理，为招商引资，发展本地区经济不惜牺牲海洋环境的现象屡见不鲜，在这种情况下，地方海洋环境管理部门处于两难的尴尬处境。出于本地区经济利益的考虑，迫于地方政府的压力，海洋环保部门不得不无为而治，选择失职，但鉴于中央的政策以及本部门的职责，海洋环保部门应该从全局出发，科学评估海洋经济发展对环境带来的影响，大胆履行职责，切实做好海洋环境管理工作。而两者抉择，海洋环保部门往往选择前者，没有政府的支持，即便海洋环境管理部门有意做好本职工作也无能为力，地方政府的短视行为压制了海洋环保部门的权力，致其不得不失职。可以看到，海洋环境管理中，地方政府与地方环保部门的利益博弈中，地方海洋环保部门退居空位，徒有虚名。

① 曾贤刚:《地方政府环境管理体制分析》,《教学与研究》2009 年第 1 期，第 34—39 页。

第三节　国外区域海洋环境管理的政府间协调机制及其启示

1992年联合国环境与发展大会提出并通过了全球可持续发展战略——《21世纪议程》，其中提出了保护海洋的一种新方法，即作为一个整体来管理海洋和海域的使用，要求各国进行国内的政策创新，开展国际及区域间合作，以实现资源的可持续利用和环境的可持续发展。① 各国纷纷实践海洋管理领域的各方面合作，海洋综合管理、基于生态系统的海洋管理、区域海洋管理等成为海洋管理领域的热点，尤其是区域海洋管理，为各沿海国家所重视。本节介绍国际海洋管理的典型代表美国和区域海洋管理成绩突出的澳大利亚的海洋环境管理实践，并为我国区域海洋环境管理政府间协调机制的构建提供借鉴经验。

一、国外区域海洋环境管理的政府间协调机制

（一）美国区域海洋环境管理的政府间协调机制

美国是世界海洋大国，也是海洋强国，在海洋环境管理方面走在世界前列，区域海洋环境管理的管理体制以及管理实践都凸显其协调机制的重要作用，对我国区域海洋环境管理的协调机制建设有重要的借鉴意义。

1. 美国的区域海洋环境管理体制

美国海洋事物实行分散管理，统一执法。在联邦一级，海洋职能管理部门是国家海洋大气局（NOAA），成立于1970年，负责管理国家海洋及资源，保护海洋，并为全国提供海洋科研和技术服务，制定国家海洋政策，参与国际海洋事务和合作。涉及海洋管理的部门还有运输部、内政部、能源部、国防部及国务院等部门。② 国家海洋大气局下设在商务部，从宏观上对国家海洋立法、规划、制订战略的权力就要相对小些，在行使权力的时候要

① Elizabeth Foster and Marcus Haward and Scott Coffen-Smout (eds.), "Implementing integrated oceans management: Australia's south east regional marine plan (SERMP) and Canada's eastern Scotian shelf integrated management (ESSIM) initiative", *Marine Policy*, 2005, p.391.

② 齐丛飞：《我国海洋环境管理制度研究》，硕士学位论文，西北农林科技大学，2009年，第21页。

受到其他部门的制约。但是相对于其他国家分散的海洋管理体制而言，美国的国家海洋大气局又是较为集中、独立的海洋管理机构，直接向美国总统报告，这从一定程度上提升了该局的政府权力。① 根据美国国会 2000 年 8 月通过的《海洋法令》，成立了“国家海洋政策委员会”。“国家海洋政策委员会”负责审议制定美国新的海洋战略，协调跨部门、跨行业的海洋事务。另外，在地方，沿海州建立了州级海洋管理机构和地方海洋管理机构，形成联邦、州和市县地方政府三级海洋管理体系。② 执法方面，海岸警备队集中管理和实施海上执法，并且美国海岸警备队的管理地位相对较高，是直属于美国军方的参谋长联席会议的五大军种之一。③ 任务覆盖海军、边防、海监、海事、渔政、海关、环境保护等各个方面，其肩负五个基本任务，分别是海上安全维护、国家防御、海事安全、国家资源保护以及海上巡逻任务。海岸警卫队的海事安全维护的目标包括减少恐怖分子对美国的水上攻击，查禁非法偷渡和走私活动，维护专属经济区的安全以及禁止一切违反联合法的行为。国家防御的目标是通过独特、关联且精干的力量来实现国土防御以及增强地区稳定的目标以支持国家安全和军事战略。④

2. 美国区域海洋环境的管理实践

区域海洋管理真正进入人们的视野缘于美国在 21 世纪初发表的两份海洋政策研究报告，即美国海洋政策委员会发表的《21 世纪海洋蓝图》和民间组织皮尤委员会发表的《美国的活力海洋：规划海洋变化的航程》，详细论证了采用区域海洋管理的方法在阻止海洋资源退化、恢复和保护海洋环境方面的优势及可行性，为区域海洋管理实践的推广奠定了基础。⑤2004 年，布什政府宣布了美国海洋行动计划（USOAP），一方面建立内阁级的海洋政策委员会，加强联邦机构对区域海洋管理活动的协调，成为《行动计

---

① 高艳：《海洋综合管理的经济学基础研究——兼论海洋综合管理体制创新》，博士学位论文，中国海洋大学，2004 年，第 40—42 页。

② 齐丛飞：《我国海洋环境管理制度研究》，硕士学位论文，西北农林科技大学，2009 年，第 21 页。

③ 高艳：《海洋综合管理的经济学基础研究——兼论海洋综合管理体制创新》，博士学位论文，中国海洋大学，2004 年，第 40—42 页。

④ 卫竟：《我国海洋管理现状及其改革路径研究》，硕士学位论文，复旦大学，2008 年，第 24—26 页。

⑤ 徐祥民、于铭：《区域海洋管理：美国海洋管理的新篇章》，《中州学刊》2009 年第 1 期，第 80—82 页。

划》协调国家海洋政策在各级政府的各涉海行政职能部门内执行的主要方式，还在海洋政策委员会之下设立了部际海洋科学和资源管理整合委员会来关注区域范围内法律、法规的协调、区域用海冲突等问题；另一方面通过支持和促进现有的区域合作和区域伙伴关系的发展来推进区域海洋管理实践。[①]“USOAP 强调了三个区域协调管理的项目：五大湖区域合作、墨西哥湾的区域合作以及东南部水体资源合作，还成立了一个海洋资源综合管理的亚委员会（SIMOR），专门解决区域性的法律法规和解决区域性的冲突。”[②]在州的层次，区域海洋管理也得到积极推行。如加州，采取了非常积极的态度，制定了明确的计划和政策，并拟定了完成的时间表，有此类情况的州还包括马萨诸塞州和俄勒冈州。阿拉斯加、夏威夷、佛罗里达和华盛顿等州建立了新的组织来设置政策议程。而纽约和新泽西才刚刚开始海洋管理的行动，它们举行初步的会议。各州的行动展示了关于区域海洋管理许多成熟和协调的管理，表明了各州将继续提高区域性的协调合作。有效的政策和积极的州政府领导者和非政府组织都对区域海洋管理提供了有利的支撑。另一些刚刚起步，还有一些则显示了在制度或政策上的改变。[③]

（1）墨西哥湾联盟——联邦支持下的州领导的创新型模式

墨西哥湾联盟是美国基于生态系统的区域海洋管理的一个典型案例。该联盟由佛罗里达、阿拉巴马、密西西比、路易斯安那以及德克萨斯州组成，由联邦工作组支持，工作组由 13 个联邦机构构成，最终由美国环境保护局、内政部、国家海洋与大气管理局进行协调。作为一个州领导的创新型模式，它可以依靠联邦合作伙伴来实现州长行动计划的协调实施，目的在于增加区域合作，促进墨西哥湾地区生态和经济的健康发展。[④]墨西哥湾联盟设置重点项目组，五个州各主导一个项目，各州委派一名成员掌握每个重点

① 徐祥民、于铭：《区域海洋管理：美国海洋管理的新篇章》，《中州学刊》2009 年第 1 期，第 80—82 页。

② 王丹妮：《基于生态系统的区域海洋管理体制和运行机制的探讨》，硕士学位论文，厦门大学，2008 年，第 21—22 页。

③ 王丹妮：《基于生态系统的区域海洋管理体制和运行机制的探讨》，硕士学位论文，厦门大学，2008 年，第 21—22 页。

④ Cristina Carollo and DaveJ. Reed, “Ecosystem-based management institutional design: Balance between federal, state, and local governments within the Gulf of Mexico Alliance”, *Marine Policy*, 2010, p.179.

项目的特权或权限，要保证代表各方利益。联邦、地方、私人、非赢利组织以及高校的代表凭借他们的技能和专长参加所有的小组。每个重点项目组确定自己的长期合作目标和短期行动目标，以便于三年内能够产生看得见的成果。例如，在墨西哥联盟内，生态系统整合与评估重点项目组（之前被称作墨西哥湾栖息地鉴定重点项目组）体现实施基于生态系统的管理的组织架构，长期合作目标是创造包括生态环境和经济数据的区域数据系统，以解决墨西哥湾区域内的所有相关重点问题；发展战略伙伴关系，以弥补环境和生态数据间的隔阂；建立生态系统决策支持工具，由墨西哥湾区域海岸带资源管理者用来解决所有的重点问题。①

（2）加州区域海洋环境管理

在州的层次上，加州是通过立法促进以生态系统为基础的区域海洋管理的先驱。在 1999 年初，设立加州海洋生物管理法（MLMA），代表了该州水域所有海洋野生动物的基于生态系统的管理方法。MLMA 的目标包括保护海洋生物资源的价值、实现渔业可持续性发展和减少副渔获物、保护并恢复栖息地以及审议海洋资源管理的变化对渔业社区的社会经济利益。在法律支持下的渔业管理计划必须与总体规划相联系，确定以生态系统为基础的管理原则和渔业发展计划的优先顺序，并吸纳个体渔业管理计划之间的互动关系。加利福尼亚一个关键的渔业管理计划是近岸渔业管理计划，包含 19 种鳍鱼的渔业管理目标。它的一个独特的特点是包含便于设定生物目标的适应性管理框架，可以随着时间的推移明确调整相关信息。计划中有一个控制规则指导建立每个物种的总渔获量限额，控制规则鼓励数据收集和分析，随着收集到资料的越来越多，渔获量限额也越来越科学。②

加利福尼亚州立法机关通过加州海洋保护法，建立国家海洋保护理事会（OPC），由负责海洋问题的国家机构组成，并设立了一个 1000 万美元的海洋保护信用基金，旨在通过鼓励可持续渔业、改善管理和监督，减少对海洋生态系统的威胁。作为新法案实施的一部分，OPC 创造了一个五年的战

---

① Cristina Carollo and DaveJ.Reed，"Ecosystem-based management institutional design：Balance between federal，state，and local governments within the Gulf of Mexico Alliance"，*Marine Policy*，2010，p.179.

② Ruckelshaus M，Klinger T，Knowlton N，et al，"Marine ecosystem-based management in practice：scientific and governance challenges"，*BioScience*，2008，p.61.

略计划，确定加利福尼亚州海洋生态系统的目标和可测量的结果以及实现这些目标的关键行动。①

（二）澳大利亚区域海洋环境管理的政府间协调机制

澳大利亚区域海洋环境管理的核心是海洋政策指导下的区域海洋计划的实施，总体目标是建立综合的海洋规划和管理机制，其海洋政策建立在海洋生态系统和生物多样性基础上，旨在改善海洋生态的可持续发展，发展海洋产业，同时确保海洋生物多样性的保持。海洋政策驱动下海洋区域计划的制定和实施，体现着澳大利亚区域海洋环境管理的协调机制的构建实践。

1. 澳大利亚海洋政策

澳大利亚海洋政策的制定始于 1997 年 4 月底，总理发布关于澳大利亚海洋政策的咨询文件，向公众征求意见。1997 年 9 月，成立部长级的海洋政策咨询小组，向环境部长提建议。1997 年 12 月，政府组织召开为期两天的海洋论坛，听取相关团体、学术界、科学界和政府对澳大利亚海洋政策制定的建议。②1998 年 12 月 23 日，澳大利亚海洋政策（AOP）公布，要解决的主要问题在于整合联邦和州政府的关系，并更好地利用现有的组织结构。海洋政策主张建立一个跨部门的国家海洋部长委员会（OBOM），由主管环境、工业、资源、渔业、科技、旅游和运输的联邦政府部长组成，重点是要形成澳大利亚的海洋领域一体化的保护和管理。为提高政策的执行力度，联邦部长组成的部长委员会每年要向总理报告海洋目标的进度和项目的有效进展。③AOP 核心特征在于用区域海洋计划去实施多用途的、基于生态系统的管理。根据大海洋生态系的概念，划定了 7 个区域，区域海洋计划将逐步在每个区域实施。④

① Ruckelshaus M，Klinger T，Knowlton N，et al，“Marine ecosystem-based management in practice：scientific and governance challenges”，*BioScience*，2008，p.61.

② Elizabeth Foster and Marcus Haward and Scott Coffen-Smout (eds.)，“Implementing integrated oceans management：Australia's south east regional marine plan (SERMP) and Canada's eastern Scotian shelf integrated management (ESSIM) initiative”，*Marine Policy*，2005，p.392.

③ Cho，Dong Oh，“Evaluation of the ocean governance system in Korea”，*Marine Policy*，2006，pp.570-579.

④ Elizabeth Foster and Marcus Haward and Scott Coffen-Smout (eds.)，“Implementing integrated oceans management：Australia's south east regional marine plan (SERMP) and Canada's eastern Scotian shelf integrated management (ESSIM) initiative”，*Marine Policy*，2005，p.392.

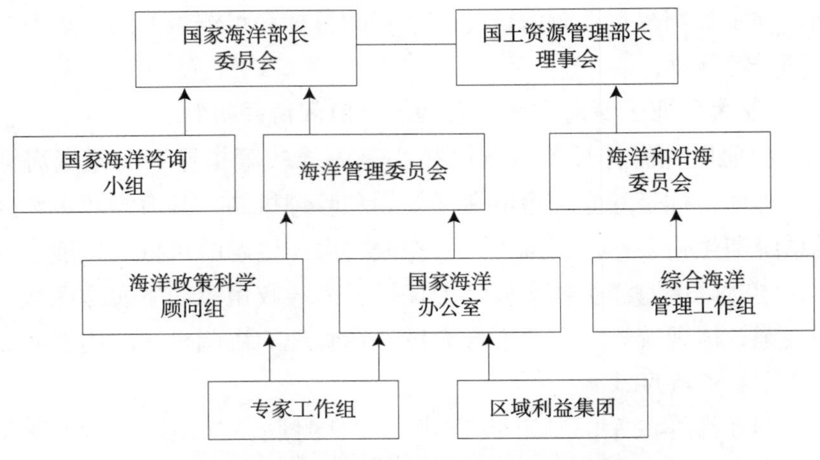

图 5–1：澳大利亚海洋政策实施的机构设置

实施综合海洋管理的联邦机构设置包括澳大利亚海洋政策和区域管理计划的实施。国土资源管理部长理事会（NRMMC）协调跨管辖权问题；国土资源管理部长理事会的海洋和沿海委员会（MACC）的综合海洋管理工作组促进联邦和州之间合作，制定综合海洋管理的国家策略；国家海洋部长委员会（NOMB），促进澳大利亚海洋政策的实现，其中包括负责环境（主席）、工业、资源、渔业、科技、旅游、航运的联邦部长；海洋管理委员会（OBOM），由几个领导联邦机构的高级行政人员组成，以监督国家海洋办公室工作，促进决策科学化；国家海洋咨询小组（NOAG），接管海洋政策部长咨询小组（MAGOP），作为一个协商机制，在实施和发展方面，协助委员会；海洋政策科学顾问组（OPSAG），通过海洋管理委员会（OBOM）给国家海洋部长委员会（NOMB）的高层官员提供科学不受约束的意见；国家海洋办公室（NOO），最初是环境部的一部分，现在是一个独立的、规定的执行机构，旨在落实澳大利亚海洋政策，协调发展区域管理计划；专家工作组与区域利益相关团体，包括各地区主要的非政府和政府专家及利益相关者，向政府提供有关的区域管理计划的过程。①

① Elizabeth Foster and Marcus Haward and Scott Coffen-Smout (eds.), "Implementing integrated oceans management: Australia's south east regional marine plan (SERMP) and Canada's eastern Scotian shelf integrated management (ESSIM) initiative", *Marine Policy*, 2005, pp.393-394.

2. 澳大利亚东南区域海洋计划

东南海洋区域面积200万平方千米，包括维多利亚、塔斯马尼亚、新南威尔士州南部和东部的南澳大利亚州水域，成为联邦第一个区域海洋计划的实施区域。[①]1999年5月，区域海洋计划的框架得以确定，计划包括4个发展阶段：计划的范围划定或界定；经评估确定区域的经济、社会、环境和文化特征；发掘潜在方法；分析这些方法，以执行该计划。[②]2000年4月，霍巴特召开"进一步走向东南区域海洋计划"海洋论坛，联邦机构、地方政府以及非政府组织（NGO）的185名代表参加，讨论进一步完善东南区域海洋计划，并逐步付诸实施。2000年4月和5月期间，国家海洋办公室、国家海洋厅与澳大利亚联邦科学和工业研究组织（CSIRO）以及澳大利亚地质调查组织（AGSO）联合成立一个270万美元的项目，以测绘东南地区海底，评估其深海海洋生物，从SERMP实施的最初步骤开始。2000年11月，东南区第一个区域海洋计划委员会成立，其工作随着东南区域海洋计划草案的颁布而结束。2001年1月31日，环境部长兼国家海洋部长委员会主席罗伯特·希尔公布"东南区域海洋计划范围规划文件"，描述了规划程序以及人们如何参与。2002年，国家海洋办公室公布17份评估报告和1份讨论文件，作为SERMP评估阶段的一部分。该报告涵盖了从本地区生态系统使用到资源使用的一系列问题。2003年7月18日，遗产和环境部长大卫肯普博士颁布东南区域海洋计划草案，列举了政府与利益相关者合作维护区域内海洋生态系统的方法。[③]2005年初，东南区域海洋计划最终完成，成为澳大利亚联邦政府评估的第一个区域海洋计划，并成为国家海洋计划进一步实施的模板。澳大利亚东南区域计划的实施由位于霍巴特的全国海洋厅（NOO）协调。国家海洋部长委员会、国家海洋咨询小组（NOAG）和区域海洋计划指导委员会协助执行。区域海洋计划指导委员会成为实施进程中

---

① Vince Joanna, "The south east regional marine plan: Implementing Australia's oceans policy", *Marine Policy*, 2006, pp.420-430.

② Elizabeth Foster and Marcus Haward and Scott Coffen-Smout (eds.), "Implementing integrated oceans management: Australia's south east regional marine plan (SERMP) and Canada's eastern Scotian shelf integrated management (ESSIM) initiative", *Marine Policy*, 2005, p.394.

③ Vince Joanna, "The south east regional marine plan: Implementing Australia's oceans policy", *Marine Policy*, 2006, pp.423-425.

的关键机构设置，由重要政府部门和非政府部门利益相关者组成。国家海洋部长委员会同时设立指导委员会，区域内的州和地区的政府和机构都被鼓励广泛参与指导委员会。除此之外，东南区域海洋计划中的咨询工作组虽然没有作为正式组织，但在协调地区州政府和联邦政府的关系方面也发挥重要作用。①

二、国外区域海洋环境管理政府间协调机制对我国的启示

从国外的海洋环境管理的政府协调机制建设实践中可以看出，各国国情不同，实践形式和侧重点也各不相同，但对协调机制的重视程度和建设思路对加强我国区域海洋环境管理的协调机制建设有重要的借鉴意义。

（一）法律和政策引导

法律或政策规范及引导是世界各国加强海洋环境管理的重要途径。对于区域海洋环境管理，亦是如此。英国的《海洋法案白皮书》、日本的《海洋基本法案》以及加拿大的《加拿大海洋战略》都对各国海洋环境管理体制的确立有重大指导意义。美国和澳大利亚区域海洋管理协调机制构建也在很大程度上依赖法律及政策的引导。依据美国《海洋法令》，国家海洋政策委员会成立，其对国家海洋事务的协调职能也得以明确；美国海洋行动计划建立了国内各级海洋政策委员会，加州更是通过立法促进区域海洋管理工作，加州海洋生物管理法的颁布确定了该州水域所有海洋野生动物的管理方法、原则和框架，囊括了全州海洋生物资源管理的目标，并建立了由负责海洋问题的国家机构组成的国家海洋保护理事会。法律或政策的制定，不仅为各国区域海洋环境管理的协调机制建设提供了方向，也为其具体实施提供了组织机构设置、原则制定等方面的制度保障。因此，我国在区域海洋环境管理的过程中，要妥善处理政府部门之间以及政府与其他部门间的关系，实现各主体协调治理海洋环境，必须要有明确的法律规范确定整个海洋环境管理体制的模式，在此模式的指引下，再根据具体的法律规范和实际需要，构建切合实际的协调框架。

① Vince Joanna，“The south east regional marine plan：Implementing Australia’s oceans policy”，*Marine Policy*，2006，pp.423-425.

（二）重视机构整合

为有效协调联邦与州政府、州与地方政府之间的关系，美国和澳大利亚都注重进行机构设置或机构功能的整合，或融合某一机构的功能，或建立新的跨部门联邦、州级机构以及跨行政区协调机构，或在原有机构指导下进行下级机构间的协商。美国海岸警备队集中管理和实施海上执法，任务覆盖美国海军、边防、海监、海事、渔政、海关、环境保护等各个方面；国家海洋政策委员会负责审议制定美国新的海洋战略，协调跨部门、跨行业的海洋事务；内阁级海洋政策委员会，更成为协调国家海洋政策在各级政府的各涉海行政职能部门内执行的主要方式，其下设立的部际海洋科学和资源管理整合委员会在区域范围内法律、法规的协调、区域用海冲突等问题解决方面发挥重要作用。澳大利亚的国家海洋部长委员会，由主管环境、工业、资源、渔业、科技、旅游和运输的联邦政府部长组成，形成澳大利亚海洋领域一体化的保护和管理；为实施区域海洋管理，在联邦一级设立10多个机构，东南区域海洋计划的实施也增设了区域海洋计划指导委员会、咨询工作组等机构。不论是何种形式的机构整合，都从不同层次促进政府间的合作与沟通。而我国海洋环境管理是条块分割的管理体制，虽然《中华人民共和国海洋环境保护法》中明确规定国务院海洋行政主管部门负责全国水资源的统一管理工作，但由于各部门职权分割、利益冲突，以及综合管理部门级别限制等原因，海洋环境管理的协调问题难以解决，尤其是区域内海洋环境管理，还涉及不同行政区域间的协调，矛盾和冲突就更不可避免。因此，应借鉴国外先进经验，进行不同形式的机构整合，建立高层次有权威的海洋环境管理综合机构以及协调区域管理的协调机构，为协调机制的构建提供组织基础。

（三）多元主体参与

海洋环境管理的政府协调机制建设不应局限于政府部门，要充分调动各种非政府部门和利益相关者的参与积极性。墨西哥湾联盟鼓励州和联邦机构，大学和非政府组织能够贡献和管理自己的数据，实现了数据库信息提供方面的成功；联邦、州和当地政府的参与和相互间的合作打破了政策上的不协调，参与者的任务分配、角色定位、面对面商谈以及电话会议避免了责任分散和工作重复，实现了有限资源的最大化利用。澳大利亚从海洋政策的制定开始征求公众的意见，随后的海洋论坛等会议不断听取相关团体、学术界、科学界和政府对澳大利亚海洋政策制定的建议。不仅如此，区域海洋环境管理中各协调机构的设置也都吸纳了各级政府、非政府组织以及企业的代表。多元化主体的参与，有利于加强各政府部门在区域海洋环境管理中的有效沟通，非政府部门的意见和主张有利于缓和各政府部门的矛盾，并为科学合理的政策的制定以及执行提供建议，有效促进协调机制的建设。在我国的区域海洋环境管理中，也应充分发挥企业及第三部门的作用，广泛听取社会意见，促进各主体间的合作，实现区域海洋环境管理的协调有序进行。

（四）注重目标导向

要打破行政区划，进行区域海洋环境管理，构建区域内协调机制，整合各方面力量，必须设定统一的目标，为有不同利益诉求的各参与主体指明方向，实现最大限度的合作。墨西哥湾联盟设置每个重点项目组都确定各自的长期合作目标和短期行动目标，加州海洋生物管理法 MLMA 也设定了包括保护海洋生物资源的价值等五项目标，并通过五年战略计划确定加利福尼亚州海洋生态系统的目标和可测量的结果以及实现这些目标的关键行动。澳大利亚区域海洋计划也是以综合的海洋规划和管理机制为总体目标，在东南区域海洋计划的制定和实施更体现着目标的导向作用。作为我国区域海洋环境管理的协调机制的构建，更应设定近期和远期目标，约束各主体的行为，在统一目标的引导下，打破目前海洋环境管理条块分割、各自为政的管理体制，实现政府力量的整合；同时，在明确目标的引导下，调动企业和社会公众参与海洋环境管理的积极性，进而促进协调机制的构建。

第四节　我国区域海洋环境管理的政府协调机制构建

我国区域海洋环境管理各政府主体间关系的现状要求必须建立有效的协调机制，以促进区域内海洋环境管理工作的顺利开展。联合国《21 世纪议程》第 17 章第 6 条也明确要求：“每个沿海国家都应考虑建立，或在必要时加强适当的协调机制，在地方一级和国家一级上从事沿海和海洋区及其资源的综合管理及可持续发展。”① 因此，区域海洋环境管理协调机制的构建有重要的现实意义。在区域海洋环境管理过程中，一旦出现矛盾分歧，或有出现传统冲突的可能性，这套协调机制便能够自动发挥作用，推动各政府主体及时进行调节，打破信息不对称、相互间不信任以及有限理性等局限性，进而约束并促进各主体恪尽职守，共同管理海洋环境。具体到区域海洋环境管理协调机制的构建，可从前文对区域海洋环境管理协调机制的定义出发，综合协调主体、契约、组织机构以及运行模式四个方面，将从制定约束各主体的契约、健全组织机构、完善运行模式三个方面探讨我国区域海洋环境管理的政府间协调机制构建。

一、制定约束各主体的契约

如前所述，基于自身利益的考虑，不论是各地方政府、涉海部门，或是区域海洋环保机构，都难以主动履行海洋环境保护的职责，而一套健全的约束性契约体系对于规范政府行为，督促其进行区域海洋环境协调治理有重要意义。契约从其建立的模式划分有自上而下和自下而上两类。

自上而下的契约指由全国人大及常委会或中央（上级）政府直接制定，适用于各区域内海洋环境管理的法律法规文件。在海洋区域环境管理过程中，要实现政府间的协调治理难免涉及行政区边界的职权、责任等问题，没有明确的法律规范进行限定必然导致合作难以维持。我国区域管理立法工作严重滞后，至今没有区域管理相关的法律法规。在海洋环境管理方面，“虽然《海洋环境保护法》中规定可以建立海洋环境保护区域合作组织，来负责实施重点海域区域性海洋环境保护规划、海洋环境污染的防治和海洋生态保护工作，但对海洋环境保护区域合作组织的法律地位、自身职能、如何建立都没有具体规定”②。因此，建议制定一部《海洋环境区域管理法》，依法明确各级区域海洋环境管理组织的法律地位、职责、权限等内容，特别是要明确各级政府在处理与其他政府之间的相关事宜时，应有的权利和应尽的义务。同时，“要健全政府间关系仲裁体系，依法惩处某些政府在横

① 周学锋：《公共管理视阈下政府海洋管理职能探析》，《中国水运》2009 年第 1 期，第 69—71 页。

② 崔凤、赵晶晶：《长三角近海海洋环境管理立法研究》，《东方论坛》2008 年第 1 期，第 106—111 页。

向关系中故意不作为的违法行为，依法保障相关纵横向协议或协定的正常执行”①。通过法律强制约束力保证区域海洋环境管理机构在解决区域内海洋环境负外部性问题及处理各政府主体间纠纷的地位和权力。法律制定应立足现实国情，不可操之过急，尤其对于行政分区历史悠久、层级关系显著的我国而言，要实现区域内协调合作更应循序渐进。另外，应建立区域海洋环境管理的相关配套法律法规，如区域生态补偿法规，明确补偿双方或多方的全责、义务和利益分配，规定补偿依据、补偿原则、补偿纪律、程序和实施细则；建立补偿费的征收与使用监督机制；建立实施生态补偿的信息公开制度、生态补偿效益评估制度，实行年度生态补偿实施情况的报告制度。②

自下而上的契约指由区域内各政府及部门协商起草，并在区域内一致通过的协商性文件。与前者不同，自下而上的契约突出所属区域的特点，更具灵活性，但效力位阶较低，从我国区域合作所建立的此类契约来看，多为政府间自主协议，且没有中央政府参与，权威性不足，容易产生“议而不决，决而不行”的状况。因此，建议区域内各地方政府联合制定的适合本海洋环境区域管理的规章或合作协议，应通过法律或其他形式得到上级政府部门认可并要求赋予其强制约束力，进而保障其权威性。“在具体的协调方式上，建议依法采取‘省际协定’、‘省际协议’、‘省际协作章程’、‘政府间服务合同’等方式，不过同样要赋予上述协定一定的法律地位，只要制定了协议或章程，就要从法律的高度出发，坚决加以贯彻和执行。”③

二、健全组织机构

海洋环境区域管理的政府间协调机制构建，应以一定的组织机构为物质基础。一个得到各地方政府认同、权威、高效的合作组织将成为有效解决海洋环境管理问题的必然要求。海洋环境区域管理的协调组织包括跨行政区

① 陶希东：《跨界区域协调：内容、机制与政策研究——以三大跨省都市圈为例》，《上海经济研究》2010 年第 1 期，第 56—64 页。

② 刘玉龙等：《从生态补偿到流域生态共建共享》，《中国水利》2006 年第 10 期，第 4—8 页。

③ 陶希东：《跨界区域协调：内容、机制与政策研究——以三大跨省都市圈为例》，《上海经济研究》2010 年第 1 期，第 56—64 页。

域和行政区内部机构建设两个方面。

（一）跨行政区域组织：区域海洋环境管理委员会

自1965年3月18日，经国务院批准，国家海洋局在青岛、宁波（东海分局现改设于上海）、广州设立北海分局、东海分局和南海分局以来，三大分局便承担区域海洋行政管理机构的职责。目前，对所辖区域内海洋环境管理有一定的协调、监督、指导、服务职能。但一方面，三大分局作为国务院授权实施区域海洋行政管理的主体地位，没有通过法律明确规定，在实践中，特别是在全国海洋系统内部，也没有形成一个统一的正确认识。另一方面，作为一个区域内海洋环境的总体协调机构，海洋分局的管理权限受同级部门的制约。以北海分局为例，如要制定渤海流域海洋环境保护规划，应与水利部3个驻区流域管理机构、农业部烟台渔政渔港监督局、交通部6个驻区海事局、海军北海舰队等进行协商，分局的地位决定其不能驾驭这些平行级别的派驻机构。因此，三大分局在海洋环境区域管理中的协调作用难以有效发挥，一个更高层次、具有更大权威的海洋环境区域管理协调机构有待构建。

借鉴国外区域环境管理的先进经验，从我国单一制的政治现实出发，成立由中央政府直接设立或授权成立的负责海洋环境区域管理的综合性权威机构——“区域海洋环境管理委员会”。该委员会通过国家立法形式成立，并通过法律明确其地位和职责，保证其有行使职权的自主权，在处理区域内跨界、部门纠纷及海洋环境管理时充分发挥调控作用。成员以政府机构的代表为主，包括区域海洋分局、水利部、农业部、交通部、海事局等与海洋管理部门决策有利害关系的部门在区域内派驻机构的负责人及省（直辖市）长，以国务委员或副总理为委员会主席，最大限度实现行政命令的统一，保证其决议的权威性和强制性。同时，委员会内设区域海洋环境咨询委员会，由海洋环境专家组、环保组织、企业代表以及公民代表组成，为委员会决策制定提供建议。作为区域内海洋环境管理的综合协调机构，区域海洋环境管理委员会主要职责在于通过委员会内各利益相关主体的协商，共同制定海洋环境区域管理计划，并监督其在各行政区域的管理实施；明确界定区域内各部门之间的职责，便于相互监督；解决各行政区域之间或各部门之间在海洋环境管理过程中的矛盾冲突，实现区域海洋环境共治。简言之，委员会行使区域内决策制定和执行的争端解决职责。总之，委员会旨在通过一个各级政府、各部门以及社会各界利益表达与平衡的平台，在区域内地方政府、各涉海部门以及企业和社会公众之间形成稳定的利益协调机制，并从整个区域海洋生态维护的角度出发，制定各主体必须遵从的具有法律约束力的决策。兼具法制化、强制性和民主化特点的区域海洋环境管理委员会的成立，将有利于打破按行政区划实行的地方和部门的分割管理，一定程度上削弱地方保护和部门保护，减少区域内的外部性转嫁，减少各主体间的利益冲突，提高区域海洋环境的管理效率。

（二）行政区内部组织：海洋环境管理办公室

对于同一行政区域内部不同涉海行业之间的矛盾，可以在行政区域内部设立跨行业海洋环境保护协调机构，但也要保证机构的权威性和专业性。根据各涉海行业自成体系的现状，即便各部门都完全严格执法，也容易出现各部门管辖的涉海开发活动均符合法规规范，但整个海域的环境却遭受破坏的现象；同时，如前所述，海洋环保部门的级别不足以限制或约束其他部门对所管辖涉海活动的环境破坏行为。因此，一方面，应提高海洋环保部门的法定地位，公示各涉海部门的环境监测评价指标，协调区域内各涉海行业的关系，规范海洋环境管理活动；另一方面，设立由省长（市长）、各涉海部门以及海洋专家、涉海企业、社会团体及公民组成的海洋环境管理办公室。以区域海洋环境管理委员会的区域规划为指导，制定本行政区内海洋环境保护的总体规划，负责海洋污染防治和生态维护，协调部门之间的冲突。另外，实现各涉海部门海洋环境监测指标的透明甚至统一化，便于相互监督，促进海洋环保工作开展。同时，海洋环境管理办公室要统一海洋执法队伍，转变执法力量分散的局面，在明确各行业检测指标的前提下，统一执法，再分部门处理。

三、完善运行模式

海洋环境区域管理要有完善的法律规范或地方协议为指导，权威性的组织机构进行落实，在这两项强制性的压力下，各地方政府或部门以及其他利益相关者有责任和义务去履行相应的职责，但其行为并非源于内生性动力。在面对政策或上级压力以及本地区、本部门或本单位利益时，难免产生

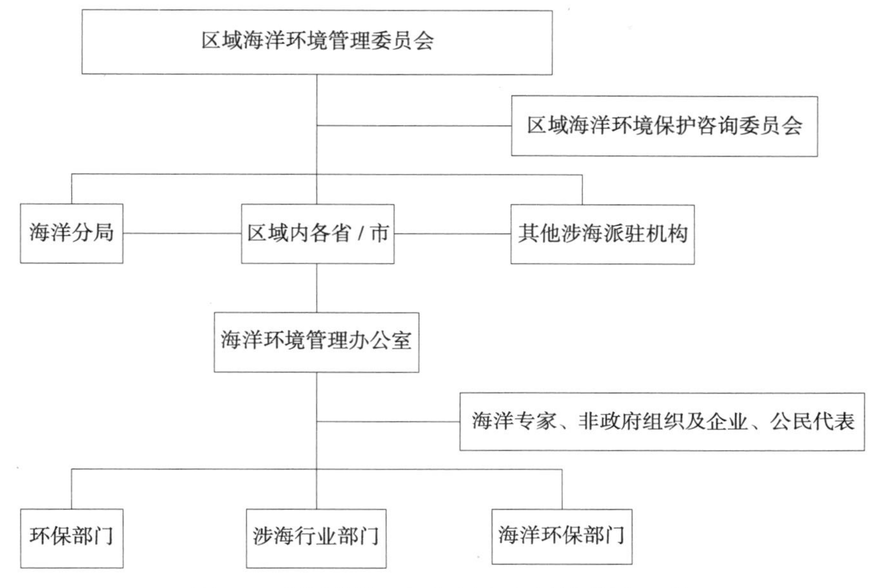

图 5-2：区域海洋环境管理的政府协调组织机构

"上有政策，下有对策"或"阳奉阴违"的消极作为。因此，协调机制的构建必须在区域整体利益的考量基础上，保证地方或部门的利益，确保各政府主体的意愿得以充分表达，并尽力予以实现或补偿，通过完善的运行模式为区域协调治理海洋环境提供充足的动力。

（一）建立协商沟通渠道

良好的协商沟通渠道的建立有利于区域海洋环境管理中各地方政府、各部门及利益相关者表达自身意愿并监督对方行为。无论是各政府主体在海洋环境区域管理过程中陷入"囚徒困境"，或是企业逃避海洋环保的承担，还是公民在海洋环境保护中难以发挥监督作用，其中一个重要原因在于彼此信息不对称。因此，区域内各海洋环境管理主体应本着"尊重、自主、合作"的原则，进行平等沟通，打破地方政府间、部门间、政企间以及政社间的隔阂，充分表达利益诉求，听取对方的真实信息和意愿，并及时调整自己的不足，达成相互间的合作与妥协，通过意愿的表达、讨论、宣传和说服，发现共同利益，实现政府内部上下级与横向间，政府与企业以及政府与社会公众间的良好沟通，形成稳定的合作与信任关系。本书主要借鉴陶希东在《跨界区域协调：内容、机制与政策研究》[①] 中对泛珠江三角洲跨界协调机制的总结，从三个层面建立我国区域海洋环境管理的政府间协商沟通渠道。

行政首长联席会议。由区域内行政长官（省长、市长）组成，每年举行一次会议，研究决定海洋环境区域管理重大事宜，协调推进区域合作。主要职责是在区域海洋环境管理委员会制定的总体合作规划指导下，有针对性的研究区域内各地方政府在海洋环境合作方面的年度计划；研究解决区域合作中需要协调的重大问题和分歧；讨论并决定区域合作的制度性文件；两年组织一次海洋环保论坛，邀请政府、非政府组织、环保专家、企业及公民参与，对海洋环境保护问题进行成果交流及讨论；研究决定下一届联席会议及海洋环保论坛的承办方。

政府秘书长协调制度。由区域内各地方政府（省、市）秘书长或副秘书长组成。主要职责在于负责海洋环境区域管理中需要政府协调的具体合作事宜；负责协调本方参与行政首长联席会议制度及海洋环境保护论坛有关政府协调的具体工作事项；指导本地方政府各涉海部门落实合作的具体项目及其他有关工作，并进行检查督促。

部门衔接落实制度。由区域内各地方海洋环境相关部门的负责人组成。主要职责在于针对政府行政首长联席会议决定的与本部门有关的事宜制定具体工作方案、合作协议、专题计划；组织本部门编制推进合作发展的专题规划并制定参与海洋环境管理区域合作的工作方案；组织实施本部门参与海洋环境区域管理的战略、规划；协调本部门与行政区域其他部门及区域内其他行政区对口部门在区域合作中的有关事宜；各部门定期向各方的海洋环境管理办公室反映合作事项的进展、工作建议和存在问题，必要时直接向政府秘书长或行政首长反映有关情况；不定期召开合作区域内对口部门衔接协调会议，落实有关合作事宜。

（二）构建电子化网络平台

良好的沟通渠道为区域内海洋环境管理政府主体的平等对话提供了平

---

① 陶希东：《跨界区域协调：内容、机制与政策研究——以三大跨省都市圈为例》，《上海经济研究》2010 年第 1 期，第 56—64 页。

台，但要真正实现信息畅通，有赖于沟通手段的改进，加强政府的信息公开力度。如美国行政学家迈克尔·尼尔森所说，计算机技术和信息交流技术的发展将极大地影响政府的结构和职能，信息技术和网络经济的发展将深刻改变公众的期望和政府的工作体制。这一改变最重要的成果之一是电子化政府的出现。① 建议以区域电子政务为平台，“加强信息共享、业务互动和联合监管，增加地方政府政务透明度，公共信息的共享性和地方政府间的政务协作能力”②。建立各地方、各部门海洋环境信息共享的数据资料库，保证资料库的开放性，区域内各地方政府及部门都可以跨界、跨部门查询到相关信息，并保证系统中有相互交流沟通的平台，便于及时进行信息更新，实现政府间的信息共享与交流，建立彼此间的信任关系，促成各级政府及各部门的合作意识的形成。同时，电子化政府应保证信息公开，区域海洋环境基本状况，区域管理的相关措施及进展、成果，区域海洋环境灾害等突发事件，责任主体以及相关法律法规应通过网络化电子平台进行公开，在消除政府间信息不对称的同时，得到公众的有效监督。另外，凭借多种现代信息技术手段，与公民团体共同协商，将公众纳入海洋环境管理相关决策制定环节。总之，电子化政府的构建，将在各级地方政府以及各政府涉海部门之间建立一种信任的合作关系，进而实现他们在区域海洋环境管理中的有效协调。

（三）加强生态补偿

生态补偿，从狭义角度理解，是对人类的社会经济活动给生态系统和自然资源造成的破坏以及对环境造成的污染的补偿、恢复、综合治理等一系列活动的总称；从广义角度说，生态补偿还应包括因环境保护而丧失发展机会的区域内的居民资金、技术、实物上的补偿、政策上的优惠，以及为增进环境保护意识，提高环境保护水平而进行的教育科研费用的支出。③ 区域海洋环境管理中政府间生态补偿即区域内政府共同对因经济发展而造成的海洋生态破坏进行的补偿恢复和综合治理，或相对富裕地区及中央政府对于因海

① ［美］唐·泰普斯克特等：《数字经济蓝图：电子商务的勃兴》，陈劲、何丹译，东北财经大学出版社1999年版，第1999页。

② 李应博：《长三角区域协调发展机制研究》，《华东经济管理》2009年第8期，第42—46页。

③ 吕忠梅：《超越与保守：可持续发展视野下的环境法创新》，法律出版社2003年版，第355页。

洋环境保护而丧失发展机会的政府及居民以资金、实物、技术或政策上的补偿。在各地方和各涉海部门发展不平衡的基础上，生态补偿旨在最大限度地建立海洋环境管理中各政府主体间公平合理的激励机制，以实现政府间的协调，推动区域内对海洋环境使用的负外部性的合作治理。生态补偿方式可归纳为资金补偿、实物补偿、政策补偿以及智力补偿四种。① 根据区域海洋环境管理的特点，政府补偿方面，一是资金补偿。建议建立区域海洋环境保护合作基金，通过统筹规范区域内政府转移支付制度进行提供，“地方政府应当将其纳入国民经济收支体系，以年度为周期定期拨付”，由前面设想的“区域海洋环境保护委员会”进行管理，用于支持区域海洋环境维护项目，如用于环境污染综合整治、农业非点源污染治理、城镇污水处理设施建设、改善经济发展条件等方面的项目，一部分直接用于因生态环境建设需要而停业减产的企业及其员工以及诸如在环境污染综合整治中需要搬迁的家庭。② 基金的构成要遵循“经济公平”的原则。一方面，应该以各方从合作中的受益情况为依据，受益较多的政府拨付数额较大；另一方面，不能忽视区域内各地方主体的经济社会发展水平以及相应的成本负担能力。③ 二是进行政策补偿。中央政府对因海洋环境保护而放弃发展机会的地方政府提供发展方面的创新性政策优惠，在区域内，受损失地方政府也可享有政策的优先制定权。三是智力补偿。由区域内其他地方政府为受偿地区提供无偿技术咨询和指导，培训技术人才和管理人才，输送各种专业人才，提高受偿区生产技能、技术含量和管理组织水平。④

总之，政府作为海洋环境管理的核心主体，其协调机制的构建对区域海洋环境管理有重要影响。它能为区域内各地方政府及涉海部门合作治理海洋环境提供一定的制度保障和组织平台，对各政府主体走出海洋环境管理的

① 王勇：《政府间横向协调机制研究——跨省流域治理的公共管理视界》，中国社会科学出版社2010年版，第108页。

② 姚好霞、周荣：《环渤海区域生态环境及其政策法制协调机制建设》，《山西省政法管理干部学院学报》2009年第4期，第17—19页。

③ 柳春慈：《区域公共物品供给中的地方政府合作思考》，《湖南社会科学》2010年第1期，第123—125页。

④ 洪尚群等：《补偿途径和方式多样化是生态补偿的物质基础和保障》，转引自王勇《政府间横向协调机制研究——跨省流域治理的公共管理视界》，中国社会科学出版社2010年版，第109页。

“囚徒困境”，打破区域内零和博弈的局面，实现多方共赢有积极作用。但是，区域海洋环境管理的政府间协调机制构建是一个复杂的过程，需要多元化主体的广泛参与，完善契约的制定，健全组织机构的建立以及良好运行机制的构建，需要循序渐进，在构建过程中不断完善。应不断探索，寻找适合本区域的协调模式。同时，协调应有度，区域海洋环境管理的政府间协调机制应该用于解决跨区域或跨部门难以解决的问题，不能影响更不应代替各地方政府及各相关部门正常职责的履行。

第 六 章

我国海洋环境管理中的企业行为

海洋环境管理中的政府行为体现国家的管理行为，是海洋环境管理制度的主要设计者和组织者，主要体现在诸如制定海洋环境管理政策、法律、法令、发展规划和组织实施等。然而，海洋环境管理不仅仅是制定政策、作出规划，更重要的还要将这些政策、规划转化为现实，从而实现海洋环境保护和海洋环境质量改善的目标。这一过程的实现需要通过具体的实施行为才能完成，如大范围的海洋环境保护宣传工作、海洋环境保护工程项目的建设、海洋环境的综合整治等。显然，这些活动仅靠政府是难以完成的，必须有企业、公众的广泛参与。在海洋环境管理中，企业的行为具有明显的二重性，既是海洋环境污染的主要制造者，同时也是海洋环境保护的主要承担者。企业以其特有的方式作用于海洋环境，同时也因其承担角色的不同而以不同的方式影响着海洋环境管理制度的制定和实施。

第一节　企业行为的特殊性

这里所说的企业是指对海洋环境产生直接或间接影响的企业。作为一个有明显利益倾向的群体，企业对海洋环境管理具有重要的影响，这在很大程度上是由企业作为“社会支柱”的地位而决定的。企业在海洋环境管理中的力量来自于它的经济实力以及由此而产生的社会影响。无论企业的性质有何不同，在它们的生产过程中，都必须向自然界索取自然资源，并将其作为原材料投入生产过程，同时排放出一定数量的污染物，从而对环境产生巨大的外部效应，负的外部性则有可能造成海洋环境的极大损害。当然，企业生产也可能产生正的外部性，并可以促进海洋环境的改善。企业对海洋环境影响的双重效应，决定了企业在海洋环境管理中的特殊地位。海洋环境管理中如果缺少企业的参与，将不可能真正取得实效。

企业与海洋环境的主要关系是：一方面，企业从海洋环境中取得生产要素或产品；另一方面，攫取生产要素的行为以及生产过程中排污的行为均直接或间接污染海洋环境。具体来讲，企业大体上有以下四类行为：(1) 捕获行为，即对海洋中各种生物资源的捕获行为。捕获行为对海洋环境（含资源）具有双重作用：合理的捕获有利于推动海洋生物种群的新老更替，保持种群活力；而过度的捕获行为则可能导致种群数量的衰竭甚至灭绝，最终可能导致海洋环境中生态链的破坏，从而妨碍海洋环境的物质和能量来源功能的正常提供，并有可能在一定程度上间接影响其他功能的提供。(2) 物理采集行为。主要指海床采矿、采砂及从海洋中提炼各种物质（如盐、微量元素）等。采集行为关键在于适当，否则，作为伴随影响还有可能影响其他海洋功能的实现。(3) 改造行为。改造行为包括多方面的内容，如在海岸带上建造大堤坝、在滩涂建设养殖场以及建造海洋工作平台等。改造行为对海洋环境的影响不容忽视，它可能直接或间接造成海洋污染。(4) 陆源性污染行为。很多企业的行为不直接作用海洋，但是它的废弃物，尤其是排入海洋中的污水损害了海水质量，使海洋中重金属元素、有机物等成分大大增加而富营养化。从以上行为中不难看出，企业是海洋环境污染的重要影响者。它以实现经济利益为其基本目标，为了自身发展经常会损害到海洋环境，成为海洋环境管理活动中的被管制者，政府的海洋资源管理、海洋环境保护的政策大多针对企业，限制或制裁企业的排污行为。然而，企业上交的利润及各种费和税又是治理海洋环境的费用主要来源，所以企业又为治理海洋环境提供财力保障。而且，企业也是海洋环境保护的重要实施力量，企业采用清洁技术，降低污染程度，减少污染物排放，对于解决或减轻海洋环境问题起着重要作用，为海洋环境管理提供行动支持。因此，企业既是海洋环境的主要破坏者，同时也是海洋环境保护的重要支撑力量和生产力量。

而企业行为的这一特殊性源自于企业的需要。需要是人的行为的基本动力和源泉，有什么样的需要才会产生什么样的动机和行为。马斯洛的个体需要层次理论给我们的启示是：人是有需要的；需要是有层次的，当低级的需要得到满足的时候，高级的需要就出现了。而企业是一个群体，介于社会和个体之间。群体的需要和行为对于个体而言具有非肢解性，个体的需要和行为对于群体而言具有非加和性。因此，应用群体需要层次论来解释企业行为。

群体需要理论[①] 强调内在需要和外在需要对行为的不同影响程度，并且，为避免破坏系统理论的整体性观点，将需要分为生存的需要和发展的需要两种。所谓生存的需要是指，维持企业生产活动和经营活动正常运转的、使企业得以继续存在的需要；发展的需要是指，组织内部员工收入水平的提高、福利条件的改善、企业形象的改善、企业生产和工作环境的改善，而且还包括企业投资环境的改善、产品市场占有率的提高、企业经营自主权的增加、生产规模的扩大和创造更多剩余价值等等。对于企业而言，无论是生存的需要还是发展的需要，均以追求经济利益最大化为目标。这种对利益最大化的追求不仅仅限于私人企业，公共企业也是如此。斯蒂格利茨曾指出，"如果政府对这些企业（私有企业）进行国有化，那么他们的行为就会符合公共利益。上述观点是值得怀疑的，现代福利经济学原理指出，如果存在完全竞争，那么公共利益和私人利益是完全一致的"。正因为完全竞争不可能存在，因而，"公共企业的行为看起来并不是为了公共利益"。[②] 因此，企业所表现出的第一行为是一种经济行为，把发展经济看成是一种内在需要，而把环境保护看成是一种社会附加的外在需要。

事实上，只有内在需要才是人的行为的根本动力，而外在需要则是人的行为的辅助动力。产业结构不变的情况下，采用环境保护措施意味着企业要增加环境保护的投入、提高生产的成本，这在某种程度上，和企业追求利益最大化的内在需要目标相违背。因而，环境保护这种外在的需要如果没有强大的压力，难以成为企业行为的动力，也就没有环境保护的主动性和积极性，于是，企业为了自身利益不惜破坏海洋环境，并尽可能地逃避政府的监

① 朱庚申：《环境管理学》，中国环境出版社 2002 年版，第 99—101 页。

② ［美］斯蒂格利茨：《政府为什么干预经济》，中国物资出版社 1998 年版，第 60 页。

管。但如果有足够的外界压力，如强制性的海洋环境保护相关法律法规，便有可能推动企业采取措施参与海洋环境保护。与此同时，随着人们对科学发展及生态理念的关注，通过绿色环保概念来吸引公众视野以增大收益，进而抵消企业采取环保措施的成本，使海洋环境保护由外在需要转变成为企业的内在需要，将海洋环境维护与企业效益提高连成一体，也将成为企业充分实现其作为海洋环境管理主体价值的重要举措。

总而言之，海洋环境管理中企业的行为是十分特殊的。一方面企业是海洋环境的主要破坏者，为追求自身利益最大化，企业经济活动带来的负外部性会对海洋环境造成污染和损害；另一方面企业又是海洋环境保护的重要支撑力量和生产力量，它可以通过各种直接和间接的方式为海洋环境管理提供行动支持。认识到企业行为的这种特殊性对于调节政府和企业之间的相互关系，以及实现更好的海洋环境管理十分必要。最起码的是，我们很清楚地认识到政府和企业并非完全处于对立和矛盾地位，政府和企业之间也不应该仅仅是管制与被管制的关系，企业是可以为海洋环境治理和保护作出自身贡献的。针对企业行为的这种特殊性，我们需要思考的是如何减少企业经济活动对海洋环境的负外部性影响，减轻对海洋环境的破坏，以及如何调动和发挥企业的力量来实施海洋环境治理。

第二节　企业参与海洋环境管理的必要性和可行性

一、企业参与海洋环境管理的必要性

（一）企业长远发展的需要

企业是市场经济运行的主体，也是海洋环境的主要污染源。作为一个经济实体，企业以个体本位作为自己的价值目标，目的在于追求企业利益的最大化。尽管企业的需求是多方面的，且自利的动机使其总是选择对己有益的政策，但许多企业在与政府博弈过程中，也逐渐认识到，政府的政策在很大程度上是为企业持续发展服务的，而且有益的政策通常是企业或产业自己争取来的。著名经济学家施蒂格勒在《经济管制论》一文中指出：一个产业至少可以通过四种政策途径而谋求利益：一是谋求获得直接的货币补贴。二

是普遍谋求控制新竞争者进入的政策。企业固然可以采取许多策略以阻止新竞争者进入，但一纸便利的、必需的营业许可证要比这些策略有效得多（经济得多）。三是谋求那些能影响它替代物和补充物的干预。四是谋求固定价格。在单个企业可以不断地扩大规模而不会导致规模不经济的场合，价格控制本质上是为了获取高于竞争时的报酬率。正因为企业能从政府政策中获取利益，企业往往会主动要求政府制定相关的政策。[①] 表面看来，企业保护海洋环境要先期投入资金、人力，似乎得不偿失，但与政府海洋环境发展战略保护一致，寻求政府环境政策的支持，对企业来讲，是明智之举。随着环保产业越来越成为国际竞争的新的制高点，各国政府和银行在发放贷款和进行投资时，越来越重视环境保护问题，把有关环保的建设项目作为优先考虑的对象。20 世纪 80 年代初，联邦德国成立了世界上第一家"生态银行"，专门贷款给一般传统银行不愿接受的环境保护工程。90 年代以来，世界银行也改变了贷款方向，使贷款项目更符合保护环境的要求。亚洲开发银行制定的中长期发展战略，提出要把加强自然资源和生态环境的管理作为战略目标之一，并决定在近几年把大部分贷款项目都用于自然资源和生态环境的保护，重点是控制和治理污染。同时，"谁污染，谁付费"等类似惩罚性经济准则的制定，表明企业的污染行为将会受到经济处罚。权衡得失，企业按照政策要求，本着对社会、对环境负责的态度进行生产经营，尽管要付出一定的代价，但对企业的发展仍是利大于弊，其高回报将给企业的发展注入持久的物质和精神资本。为了实现自身的可持续发展，企业也会要求政府制定海洋环境政策，这样一方面可以使企业发展有章可循，竞争有序；另一方面又能够使从事海洋环境保护的企业得到政府的政策支持，实现快速发展，从而树立企业良好形象，提高企业的竞争力。

（二）企业承担社会责任的要求

企业的生产经营活动，是一个与环境相互交换物质、信息的过程，既是一个不断向自然界索取物质能量、向人类社会贡献物质财富的过程，同时又是一个不断向自然界排放各种废弃物或有害物质的过程。自然以其巨大的包容能力在供给的同时，吸收、消化着企业所排放出的一切。在企业活动规

① 经济合作与发展组织：《环境管理中的经济手段》，中国环境科学出版社 1996 年版，第 11 页。

模较小的情况下，企业开发利用资源、排放废弃物的活动，并未引起自然环境多大的变化，因为那时的自然界一方面有充足的资源供企业享用，另一方面又有足够的净化能力消化掉企业所排出的废弃物。由于自然界的自动调节、消化吸收，企业的生产经营活动尚未产生严重的环境问题。然而，伴随着工业化进程的发展，企业数量剧增，规模扩大，与之相应的是人力、物力的不断增加。在整个社会的增长方式以粗放型为主流的背景下，作为微观主体的企业发展主要靠扩大生产规模，增加原材料取得。而在"资源低价、环境无价"的意识支配下，企业的发展往往依赖于资源、原材料的高投入、高消耗，投入的物质的能源过多地被浪费于生产过程的各个环节。同时，由于环境损害不在企业成本约束之内，环境对企业来说仅仅是一个容纳废弃物的载体而已，企业不会主动采取环保措施以降低废弃物的排放，大量的基本上未经处理的废弃物直接排到环境中，致使企业附近的水源、土壤、大气都受到不同程度的污染。可以说，当今世界大多数环境问题都同企业活动有关，企业是污染物质的主要生产者，又是污染物质的主要排放者，同时还是资源破坏的最重要原因。片面追求经济利益，导致企业发展陷入经济发展与环境破坏的矛盾之中。

19 世纪末和 20 世纪初，随着企业的力量不断壮大，以及工业发展对社会负面影响的日益突出，社会对企业的关注程度不断提高。20 世纪初以来，企业社会责任成为西方学术界开始探讨的重要问题。近年来，在世界性组织的倡导与呼吁下，企业履行必要的社会责任开始引起政府和学术界的重视，并逐渐成为公司治理和战略管理的一个重要的理念。一个普遍被接受的观点是，企业承担一定公共性的社会责任是对追求利润最大化、股东财富最大化等传统企业目标的拓展与修正，也是在可持续发展中企业与其利益相关者之间构建和谐关系，提高社会整体福利的必要途径。[①] 当前，企业的环境责任已成为企业社会责任中日益紧迫的热点问题。情况已不是 Friedman 认为的，企业唯一的责任就是经营，利润、产品和服务被视为企业唯一的社会责任；[②] 而是，企业已逐渐成为影响环境和长期环境可持续性的一个决定性因

① 王红：《企业的环境责任研究》，博士学位论文，同济大学，2008 年，第 1 页。

② Friedman Milton，*The social responsibility of business is to increase its profits*，springer berlin heidelberg，2007，p.13.

素，企业有责任在经济活动中认真考虑自身行为对自然环境的影响，并且以负责任的态度将自身对环境的负外部性降至力所能及的水平。《2013年中国海洋环境状况公报》显示，我国海洋环境状况总体较好，符合第一类海水水质标准的海域面积约占我国管辖海域面积的95%，海洋沉积物质量总体良好。陆源排污压力巨大，近岸局部海域污染严重，15%近岸海域水质劣于第四类海水水质标准，约1.8万平方千米海域呈重度富营养化状态。海洋生境退化、环境灾害多发等问题依然突出。近岸海域主要污染要素为无机氮、活性磷酸盐和石油类。实施监测的431个陆源入海排污口中，工业排污口占34%，市政排污口占38%，排污河占23%。3月、5月、8月和10月入海排污口达标排放比率分别为47%、49%、54%和52%。入海排污口邻近海域环境质量状况总体较差，80%以上无法满足所在海域海洋功能区的环境保护要求。海洋污染主要来自陆源性污染，在海洋环境污染问题上，企业有着不可推卸的责任。

（三）企业应对日益严峻环境压力的必然选择

企业是最大的海洋环境污染源，或者说是形成污染的主要场所。企业生产过程的各环节，如原料获取、加工过程、燃烧过程、加热和冷却过程、成品整理过程等，都会程度不同地产生各种污染物质（废水、废气、废渣、噪声等），从而对海洋环境造成严重破坏，甚至危害全人类。[①] 随着海洋环境问题的日益凸显，企业开始受到来自多方面挑战，企业参与海洋环境治理成为其应对巨大环境压力的必然选择。企业的环境压力主要来自以下几方面：第一，政府环境规制压力。由于企业行为直接导致的海洋环境问题日趋严重，自然资源正在快速枯竭，政府必将制定更加严格的管制措施来控制企业的排污行为。也就是说，在谁污染谁付费的理念下，企业的排污成本将大幅增加，企业要想规避环境风险，就不得不着手进行污染治理。政府加强环境管制后，对于那些达不到环保要求的企业，面临的危机将不仅仅是罚单加重，甚至可能会被迫停产和倒闭。因此，来自政府规制方面的压力将成为企业参与海洋环境治理的巨大驱动力。第二，企业竞争压力。环保时代的到

① 《企业环境危机管理研究》课题组:《企业环境危机及其治理模式的选择》,《培正商学院学报》2004年第4期，第10—15页。

来，使得企业之间的竞争也发生着深刻变化，在传统的产品价格、质量和效用比较之外，对环境的影响也成了一个新标准，那些环保产品、节能产品、绿色产品将更有利于抢占市场份额，赢得消费者的青睐，而对于一些有损健康、无益环境的商品，消费者将以更谨慎的态度对待。消费者的消费导向无形中改变着市场竞争的形势。此外，污染型企业也将在政策扶持、财政补贴、金融贷款等方面处于劣势，从而使高污染企业在激烈的市场竞争中遭受打击。而在国际贸易竞争中，发达国家的贸易壁垒早已转向技术壁垒。作为技术壁垒的重要组成部分，绿色贸易壁垒会使污染企业出口成本大大增加，从而降低企业的国际竞争力。企业面对国内外不同方面的竞争压力也不得不作出应对。[①] 第三，公众和非政府组织的压力。虽然海洋环境问题在我国引起关注是近几年的事，但随着经济发展和公民素质的提高，人们的海洋环境意识日益增强，越来越多的人开始关注我国的海洋环境问题，一大批环保型非政府组织成长发展起来，它们开始通过各种方式积极参与，对污染企业实施监督，并在必要时加以抵制。公众和非政府组织的环保呼声也已成为企业不可忽视的压力来源。总而言之，面对诸多方面的环境压力，企业作出改变，积极参与海洋环境治理乃是其应对压力、规避风险的必然选择。

（四）海洋环境保护需要海洋环保产业（企业）的发展

海洋环境调查、监测和科学研究是海洋环境保护管理工作的基础和先决条件。我国海洋环保产业是从建立海洋环境监测网开始起步的。随着我国沿海经济和海洋开发的快速发展，海洋环保问题日益突出，港口、船舶、海洋化工、海洋工程、海洋石油开发、海上倾废、滨海旅游的污染防治以及沿岸陆源污染源的治理等对各种海洋环境监测仪器、环保设备、环保产品及技术的需求大大增加。我国在20世纪80年代出现了海洋环保的监测仪器、环保设备、化学原料和产品市场。经多年的发展，监测机构的体系逐步完善，技术支撑系统已具规模，监测装备和手段日渐增强，已形成了具有全自动、全天候、立体化的监测能力。监测技术队伍不断发展壮大，其素质和实力，乃至监测技术、技能和水平都有了较大的提高。鉴于海洋污染程度的日益加重，自20世纪90年代中期以来，我国政府采取了强有力的措施控制陆源污

① 张劲松：《资源约束下企业环境行为分析及对策研究》，《企业经济》2008年第7期，第33—37页。

染，有效地削减了陆源污染物的入海量，也为环保产业的发展营造了良好的社会环境；同时也加快了环保技术的研究步伐，取得了一批有价值的成果。"九五"科技攻关计划项目海岸带资源环境利用关键技术研究，在海湾类型污染物排海总量控制技术、近岸海域纳污能力评价与区划技术、难降解有机污染物监测技术、赤潮等环境灾害跟踪监测与损害评估技术、含油污水处理技术及设备、养殖容量与调控技术等方面取得了突破性进展，有望进入转化应用阶段。在"九五"科技发展计划中，也研究与开发了许多与海洋环境保护有关的技术和产品，有待于结合我国海洋环境保护与生态修复技术领域的发展而进行系统的转化，开拓出相应的市场，从而加速高技术成果的产业化和业务化应用。另外，一些企业和地方也在清洁生产工艺技术、环境保护方面取得了部分成果，为我国海洋环保产业的发展奠定了良好的基础。[①] 尽管我国的海洋环保产业已经在海洋环境预报、海洋灾害监测、海洋生态环境保护等方面发挥出重要作用，显示出海洋环保产业在海洋环境保护方面的巨大潜力，但其总体发展水平还比较低，海洋环保产业在我国有着迫切的发展要求和巨大的发展空间。

二、企业参与海洋环境管理的可行性

（一）企业在海洋环境保护中能够有所作为

无论是外界的强制力量还是企业的内在自觉，其出发点都是建立在企业是大多数污染物的直接生产者前提之上。以此为基点的海洋环境管理只能是把企业作为治理对象，对其采取管、压的强制措施。然而，应该看到，企业不仅仅是污染的制造者，也是污染的治理者，因为环境保护需要生产、技术、产品，需要资金，这些物品的取得，在很大程度上又来自企业的作为。在大多数情况下，政府的环境治理行为仅是颁布政策法规，提出环境标准，监督控制他方行为。也就是说，政府更多的是侧重于"说"、指挥，真正"做"的，主要还是企业，企业在实现环保型经济增长中处于基础地位。在海洋环境保护中，企业的有所作为主要体现在：

---

① 郝艳萍：《我国海洋环保产业的现状及发展对策》，《中国人口·资源与环境》2002 年第 5 期，第 137—139 页。

1. 企业是利用环保新技术改造传统产业的先锋力量

企业是发展经济提高技术水平的主体，企业发展的整体状况在很大程度上将决定整个社会经济增长的速度和质量。此外，企业还是进行研究创新、提高技术水平的主体，企业为在激烈的市场竞争中立足，需要不断开发新技术新产品。实现海洋环境污染防治，技术问题是其中重要内容。如海洋环境质量监测、海洋环境污染防治、减少废弃物排放、生产绿色产品等，都要依靠新技术。海洋产业是技术、资金密集和人才密集的行业，对现代科学技术有着强烈的依赖性，对最新技术的使用之多、应用之广是其他行业很少能够与之相比拟的。目前中国已基本形成的海洋产业包括海洋渔业、海洋交通运输业（含海洋造船业）、海盐及盐化工业、海洋油气业、滨海旅游业、海涂种植业、海滨砂矿开采业等，即将形成的产业有海水利用、海洋药物、海洋能开发和深海采矿等。海洋产业的发展无疑带动了海洋经济的发展，但同时一些海洋产业（企业）本身也是海洋环境的破坏者。现在海上的污染主要来自海洋石油、海洋运输、海水养殖等，正因为此，迫切需要这些企业在发展中采用高新技术，改进生产工艺，降低污染程度，使这些企业由海洋环境的破坏者变成海洋环境的保护者。为使企业尽快成为海洋环保的中坚力量，需要采取积极有效的措施，通过完善和履行海洋环境法规强化其对海洋环保产业发展的驱动作用。制定和完善鼓励企业实施有利于海洋环保的清洁生产技术的政策体系（如价格补贴、税收优惠等）；建立海洋环保技术转移信息网络，以此作为培育和扩大海洋环保技术市场需求的有力手段；逐步建立起“污染者治理、利用者付费、开发者保护、破坏者补偿、政府增加投入”的筹资机制，开辟稳定有效的海洋环保投资渠道。把重点海域和跨地区污染综合治理及环保示范工程的投资，列入政府的固定资产投资计划；设置沿海城市污水处理厂专项基金和造纸、酿造、海洋石油开采、海上运输等重点行业污染治理专项基金；加强排污费的征收、管理和使用；增加银行环保贷款规模；积极引进和利用外资。

2. 企业是海洋环保建设资金的重要提供者

海洋环境保护需要巨大的资金支持，以往的环境保护主要靠政府财政拨款，政府几乎承担了所有项目的风险。现在越来越多的企业已意识到，企业已经不再是单纯的经济利益最大化的盲目追求者，同时也应该是社会责任的积极履行者，是公众参与环保的重要力量之一。企业对于环保的资金支持主要通过两种渠道，一是资助环保事业，二是企业自己从利润收入中拿出一定比例资金投入本企业的环保生产。自1995年起，首钢集团开始实施环保战略，先后投资近16亿元，开发了289个环保项目。2004年5月，首钢就开始与以生产汽车排气系统净化装置闻名的绿创环保公司合作，开始汽车排放环保方面的合作。由北京首钢特殊钢有限公司代表首钢集团投资875万元，与北京绿创环保科技有限责任公司等4家企业联合成立了北京绿创声学工程股份有限公司。此举意味着首钢对环保产业的全面进军。泰达股份子公司泰达环保分别与天津市环境卫生工程设计院和杭州市绿能环保发电有限公司签署合作意向书，就控股天津市东丽区贯庄垃圾综合处理项目和杭州绿能环保发电厂项目达成协议。这标志着泰达股份在垃圾处理行业跨区域发展、快速扩张方面迈出了坚实的第一步。据了解，天津泰达环保注册资本4亿元人民币，公司投资的双港垃圾焚烧发电厂采用日本引进的全自动化处理设备，建设规模为日处理生活垃圾1200吨，装机容量2台12兆瓦，设计年上网发电量1.2亿千瓦时，总投资5.4亿元人民币，是我国首家由企业投资建设的垃圾焚烧处理工程，也是我国垃圾处理行业目前唯一的全国科技示范工程。国内外许多大型企业都已进军环保事业，在显示企业强大的社会责任感和公益心的同时，树立起企业的良好社会形象，从而提升了企业的竞争力。

3. 企业是环境制度构建的影响者

企业在环境制度形成方面，与NGO的作用大体相同（除了作出公约原案与监督方面）。企业由于具有专门的知识并同政府保持特殊的关系，因而为了阻止和弱化制度约束而能够行使其政治影响力。另外，企业活动直接影响国际社会能否达成制度目标。企业通常采取以下方式影响环境制度的形成：(1) 想方设法使交涉会议所设定的问题采取对企业有利的形式；(2) 使用资金进行游说活动，要求各国政府对交涉中的环境制度采取特定的立场；(3) 给参加谈判的代表团施加压力。在经济全球化时代，跨国公司作为国际直接投资、先进技术和管理经验的重要载体，日益发挥着重要的作用。但跨国公司在主导世界经济、获取高额利润的同时，对全球环境也带来了影响。从1992年以来，国际社会一直希望采取措施限制跨国公司的不可持续行为，使其承担对环境影响的有关责任并置于有关约束条款之下。但由于发达国家的极力干扰，这一努力非但没有成功，反而在知识产权保护问题上世界贸易组织制定了越来越严格的条款。总之，企业为了避免具有约束力的制度交涉，想方设法发挥其最大的政治影响力。但在公约达成以后，努力寻找商业机会。要发挥跨国公司的作用，不仅需要国际制度框架的支持，也需要与当地国内法律制度的协调。

从企业的发展可以看到，在海洋环境管理中，企业扮演着特殊的角色，企业既可能是“害群之马”，又可以是“环保使者”。作为污染制造者，企业是政府管制的对象；作为环境保护者，企业又是政府依靠的力量。无论从哪个方面讲，离开企业的环保只能是无源之水，无本之木。如果不能正确认识企业的环保地位，政府环境管理的一系列政策措施都将成为一纸空文。因此，为了使海洋环境管理真正发挥实效，政府必须转变观念，改变高高在上的管理作风，以一种协商的态度与企业平等对话，争取与企业达成共识，实现合作。

（二）部分企业具有海洋环境保护意愿

在企业行为特殊性一节中我们已经分析了企业既是海洋环境的主要破坏者，同时也是海洋环境保护的重要支撑力量和生产力量，因此，对于企业的环境行为我们要给予客观全面的评价。在海洋环境领域，企业并非一味地消极接受和服从政府的海洋环境治理政策，而是可以以积极的行为作用于海洋环境。而且，现实中不少企业有意愿采取积极的环境改善行为，并能够将这种意愿转化为实际行动。企业的生产经营活动本身就与环境发生着直接联系，企业生产管理方式和技术设备的变更都会对自然资源和环境造成直接影响，因此，如果企业有意愿作出改善环境的行为，它们可以通过重塑企业文化，改进生产流程，完善企业管理，更新技术设备等一系列行动参与到海洋环境治理。根据前面章节的分析，企业的参与意愿与企业对自身长远发展和应对环境压力的考虑有关，同时也跟企业家的社会责任感和环保意识有关。如果一个企业的企业家有着对环境保护的追求，他就可能将自己的这种意愿渗透到企业文化中，引领企业走环境友好型之路，从而对海洋环境治理作出贡献。如果有足够的激励，企业将愿意参与到海洋环境治理，而且企业通过自身调整不难将这种意愿转化为实际行动，这就为企业参与提供了可行性基础。

（三）政府支持与鼓励

按照当代公共治理理论的内容，政府是公共事务治理的重要主体，但不是唯一主体，企业、公民和非政府组织等也应作为同等地位的治理主体被邀请进来，通过政府与它们之间的协商合作、共同努力来提高治理效果。在海洋环境领域也是如此。随着海洋环境问题的日益复杂化和严重化，政府已认识到光靠自己的力量是难以有效解决问题的，同时政府也看到了企业能够在此领域发挥的重要作用，因此政府对企业参与到海洋环境治理中来持开放欢迎态度。政府的这些认识上的变化主要体现在政策上的变化，即政府开始通过补贴、减税、许可、资金和金融支持等手段来鼓励、支持节能减排企业和进行技术创新的环保企业。作为一个经济实体，企业以个体本位作为自己的价值目标，目的在于追求企业利益的最大化，在此过程中企业自利的动机使其总是选择对己有益的政策。政府给出的政策优惠不仅能吸引企业进行污染治理和节能减排的兴趣，还能吸引企业通过技术革新实现产业升级，开拓新兴市场，赢得企业声誉等方面的兴趣，于企业来讲是裨益良多。从这个方面讲，政府的大力支持和鼓励会成为企业参与海洋环境管理的重要推动力量。

第三节　企业参与海洋环境管理的方式

参与的方式即如何参与，它规定了企业介入环境事务的方式、方法和渠道。大体上，企业参与海洋环境管理的方式分为下述几类：(1) 根据企业参与的积极性，分为主动参与和被动参与两种。(2) 根据企业参与的可见程度，分为显性参与和隐性参与两种。(3) 按照企业治理环境的不同模式，分为末端治理、预防治理和全过程治理三种参与形式。

一、企业的主动参与和间接参与

企业主动参与海洋环境治理是指企业自愿主动地开展海洋环境保护和海洋污染治理的行为，其突出特点是自愿性、主动性，具体形式包括企业自觉推行清洁生产，装置污染处理设备，主动制定节能减排计划，认证生态标签，积极寻求与政府合作的环境协议以及投入海洋环保产业等一系列行为。

主动参与的企业通常不是因为受到外界环境压力的压迫才采取海洋环境保护和海洋污染治理行为的，规避或减轻惩罚成本不是它们首要考虑的因素，主动参与的企业通常是那些高瞻远瞩，富有革新精神，且具有较强社会责任感的企业，它们懂得如何寻求和利用政府政策并从中获益。其主动性与其下列动机有直接关系：第一，利润动机。企业主动参与环境治理虽然在短期内会使企业不得不增加投入，进行科技创新，但从长远看，环保主动型企业可以创造新的竞争优势，获得额外经济收益，包括成本节约带来的收益和产品差别化带来的收益。例如具有环境标识认证的企业一般拥有严格的环境管理体系和高质量环境标准，因而会在消费者心里形成良好的信誉，从而吸引绿色消费者；绿色消费者能够在购买商品时表达他们乐意为环境额外支付，企业因而获得更高的收益。第二，声誉动机。一个企业主动参与环境保护和治理，说明该企业具有良好的社会责任感和环境责任感，企业积极的环境行为会给企业带来良好声誉，改善企业形象。在现代市场中，企业形象构成了企业整体竞争力的重要一环，日益提高的社会声誉能使企业避免一些潜在的风险，从而给企业带来额外的收益。第三，政策偏护动机。企业天然地具有政策需求，随着环境问题的日益严峻和国家可持续发展战略的持续推行，环境友好型企业更有机会获得政策优惠和资金支持，从而推动企业长远发展。

企业被动参与海洋环境治理是指企业迫于外在环境压力和企业生存发展需要而被动地开展海洋环境保护和海洋污染治理的行为。企业的被动参与和主动参与相对应，被动参与的企业主要基于对环境风险的恐惧而不情愿采取措施进行海洋环境治理。其主要形式是被迫在生产活动的末端加装污染处理设备来实现达标排放。需要指出的是，当前多数企业在参与海洋环境治理时不是主动的而是被动的，尤其是传统的“两高”型企业和一些中小型企业不在万不得已的情况下更是不愿意进行污染治理和环境保护，在这里，政府规制和环保法律法规是最主要的驱动力。其次，随着公民海洋环境意识的增强，公众对污染企业的抵制也成了驱动力的来源之一。企业往往会比较排污成本和治理成本的大小，进而作出行动决策，如果排污带来的惩罚成本大于治理污染的成本，则企业倾向于采取措施降低能耗，治理污染；如果排污成本小于治理成本，则企业倾向于不作为，宁愿承担排污成本。从现实中看，我国对企业的污染行为和环境破坏行为的惩处力度偏软，是致使企业不作为的主要原因。因此，控制这类被动型的以惩罚力度为导向的污染企业，直接有效的办法就是增加其环境污染和破坏的成本。

二、企业的显性参与和隐性参与

显性参与的方式包括：企业通过引进或建造污染处理设备来处理生产污染；企业通过技术创新，更新生产设备来提高能源利用效率，减少污染和浪费；企业通过改善内部管理方式、优化工作流程达到节能减排目标；通过委托—代理机制将治污行为委托给具备环保治污和金融信誉双重资质的自然人或法人；企业与政府等组织结成自愿环境协议；企业通过直接提供人力物力或慈善捐款的形式参与环境治理等。显性参与表示企业参与海洋环境管理的行为易于观察，作用方式较为直接，短期内就能收到一定效果。

隐性参与的方式包括：企业生产和销售环保产品时，宣传保护海洋环境的理念，在无形中引导消费者的消费偏好，塑造公众的海洋环保意识；将海洋环境保护注入企业文化中来，通过企业文化的潜移默化作用来影响企业员工的行为，进而影响公众的行为；企业在追求利益最大化目标引导下进行技术革新和产品优化时，也客观上有助于资源节约和环境保护。企业的隐性参与不易观察，通常也不是直接发挥作用，但其价值是不容忽视的。

三、企业末端治理模式、预防治理模式和全过程治理模式

海洋环境问题主要来自于陆源污染，尤其是企业生产的各个环节和产品带来的污染。企业治理污染时有不同的模式选择，这些不同选择也是企业参与方式的一种体现。企业环境污染治理有三种模式：一是企业环境污染的末端治理模式，二是企业环境污染的预防治理模式，三是企业全过程环境污染治理模式。企业在环境污染治理过程中，将根据环境污染的程度和自身认识，选择不同的治理模式。

企业环境污染的末端治理模式是指企业对其生产过程中产生的污染物进行治理或利用以实现末端污染物达标排放的一种治理模式。这种治理模式主要是在生产的最后一道工序或排污口加装“额外”的处理设备来进行污染处理。采用环境污染末端治理的企业认为，环境问题就是污染问题，而环境污染仅仅是技术问题，在管理措施上主要采取的是末端控制的污染治理措

施，如强调治理环境污染的技术性措施和研究开发治理环境污染的工艺、技术和设备，用于消烟除尘、废水处理、废弃物填埋等。从企业对环境问题认识上来看，末端治理模式标志着环境污染治理从“无”到“有”的零的突破，表明企业已经开始认识到海洋环境问题的重要性，并着手作出行动。但遗憾的是，这种认识多半是外界强加的、被动的。[①] 而且末端治理模式遵循“先污染后治理”的路径，在企业的污染源仍然存在的情况下，仅仅对末端产生的污染进行治理是不可能杜绝环境问题的。试想企业一方面花费大量人力、物力和财力去治理已产生的污染，同时又不断地产生新的污染，将会给企业和国家带来多么大的负担。

企业环境污染的预防治理模式，是指企业对产品生产过程的污染治理，其指导思想是以预防为主，其治理方式是清洁生产。环境问题本身的特点决定了生态环境一旦受到破坏，要恢复正常是很困难的，而且治理污染的费用往往比预防污染的费用要高出许多倍。据测算，预防污染费用与事后治理费的比例是1∶20，因此那种“水来土挡”的末端治理方式是不能彻底解决环境问题的。于是，以预防为主和综合治理的环境治理模式开始受到关注，在环境管理措施上逐渐从消极的控制污染转向积极的预防污染。[②] 从末端治理到污染预防是企业环境经营认识的飞跃和升华，它标志着企业从“被动”到“主动”的转变。由于目前所推行的清洁生产实际上主要关注的是产品系统的输入环节，是生产全过程的污染控制管理，即主要考虑整个生产过程中污染物的排放，而忽视了产品系统投入所造成的生产环境问题，也没有重视产品的使用和产品废弃物处理环节，仅对生产过程的排放物进行控制，不能达到总量控制的要求，因而也不能从根本上预防环境危机。

企业全过程环境污染治理模式，即企业产品生命周期生态化治理，是指企业在产品生命周期的各个环节上控制和管理产品的环境污染治理性能，以适应生态系统的发展。污染的末端治理模式和预防治理模式主要局限于只重视原材料生产、产品制造和废弃物处理三个环节、而忽视了材料采购和产

① 《企业环境危机管理研究》课题组:《企业环境危机及其治理模式的选择》,《培正商学院学报》2004 年第 4 期，第 10—15 页。

② 《企业环境危机管理研究》课题组:《企业环境危机及其治理模式的选择》,《培正商学院学报》2004 年第 4 期，第 10—15 页。

品使用环节。事实上，仅仅控制某种生产过程中的排放物，已很难减少产品所带来的实际环境影响。于是，人们在清洁生产的基础上，探索产品生命周期生态管理的战略。在产品生命周期的每一阶段，产品会以不同的方式和程度影响着环境，而产品生命周期生态化管理就是企业在产品生命周期的各个环节上控制和管理产品的环境性能，以适应生态系统的发展。这种污染治理模式使企业从传统解决问题的思路，转向防止问题产生的思路上来，无疑这是一种先进的环境污染治理模式。可以说，这是企业环境污染治理的方向，是最佳模式的选择。

第四节 企业参与海洋环境管理行为的有限性

政府作为海洋环境治理的主体，以法律或政策的权威性为作用工具，强制性地要求企业遵守环境治理的规章制度，如：环境质量标准、排污许可证、区划、配额、使用限制等。这些手段都是直接管制的措施，即通过管理生产过程或产品使用和限制特定污染物的排放，来达到环境治理的目的。企业也会出于提升企业形象力和可持续发展的需要，主动或被动地采取清洁生产，生产环保产品。但作为经济人的企业，其追逐利润的行为与采取环境保护的行为之间必然会产生冲突，企业参与海洋环境管理、实施海洋环境保护的行为是有一定限度的。

一、企业经济活动的负外部性

企业是一个有明显利益倾向的群体，其与海洋环境的关系主要表现在：一方面，企业从海洋环境中取得生产要素，转化为满足人民需要的物质和精神产品；另一方面，攫取生产要素的行为以及生产过程中排污的行为均直接或间接污染海洋环境。无论企业的性质有何不同，它们的生产过程中都必须向自然界索取自然资源，将其作为原材料投放到生产过程中，同时排放出一定数量的污染物，从而对环境产生巨大的外部效应，负的外部性则有可能造成海洋环境的极大损害。当然，企业生产也可能产生正的外部性，并可以促进海洋环境的改善。然而，通常情况下，企业从自身的利益考虑往往并不会主动的减少给环境带来的负外部效应。而且，有时企业在履行环境法规时，不是基于长远的思路考虑，而是尽力采取防御性的短期对策。如现行的排污收费制度，由于费用太低，对排污者的激励作用很小。因此，排污者从自身的利益考虑则更愿意在远远低于其边际治理成本的排污费的条件下排污。

二、排污企业不愿积极主动地采取减少污染的行为

政府环境管制在一定程度上可以促使企业采取减少污染的行为，但由于管制过程中经常出现忽略企业实际情况“一刀切”的做法，从而缺乏对企业的有效激励，只能导致企业的消极执行。环境管制政策通常是通过法律程序确定的，即使在执行过程中发现问题，也不得随意改变。这些直接干预，都带有法定性质，一旦不遵守，就会有严重的法律和经济后果，所承担的责任风险远远高于控制成本或边际收益；这种不考虑企业实际利益的做法实际上限制了减少污染的边际成本最低的企业作出更大的努力，趋向于阻碍污染控制技术的发展，因而企业在履行环境法规时，不是基于前瞻性的思路考虑，而是尽力采取防御性的短期对策，其结果将窒息企业环境保护的技术革新。如现行的排污收费制度，由于费率太低，对污染者的刺激作用很小，也就是说，排污收费制度在事前防范意义上对于厂商控制污染产生的激励程度太低，使得厂商几乎没有动力去采取措施（新的技术、设备等）控制污染，而是在缴纳远远低于边际治理成本的排污费的条件下排污。这使得排污收费制度作为环境管制手段来说，并没有发挥通过市场的手段来控制污染的作用，而是在事后弥补意义上一定程度地保护了环境。相对于环境管制目标来说，排污收费制度的实际使用效果大打折扣，既没有将环境污染水平控制在一定范围内，同时也扭曲了资源配置，使得环境被过度利用。单方面地强调政府行政干预，把企业置于被动、服从的地位，政府与企业处于地位不对等的对立两极，缺乏激励性而使企业缺少从事环境保护的动力。

三、存在厂商俘虏监管者的寻租行为

管制的过程是政府和企业博弈的过程，其间，企业作为一种利益集团，为追求自身利益的最大化，必然想方设法游说政府，以促使政府利用权力资源采取有利于游说企业的政策，而政府管制者既然可以通过管制活动与被管制者分享利益，因此，常常会被受管制企业所“俘虏”。特别是环境管制政

策中的一些惩罚标准往往上下限浮动较大，政府部门有着较大的自由裁量权，而且，相对于“税”而言，排污收费的“费”的征收具有一定随意性，这就给排污企业寻租提供了机会，为厂商俘虏监管者提供了更大的可能性。其结果一些污染大户往往因与政府有着千丝万缕的关系而逃避或减少交费，从而导致管制执行不严、执行不利、催生腐败等恶果，致使整个社会为此付出环境、经济和政治代价。

企业参与海洋环境管理行为的有限性表明，单纯依靠企业的力量，让企业主动进行海洋环境保护，显然在实践中有很大的局限性。要让企业的海洋环境保护行为有度、有序、合理，还需借助政府的干预。只有政企合作，海洋环境管理才能落到实处。

第七章

海洋环境管理中的政企交互作用机制

海洋环境管理中政府处于核心主体地位。政府通常站在法律和道义的立场上，以公益人和道德人的身份制定海洋环境管理的政府法规，为企业和公众立规定矩。由于企业的生产经营活动大多伴有污染物的排放，所以一直以来企业就被作为政府环境规制的对象，处于政府的监控范围之中。海洋环境保护、治理污染也主要是针对企业而言，而对于公众的环境影响行为，传统的环境管理并未给予过多关注，因此处理政府与企业的关系成为海洋环境管理中的一个重要内容。随着政府职能转变与企业生产经营方式的变革，原有的政府与企业对立关系也在发生着变化，建立新型的政府与企业合作关系成为现代海洋环境管理的必然选择。

第一节　不同海洋环境管理模式下的政企关系

当前，在海洋环境管理中，政府和企业的关系突出体现为管制与被管制、共谋、合作关系并存。本节将通过不同的海洋环境管理模式分析其中政府与企业间的关系。

一、以政府为主导的管理模式下的管制与被管制及共谋关系

以政府为主导的海洋环境管理模式强调政府的调控和引导作用，企业处于相对被动的地位，根据政府主导的强度和管理手段的差异，分为以政府

为主导的命令—控制型管理模式和政府主动引导型管理模式两种，都体现了政府与企业间管制与被管制的关系，但存在微妙的差异。此外，在政府主导的管理模式下，受自身利益的驱使，政府和企业之间还存在着一种扭曲的共谋关系。

（一）以政府为主导的命令—控制型管理模式中的政府直接管制

这种模式主要依靠法律或行政手段，政府按照一定的法律规范和规章制度来管理环境经济活动。在这种模式下，政府与企业处于直接的管制与被管制关系状态。政府以法律或政策的权威性为作用机制，强制性地要求企业遵守环境治理的规章制度，如：环境质量标准、排污许可证、区划、配额、使用限制等。这些手段都是直接管制的措施，即通过管理生产过程或产品使用和限制特定污染物的排放，来达到环境治理的目的。2003 年 3 月 1 日起施行《海洋行政处罚实施办法》，就是用罚款等海洋行政处罚方式，通过对海洋行政相对人一定经济利益的剥夺，来规范其海洋经济活动。而企业只能被动遵守、接受并服从。这种情况下，难以形成参与海洋环境保护的积极性和主动性。但我国当前正处于市场经济建立、完善的过程之中，严格而有效的法律体系尚未完善，自由竞争的市场环境尚未健全，企业和个人的行为还缺少规范性、自律性，这种关系状态下，政府可以凭借其惩罚的威慑力量，强制性地约束经济主体的行为，进而解决海洋环境开发利用和保护过程中集合的众多经济主体之间的矛盾。由于海洋环境的公共性，各经济主体往往从自身利益出发，总想免费搭车，而不愿为保护海洋环境、治理海洋环境投入资金或人力。同时，海洋环境功能的多样性导致其开发的多行业性，各行业都从本行业利益出发，强调自身行为的合理性、可行性，由此造成彼此间的矛盾冲突。如果矛盾不解决，各行业的竞争形不成合力，非但不会对海洋经济的总体发展起到积极作用，反而会因行业间的互相排挤、恶性竞争而使原有的各行业竞争优势受到破坏。因此，政府对企业的直接管制对于更好地约束企业行为，协调企业间矛盾，最终改善海洋环境有重要意义。

尽管命令—控制模式的功效不能否定，但这种管理模式单方面地强调政府行政干预，把企业置于被动、服从的地位，政府与企业处于地位不对等的对立两极，缺乏激励性而使企业缺少从事环境保护的动力。而且，我国地域辽阔，自然条件复杂，各地区经济发展水平不尽相同，政府又不可能获取各企业生产技术的完全或充分信息，一刀切的命令—控制政策往往会因为过分强调环境效果而忽视了企业间的公平，最终导致海洋环境管理中政府追罚、企业躲逃的猫鼠尴尬局面。

2011 年下半年中海油蓬莱 19–3 油田 B 平台发生重大漏油事故，造成大范围海洋污染及巨大经济损失，整个事件的发生发展和处理过程一方面体现出我国命令—控制型管理模式下政府和企业的关系状态，另一方面也反映出这一管理模式的诸多弊端。此次事故中，康菲作为作业方，一直逃避责任，将溢油事件造成的严重污染事故瞒报近一个月。直到 2011 年 9 月 1 日，在国家海洋局责令康菲“三停”（停注、停钻、停产）后仍然有油花溢出。康菲的懈怠敷衍，以及在信息披露上遮遮掩掩，在事故处理上弄虚作假，无视环境破坏的傲慢态度是导致后来事故进一步恶化的重要原因。国家海洋局北海分局 6 月 4 日接到康菲中国报告后立即责成其进行排查，并于 7 月 13 日决定停止蓬莱 19–3 油田 B、C 平台的油气生产作业活动，要求康菲中国采取一切有效措施彻底排查并切断溢油源，彻底消除再次发生溢油的风险，但直到 9 月中旬康菲中国仍没有完成国家海洋局“两个彻底”的要求，并一直将溢油称为“事件”而非“事故”，由此不难看出康菲对此次事故表现出的傲慢与漠视态度。但另一方面，这也反映出我国政府监管不力，执法效率低下的问题。在这次事故中，国家海洋局北海分局是直接管辖单位，应代表国家依据相关法律法规，向事故责任方提出索赔诉讼。但是据了解，国家海洋局接到康菲石油公司的事故报告后并没有及时披露漏油信息。官方说法是想先了解情况，是否堵漏，漏油现状如何，需等确认具体污染程度后再发布信息。在这个过程中，污染面积越来越大，许多水产养殖户并不清楚大量鱼苗参苗的死亡是与海底漏油有关，依然继续投放，最终致使养殖户总损失超过 10 亿元。[①] 另外，这一事故还暴露出我国海洋环境保护法律不健全，处罚力度不够的问题。如按照我国《海洋环境保护法》的规定国家海洋局只能对康菲中国施以最高 20 万元的行政处罚，这显然对于事故企业没有威慑力，难怪康菲中国态度会如此傲慢和漠视。与墨西哥湾漏油事件中英国石油公司赔

---

① 殷建平、任隽妮：《从康菲漏油事件透视我国的海洋环境保护问题》，《理论导刊》2012 年第 4 期，第 91—92 页。

付的400亿美元相比，实在不值一提。可以说海洋环境污染损害责任者的违规成本太低，也是造成海洋环境污染问题的一个重要原因。

（二）政府主动引导的管理模式下的间接管制

政府主动引导的管理模式是指在市场机制发挥作用的前提下，政府通过采取鼓励性或限制性措施，促使海洋环境污染者减少、消除污染，达到保护和改善环境目标的手段，通常所说的“庇古税”就是典型的政府引导型。在这种模式下，政府和企业处于间接的管制与被管制关系，虽然本质仍是政府管制，企业接受管制，但与前面的直接管制方式不同，政府以市场机制为媒介，通过采用收费或税、提供补贴等方式，改变人们经济行为的成本和效益，促使其采取有利于海洋环境的经济行为，达到环境成本内在化，进而调动人们保护环境的积极性。通过提高逃避控制污染的成本，企业主动寻找能够使控制污染费用达到最小的策略。在经济杠杆的作用下，企业为了少交费税，或为得到政府的补贴，尽力把企业的污染控制在一定的水平上，从而实现环境保护的目标要求。

当前在我国应用较普遍，发展也较为成熟的主要是排污收费制度。排污收费制度与基于庇古税的矫正性税收原理相近，只是排污费由环保部门征收，数额由环保部门根据排放量或污染物浓度确定。其基本原理在于对带有负外部效应的物品或服务征收相当于其外部边际成本大小的税收，一次将征税物品或服务的私人边际成本提高到同社会边际成本一致的水平，实现负的外部效应的内在化。这对于解决海洋环境问题有很大的优越性。作为公共物品，海洋环境具有消费的非竞争性和非排他性；同时，海洋环境资源并没有明确的产权，任何个人或组织都可以根据自己的费用效益原则使用海洋环境资源，并排放废弃物，结果造成环境受损。要解决这一问题，就要实现外部成本的内在化，将外部边际成本加到私人边际成本中，使污染个人或组织承担其污染成本，将其产生污染的外部费“内部消化”。

另外，目前我国正在实行的排污权交易制度，是政府引导型环境管理模式的进步和发展。排污权交易是让市场机制发挥基础性作用、各经济主体共同参与、政府参与调节的一种有效运行机制。排污权交易过程中，政府、企业作为地位平等的利益主体参与其中，虽然“污染权”初次交易发生在政府环境管理部门与各经济主体之间，即政府把“污染权”出售给各经济主体，政府具有出售和发放的资格，但当进入市场后，各经济主体之间的交易就可以在价格机制的作用下，通过竞争，实现污染企业与污染企业之间、污染企业与环境保护组织之间、污染企业与投资者之间、政府与各经济主体之间的平等交易。因此，排污权交易在刺激排污企业采用先进技术，降低污染水平的同时，也调动了政府及企业等各方力量参与环境保护的积极性，使政府与企业处于相对协调的关系中。而且，排污权交易的优越性很大程度上体现为其对区域排污总量的约束，这与海洋环境管理的特殊性刚好吻合。由于海水的流动性，海洋环境的治理往往会涉及多个地方政府，相邻政府的海洋环境治理效果是相互影响的，因此，在一个区域内实行总量控制为目的的排污权交易制度对于区域内海洋环境的治理意义重大。但遗憾的是，我国海洋环境管理中排污权交易制度相对滞后，没有相关的法律规范。

（三）政府与企业的合谋

在海洋环境管理中，政府只有保持绝对理性才能够最大限度实现管理目标，要始终充当社会公共利益代表的角色，平衡各方利益，维护社会公平。但事实上，各地方政府、政府部门以及政府官员都有自身利益，而他们的利益往往与某些利益集团密切相关。当这些利益集团的利益与社会公众的利益相冲突，而政府又没有得到足够的监督时，政府就有可能置公共利益于不顾。海洋环境管理中，在 GDP 导向的绩效指标下，在海洋经济对国民生产总值贡献率越来越大的背景下，各地方政府自然不会以牺牲经济发展为代价来换取海洋环境的改善。因此，对污染企业的惩治力度严重不足，这在一定程度上形成了对企业污染行为的纵容。在政府的宽容态度下，排污企业守法成本远高于违法成本，于是他们宁愿缴纳少量罚款，也不愿投巨资进行技术设备改进，以减少污染。这样，双方便达成了“合谋”的默契。同时，企业的寻租行为以及地方政府之间的搭便车心理更维持了政企共谋关系的稳定。

二、政府与企业协商合作模式下的政企合作关系

政府与企业协商合作模式是指与海洋环境管理部门决策有利害关系的各方参与政府决策，给利害相关方提供一种了解政府主张、争取自身利益的机会，使他们在一种信息基本对称的条件下进行博弈，以实现国家利益与企

业利益的平衡。其基本功能就是为发生利益冲突的各方提供一种制度化的对话通道，即通过对话或通过相关机构的调解达到消解冲突、寻求共同利益的目的。这种模式下，企业与政府处于合作关系，政府对企业既限制又依赖，企业也不是政府政策的消极接受者和服从者，企业实际上在以积极的行为作用于政府，寻求政府的政策支持。

博弈论中的“囚徒困境”模型表明，在一定条件下，当人们孤立地作出自以为对自己有利的抉择时，在实际结果上却不仅有害于社会整体，而且对人们自身而言也未必是最好的抉择。该模型所提示的社会意义在于，社会中的人们只有相互合作，才能达到对社会及人人都有益的结果。“每个企业实际上都早已开发了某些能力，以便去理解政府既有的和未来的涉及企业种种活动的发展规划以及公共政策——并且去迎合这些发展的需要。”[①]“代表企业到政府行政部门可以专心于两个方面：试图影响未来的政策，努力知晓当前的发展计划以及如何使企业能够对这些计划成功地作出调整。”[②]许多企业在与政府博弈过程中，也逐渐认识到，政府的政策在很大程度上是为企业持续发展服务的，而且有益的政策通常是企业或产业自己争取来的。企业对海洋环境政策的需求是政企得以合作、协商的前提。政府和企业的合作，不仅可以大大降低政府进行海洋环境管理的成本，提高管理效率，而且有利于发挥企业的主体作用，强化企业的主动参与意识和从事环境保护的能动性和责任感，促进企业更多地参与排放量减少活动，促使海洋环境政策手段更好地适应可持续发展的要求，实现政府与企业双赢，这是可持续意义下海洋环境管理的一种新的有效举措，对于我国的海洋环境管理具有重要的借鉴意义。

从各国经验来看，政府与企业合作治理的方式有多种，如政府企业节能减排互动机制、清洁生产、环境标志、ISO14000环境认证体系、自愿性环境协议等，这些方式又可以统称为自愿环境管制。自愿环境管制是一种非正式的环境管制，是建立在政府、排污企业及广大群众自愿参与实施的基础

① ［美］默里·L.韦登鲍姆：《全球市场中的企业与政府》，张兆安译，上海出版社2002年版，第453页。

② ［美］默里·L.韦登鲍姆：《全球市场中的企业与政府》，张兆安译，上海出版社2002年版，第468页。

之上的，一般不具有强制性的执行要求。自愿环境管制的主要方法是政府或其他机构通过某些信息渠道给广大群众提供更多的关于排污企业的环境信息，以便广大群众或自主性监管机构积极主动地、很便捷地对这些排污企业随时随地进行监督，同时给这些自愿环境监管者一些关于环境友好型企业的信息，促使越来越多的排污企业加入到环境自我约束当中。自愿环境管制的优点在于：（1）降低了行政成本。在政府主动进行管制的过程中，政府需要独揽出台环境管制所需的调研、有关管制内容的决策以及对管制实施情况的监督。① 而自愿环境规制侧重于发挥企业的积极性，使企业积极参与环境管制活动，从而对于管制机关的行为有较少的抵触情绪。② 而且在这个过程中，由于私人部门的信息和技术都得到了有效的利用，少量公共资金的投入就有可能获得更好的政策效果。也就是说既可以很好地利用企业力量、发挥企业治理环境的作用，又可以减小摩擦、降低行政成本。（2）更高的环境治理标准。我们知道环境法律是针对特定的社会制定的，它需要考虑社会中大部分企业的经济条件和技术水平。如果社会中的大部分企业达不到一定的水平，就不能制定过于严格的法律，这就使得环境法律所规定的环境标准必然偏低。在这种情况下，企业的环境行为即使在法律规定的范围内活动也会对环境产生较大的危害。而在自愿环境管制下，企业自愿承诺的治理标准往往高于法律规定的标准，从而可以对环境起到更好的保护作用。（3）形式多样，方式灵活，避免“一刀切”带来的不公平。以自愿环境协议为例，协议的形式多种多样，既可以采取书面协议、谅解备忘录和意向书等“硬”的协议形式，也可以采取口头承诺等“软”的协议形式。而且，这种手段灵活性、适应性较强，协议可以根据不同地区、不同企业的技术差异或污染物处理的边际成本差异量身打造，避免了“一刀切”带来的不公平问题。由于海洋的整体性和海水的流动性特征，陆源海洋环境污染的范围往往是跨行政区的，而且污染物也可能随洋流由一个区域流到另外的区域。在传统的按行政区域进行污染控制的模式下，一个地区的政府很难去追究那些实际给本区域海洋环境造成污染的企业的责任，如果去追究的话，也可能会因为拿本地区的惩罚

① 李程：《我国适用自愿环境协议的合理性探讨》，《商业时代》2011 年第 21 期，第 99—102 页。
② 邓可祝：《多国自愿环境管制的效果启示》，《环境保护》2011 年第 9 期，第 62—64 页。

标准去惩罚该企业而造成不公平。但是如果该地方政府可以与该污染企业在协商的基础上签订自愿环境协议的话，这个问题就可以被有效地解决。虽然基于自愿环境管制的政企合作可以发挥众多优势，但就我国而言，其发展还刚刚起步，政府与企业之间并未真正形成一种良好的合作关系。

第二节 协调海洋环境管理中政府和企业关系的必要性

政府与企业都是海洋环境的重要影响者，不同的是：政府是海洋环境的主要管制者，而企业更多的是作为被管制者，政府的海洋资源管理、海洋环境保护的政策等大多针对企业，限制或制裁企业的排污行为，企业为实现经济利益常会损害到海洋环境。然而，政府与企业又有着千丝万缕的联系。政府治理海洋环境的费用主要来自企业上交的利润及各种费和税；同时，企业也是海洋污染的治理者之一。政府需要企业提供税金等物质支持和治污的行动支持，企业也需要政府的政策扶持。政府和企业作为海洋环境管理中的重要主体，理顺并协调双方关系成为海洋环境管理的重要任务，而这也是海洋环境自身特点所决定的。

一、海洋环境管理中政府和企业关系的特殊性

海水水体的流动性、整体性等是海洋不同于陆地的自然特性，其决定了海洋环境管理中政府和企业的关系不同于陆地上的政府和企业的关系，而理顺这种特殊的关系是保护海洋环境、进行海洋环境管理的前提。

（一）海洋环境管理中政府和企业关系范围的广泛性

首先，陆地是分割的，位置相对固定，所以，通常情况下陆地上企业所属的行政区域决定了其污染物排放的区域。陆地上某个地方的环境受到污染一般不会影响其他的区域，排污具有地域性。因此，通常情况下，政府只要处理好本地企业的污染问题便可以起到保护环境的目的。海洋环境管理则不然，因为海水是连成一片的，且具有流动性。因而，当企业排污到某一海域而导致这一海域的海洋环境受到破坏的时候，有时这些污染会影响到临近海域甚至是更大海域的海洋环境，尤其是那些海水交换能力强的区域更容易将污染带到其他区域。所以，同陆地上的治污不同，政府不仅仅要治理本地

企业造成的污染，而且，还要治理由于海水的流动从其他地方带来的污染。

其次，按照污染物产生的不同区域，海洋环境污染物的来源主要包括陆地污染源、空中污染源、海上污染源等。其中，“约有80%的海洋污染是陆源污染物造成的”①。陆源污染物是海洋环境污染的主要来源，海洋环境管理与陆地上的环境管理密切相关。因而，我们在对海洋环境进行管理的时候，所协调的政府和企业不仅仅限于涉海的政府和企业。总之，海洋环境管理中政府和企业的范围具有广泛性。

（二）海洋环境管理中各政府部门和企业具有复合性

与一般的陆地环境管理不同，海洋因其深度可以达到上万米，因此海洋具有多层次复合性、多功能性等特点，由此带来海洋资源开发利用的多行业性、立体化开发。即，不同的企业可以开发同一海域的不同资源，同样，也有不同的政府行业管理部门对不同的资源进行管理；同时，行业管理部门又对海洋环境有一定的管理权。由于同一海域所涉及的主体众多，协调起来比较困难。所以，同一海域内不同的政府行业管理部门和不同企业的复合性使得海洋环境管理中政府和企业的关系比之陆地上的政府和企业的关系要复杂得多，稍有不慎，就可能影响全局和长远，破坏整体的生态环境。

二、海洋环境管理中协调政府和企业关系的现实意义

政府、企业、公众是海洋环境管理的三大主体，其中，政府和企业是最重要的两大主体。因为，政府是海洋环境的主要管理者，企业是海洋环境污染的重要影响者。所以，协调政府和企业的关系是海洋环境管理中必不可少的。

（一）提供海洋环境公共物品的需要

美国学者埃莉诺·奥斯特罗姆谈到公共池塘资源的供给时，曾经指出：“我把那些计划和安排公共池塘资源提供的人称为‘提供者’，而使用‘生产者’这个术语来指实际从事建造、修理或采取行动确保资源系统本身长期存在的任何人。提供者和生产者常常是同一的，但也并不必须如此。”②海洋环

① 管华诗、王曙光：《海洋管理概论》，中国海洋大学出版社2002年版，第113页。

② ［美］埃莉诺·奥斯特罗姆：《公共事物的治理之道》，余逊达、陈旭东译，上海三联书店2000年版，第54页。

境是公共物品，公共物品由政府提供。但这并不等于生产此类公共物品的责任也必须由政府或公营部门自身来承担。政府可借助市场和社会的优势与能力来生产这些公共物品，还可以通过补贴、税收政策等调控手段激发企业或社会公益组织生产公共物品的积极性。现代的公共经济学和公共管理学都揭示了公共物品提供主体多元化的必要性和现实性。海洋环境管理的基本政策、法规，海洋环境管理规划和制度体系是涉及国家海洋事业发展基本方向和国家海洋环境保护的全局问题，不仅具有非排他性、非竞争性，而且具有基础性、公共性，由全体社会成员共同受益，是为了满足社会的公共需要，属于纯粹的公共产品。因此，这类产品的供给并不是取决于个人意愿，而是集体选择的结果，其配置往往依靠政治性决策或社会选择而不是以市场选择为主，政府对此有着不可推卸的责任，既是提供者又是生产者，必须亲力亲为；而海洋环境污染防治则政府和企业都可以参与。如，虽然政府可以从事海洋污染的防治工作，但企业通过引进环保设施减少污染物的排放本身就是防止海洋环境污染的行为，客观上将有效地保护海洋环境。企业的这种行为需要政府的积极引导，因而要让企业能够作出保护海洋环境的行为就必须协调政府和企业的关系。

（二）治理日益严峻的海洋环境的需要

海洋环境污染是一个不争的严酷事实。从20世纪70年代末开始，随着沿海经济的迅速发展，近岸海域环境面临越来越大的压力，污染的区域也进一步扩大。国家海洋局在发布的《20世纪末中国海洋环境质量公报》中指出，我国海洋污染快速蔓延的势头得到一定程度的减缓，但海洋环境质量恶化的总趋势仍未得到有效遏制。污染严重的海洋环境会引起许多生态环境问题。如：随着沿海工农业的迅猛发展，排入海洋中的污染物越来越多，使得海域富营养化，赤潮频频发生；海洋污染损坏了生物的生存环境，致使许多生物不能忍受而灭亡或数量锐减，导致海洋生物多样性降低；许多污染物和毒素还可以在生物体内积累，人食用了以后会危及人体的健康。① 《2013年中国海洋环境状况公报》显示，2013年我国海洋环境状况总体较好，符合第一类海水水质标准的海域面积约占我国管辖海域面积的95%，海洋沉积

① 王志远、蒋铁民主编：《渤黄海区域海洋管理》，海洋出版社2003年版，第100—102页。

物质量总体良好。陆源排污压力巨大，近岸局部海域污染严重，15% 近岸海域水质劣于第四类海水水质标准，约 1.8 万平方千米海域呈重度富营养化状态。海洋生态退化、环境灾害多发等问题依然突出。实施监测的河口、海湾、滩涂湿地、珊瑚礁、红树林和海草床等海洋生态系统中，处于健康、亚健康和不健康状态的海洋生态系统分别占 23%、67% 和 10%。入海排污口邻近海域环境质量状况总体较差，80% 以上无法满足所在海域海洋功能区的环境保护要求。而且，"海洋污染主要是单向输入的陆域经济活动的外部不经济性"。① 以海河为例，"80%以上的海河水系河流已经受到污染，半数以上的河流或河流段已经丧失了环境功能。目前，海河干流水质全年近一半的时间超过五类标准，并将大量有害有毒物质带入渤海"②。可见，在入海河流污染严重的情况下，仅仅将目光盯在海洋，单就海洋环境进行末端治理并不能解决严峻的海洋环境问题。因而，作为海洋环境主要管理者的政府与作为污染物主要排放者的企业之间的协调就成为必须。

（三）实现海洋经济持续发展的需要

目前有三种基于环境与资源的发展模式：其一是环境优先论，即环境是第一位的，为了保护环境而将一切能够对环境产生不良影响的企业停掉，使环境保持其原生态；其二是经济优先论，即一切以经济为中心，只要能够发展经济不管对环境造成什么样的损害都无所谓；其三是可持续发展理论，即环境和经济发展相协调，在经济发展的同时使环境受到最小的损害。从 20 世纪 80 年代开始，国际社会逐渐形成了可持续发展的创新思路，强调发展的公平性、持续性和协调性，在发展中实现人口、资源、环境的协调统一。可持续发展的核心思想是：健康的经济发展应建立在生态可持续能力、社会公正和人民积极参与自身发展决策的基础上。它所追求的目标是：既要使人类的各种需要得到满足，个人得到充分发展，又要保护资源和生态环境，不对后代人的生存和发展构成威胁。可持续发展战略提高了人们对环境问题认识的广度和深度，把环境问题与经济、社会发展结合起来，树立了环境与经济发展相互协调的观点。

---

① 栾维新等：《海陆一体化建设研究》，海洋出版社 2004 年版，第 11 页。

② 王志远、蒋铁民主编：《渤黄海区域海洋管理》，海洋出版社 2003 年版，第 356 页。

可持续发展是从自然资源与环境角度提出的关于人类长期发展的战略思想与模式，强调人类可持续发展必须建立在自然资源和环境可持续利用的基础之上，发展不能超越资源与环境的承载能力，它所追求的是经济与环境的协调，人与自然的和谐。海洋环境是全球生态环境的重要组织部分，国际社会和世界各国在实施可持续发展战略时，始终把海洋环境的可持续发展作为基本内容之一。联合国《21 世纪议程》第 17 章“大洋和各种海域，包括封闭和半封闭海域以及沿海地区的保护，海洋生物资源的保护、合理利用和开发”，集中体现了关于海洋环境可持续开发利用的思想。在这一章中，海洋环境被认为是一个整体，“是全球生命支持系统的一个基本组成部分，也是有助于实现可持续发展的宝贵财富”。中国有 13 亿人口，陆地自然资源人均占有量远低于世界平均水平，中国社会和经济的发展将越来越多地依赖海洋。为此，《中国 21 世纪议程》中，把“海洋资源的可持续利用与保护”作为其重要的行动方案领域。1996 年中国发布的《中国海洋 21 世纪议程》，提出了中国海洋事业可持续发展的战略，其基本思路是：有效维护国家海洋权益，合理开发利用海洋资源，切实保护海洋生态环境，实现海洋资源、环境的可持续利用和海洋事业的协调发展。开发海洋、保护海洋已成为中国环境与发展的不可分割的重要组成部分。考虑人类的可持续发展问题，必须以海洋的可持续利用为重要基础。

自 1992 年美国经济学家古斯曼（Grossman）和克鲁格（Kureger）等提出了环境库兹涅茨曲线 EKC（环境 Kuznets 曲线）这个倒“U”型的曲线后，通过对这条曲线的审视还可以看到：尽管海洋经济发展与海洋环境保护之间的矛盾是不可避免的，但环境库兹涅茨曲线的形状也不是一成不变的。一旦环境污染水平超过了生态不可逆阈值，遭污染的生态环境便无法恢复，这时所谓环境“先污染、后治理”的状况也就不具有必然性。此外，人类保护环境的行为、政府有效的环境政策，一方面可以使环境库兹涅茨曲线的转折点早日到来，另一方面能够使该曲线的峰值降低，即变缓、变浅。因此，为了海洋经济的持续发展，为了能够拥有一个好的海洋环境，协调政府和具有明显的利益倾向且具有“社会经济支柱”地位的企业之间的关系就是必不可少的。

第三节　我国海洋环境管理中政府和企业关系存在的问题

长期的计划经济体制使我国政府与企业关系的不规范由来已久。虽然历经改革取得一定成绩，但当前我国政府与企业关系中存在的问题不容忽视。

一、政府定位不准确

有学者认为，在公共产品的供给过程中，包含了三种类型的行为者，一种是寻求某种公共产品或者服务的集体消费单位，一种是生产它的实体，再一种是作出安排以连接生产者和消费者的中介。其中，集体消费单位享用被提供出来的公共产品，生产单位生产公共产品，而作为公共管理主体之一的政府，主要应当承担提供功能，即作出安排以联结生产者或消费者。[①] 在这里，我们需要区分公共产品的生产者和提供者两个概念，公共产品的生产者是指将各种有形（如资金和设备等）和无形（制度和政策）的资源转化为产品和服务过程的承担者，而提供者则是指对是否提供某种公共服务、如何提供、何时提供以及提供的质量和数量等进行规定的部门或个人。私人物品主要由市场提供，受经济利益的驱使，企业或私人有强烈的动机来进行商品生产。而公共物品的非排他性和非竞争性，使得企业或个人缺乏提供的动力。市场失灵成为政府介入环境管理领域的一个必要条件。市场这只“看不见的手”失去有效配置资源的能力时，政府这只“看得见的手”开始发挥功效。然而，我国同其他国家不同，长期以来政府既是“政治实体”又是“经济实体”，即使已经从计划经济体制转向了市场经济体制，但仍旧有着计划经济体制的色彩。从海洋环境公共产品受到重视以来，政府部门凭借公共权力和由此而生的信息资源、财政实力等优势在调动和配置海洋资源，生产并提供必要的海洋环境公共产品方面进行了极为有益的探索，为海洋环境保护

① ［美］迈克尔·麦金尼斯：《多中心体制与地方公共经济》，毛寿龙等译，上海三联书店2000年版，第5页。

工作提供着有力保障。但是政府既是公共物品的提供者，又是生产者，双重的角色排除了其他主体的共同参与，不利于调动其他主体的积极性，使政府处于孤立的状态；牵涉了政府的精力，不利于政府解决日益严峻的海洋环境问题。实际上，虽然政府是公共物品的提供者，但是生产公共物品的主体却是可以多元的。可以采用税收、补贴、政府购买等市场化的手段让企业从事海洋环境的治理等公共物品的生产，而政府只需要制定海洋环境保护的政策。现阶段，我国海洋环境公共产品的供给大都仍由政府垄断进行，并未清晰界定政府在生产与提供之间的职能范围。在一定程度上，这种做法符合公益产品和环境保护事业公益性的要求，因政府垄断可以从国家整体发展的利益出发，集中人力、财力、物力，生产适合社会需要的公共产品。但由于政府的有限理性、政府的自利倾向以及政府活动成本与收益的分离，使得目前这种环境公共产品生产者和提供者合二为一的做法，反而可能使政府在海洋环境管理领域陷入低效，出现"政府失灵"的现象。正如《1997年世界发展报告：变革世界中的政府》所指出的一样："基础设施、社会服务和其他商品及服务由公共机构作为垄断性的提供者来提供不可能产生好的结果。"① 因而，政府的定位不准确是目前海洋环境管理政企关系中存在的一个问题。

二、政府和企业的寻租行为

寻租理论认为，当政府干预市场时，常常会形成集中的经济利益和扩散的经济费用。也就是说，政府干预带来了以"租金"形式出现的经济利益。美国学者布坎南（James Mcgill Buchanan）认为，租金是支付给资源所有者款项中超过那些资源在任何可替代的用途中所得款项的那一部分，是超过机会成本的收入。一方面，政府及政府的各个部门都是有自己利益的"经济人"，会为自己谋取政治利益或经济利益。由于缺少企业和公众的参与与监督，政府部门制定的海洋环境政策中，往往给自己留有较大的自由裁量权，一些惩罚标准上下限浮动较大，这样在执行过程中难免会出现"费"的征收随意性很大的现象，这就给涉海企业寻租提供了机会，为企业"俘虏"政府官员提供了更大的可能性。因而，有时政府为了得到财政收入，并不采

① 世界银行：《1997年世界发展报告：变革世界中的政府》，中国财政经济出版社1997年版，第4页。

取积极的措施鼓励企业采取清洁生产。以环保收费为例，环保部门向企业收取排污费。但是如果企业没有排污，那么环保部门就收不到钱，企业排污越多，环保部门收费就越多。长此以往，就助长了企业的污染行为，使污染越来越严重了。另一方面，在政府垄断供应海洋环境公共产品的前提下，涉海企业通常会动用一切额外资源去影响政府，企业作为一种利益集团，为追求利益的最大化，必然想方设法游说政府，其目的就是使政府利用权力资源采取有利于游说企业的政策或在某些方面给游说企业以“方便”。因为给政府的“租金”远远比采用清洁技术或交纳排污费更少。此时，政府可以得到“租金”，而游说企业则可以逃避政府的监督管理。因此，政府也常常会被企业所“俘虏”。

三、海洋环境管理主体的单一性

海洋环境管理的核心主体无疑是作为公共权力机关的政府，具体说，是海洋环境管理部门。在当今世界范围内放松管制呼声高涨的情形下，之所以在海洋环境管理事务中要求政府干预，主要是由于海洋问题的特殊性和政府本应承担的职责使然。但海洋环境管理的主体又不仅仅是海洋环境管理部门。与单纯的海洋行政管理不同，海洋环境管理作为公共管理其主要特点就在于主体的多元性，海洋立法机关、海洋执法机关同样是海洋环境管理的主体。而私营部门、第三部门以及各种社会运动的蓬勃发展，使之在社会经济领域内积极活动、并依靠自身资源参与解决共同关切的社会事务的力量越来越突出，这也表明，有更多的非政府组织、私营企业、公众参与到海洋环境管理中来，并且发挥着越来越大的作用。与之相应，政府的作用将越来越受到限制，政府只有和社会合作才能处理好海洋环境管理等公共事务。

目前我国实施的《海洋环境保护法》中所涉及的管理主体仍然是从行政管理角度，列举的仅是行政管理部门。如《海洋环境保护法》第五条规定：“国务院环境保护行政主管部门作为对全国环境保护工作统一监督管理的部门，对全国海洋环境保护工作实施指导、协调和监督，并负责全国防治陆源污染物和海岸工程建设项目对海洋污染损害的环境保护工作。国家海洋行政主管部门负责海洋环境的监督管理，组织海洋环境的调查、监测、监视、评价和科学研究，负责全国防治海洋工程建设项目和海洋倾倒废弃物对海洋污染损害的环境保护工作。”第五条还对国家海事行政主管部门、国家渔业行政主管部门、军队环境保护部门、沿海县级以上地方人民政府等部门的职责进行了确定。从现代海洋环境管理发展的实践看，把海洋环境管理看作一种行政管理，把海洋环境管理的主体仅仅定为政府行政主管部门，实际上不够全面。因为无论是从理论上还是实践中，海洋环境管理的主体已不仅仅是政府行政主管部门。

此外，长期以来，海洋环境管理单纯强调政府而忽视其他主体的作用。政府在治理环境的时候通常把污染源作为海洋环境治理的对象，采取末端治理的方式。这使人们只关心海洋环境问题产生的地理特征和时空分布，在工作中被动地追随污染源，这是一种见物不见人的物化管理，即对污染源和污染设施的管理，而忽视了对人的管理。事实上，人是各种行为的实施主体，是产生各种环境问题的根源。只有解决人的问题，从人的自然、经济、社会三种基本行为入手开展海洋环境管理，海洋环境问题才能得到有效解决。因而，环境管理“并不是管理环境，而是管理影响环境的人的活动”①。企业排污是影响海洋环境的最主要的活动，所以必须改变末端治理的方式，从源头上加以控制。

四、政府和企业之间的信息不对称

从信息不对称的角度分析，政府和企业均处于信息不对称的地位。一方面，政府因具有资金、技术等优势掌握了大量宏观的环境信息，是社会信息最大拥有者。据统计，“80%的社会信息资源掌握在政府部门手中，政府是最主要的信息生产者、消费者和发布者”②。企业根据政府所提供的海洋环境信息来安排生产，以避免信息不足给企业带来损失。然而，根据布坎南的理论，政府也是“经济人”，也有追求自己经济利益的趋向，所以，有时政府所掌握的“内部信息”就成了政府向企业寻求租金的砝码；另一方面，企业进行生产，则必然对环境产生一定的影响，企业自身掌握着本企业环境污染等详细信息。然而，企业从自身的利益考虑，往往会隐瞒信息或报告虚

---

① ［日］岩佐茂：《环境的思想：环境保护与马克思主义的结合处》，韩立新等译，中央编译出版社1997年版，第83页。

② 周健：《开放政府信息》，《人民日报》2000年3月22日。

假信息。这样一来，政府根据这些信息所确定的政策就会偏离所要实现的目标。

导致政府和企业之间信息不对称的原因主要有：(1) 政府“自我服务、内部使用”观念的影响。“我国政府信息服务体系产生于计划经济时代，其主要职能是自我服务、内部使用。”[①] 虽然如今政府的职能已经发生了转变，力图打造一个服务型政府。然而，由于长期以来“自我服务、内部使用”观念的影响尚未消除，所以，政府部门往往习惯于向上级负责，而忽视了信息不足对其他政府部门、企业、公众以及其他利益相关者所带来的损失。据统计，“在现有国内的 3000 多个数据库中，真正流通起来并被利用的不足 10%”[②]。由此可见，目前信息系统的建设主要还是为政府部门内部服务的。在海洋环境管理中，由于部门众多，如，环保、海洋、渔业、水利部门等等，它们作为相对独立的海洋环境管理部门也会受“自我服务、内部使用”观念的影响，从而形成海洋环境管理中信息共享不足的问题。(2)“政府是海洋环境保护责任者”观念的影响。毋庸置疑，政府是海洋环境保护的主体之一，政府在海洋环境保护方面的方针、政策直接影响着沿岸企业、沿岸居民、渔民及其他利益相关者的行为方式，进一步影响着海洋环境。然而，由于长期以来政府都是作为高高在上的管理者，企业、公众被看作被管理者，因而，政府部门在对海洋环境进行管理时往往忽视企业、公众的作用。同时，有些企业、公众会存在增加或减少自己都不会对海洋环境产生影响的大众心理，这在某种程度上也加剧了信息不对称的形成。此外，由于各涉海政府部门测定的对象不同，致使数据缺乏可比性，更增加了企业、公众对于海洋环境污染数据的困惑。根据治理理论，海洋环境保护的主体必然是多元的，且要形成一种互动。企业和公众如果不了解海洋环境信息，就会对政府在海洋环境方面的政策产生抵触情绪，而能否掌握足够的信息，是企业和公众在公共管理中发挥决定性作用的一个前提。(3) 政府和企业之间的利益博弈。虽然政府有时为了本地的经济发展会存在“地方保护主义”而“宽容”企业的污染行为，但这并不会动摇政府通过控制信息而强化其权威以不

① 谭和平:《利益视角中的政府信息公开》,《云南行政学院学报》2006 年第 1 期，第 118—121 页。

② 韩启明:《网络环境下政府信息资源开发利用探讨》,《长江论坛》2003 年第 3 期，第 14—16 页。

断巩固其核心地位，从而为自己谋取政治利益或经济利益的目的。目前，在80%的社会信息资源掌握在政府部门手中的情况下，这些信息却一直处在封闭、闲置或半封闭、半闲置状态，只有20%是公开的。因而，政府所掌握的“内部信息”就成了政府向企业寻求租金的砝码。当前我国政府行政中存在“文件大于法规、讲话大于文件、批示大于讲话”的现象。由于法规是公开的、文件是半公开的、讲话是内部的、批示更是秘密的，这样一来，政府的运作有时就处于半公开状态。正如上文所提到的，尽管企业也会有意隐瞒自己的污染信息，然而，政府和企业的地位是不对等的，政府处于明显的强势地位。在海洋管理中，“海上的各类活动除了海洋权益外，其他的资源开发利用、海洋生态系统的保护等80%以上的活动集中在海岸带和极浅海区”①。由此可看出，这一地区的涉海企业众多，因而与海洋环境关系密切，信息不对称所带来的外部性被放大，从而增加了政府寻租的机会，进而导致了更多机会主义的出现。因此，要尽量减少政府和企业之间的信息不对称。

第四节 海洋环境管理中协调政府与企业间关系的路径

要协调海洋环境管理中政府与企业的关系，使双方和谐相处，共同防治海洋污染，保护海洋环境，需要政府和企业的共同努力。

一、转变政府和企业的考核指标

潘岳直言环保症结：“‘官’的问题解决了，就什么都解决了。”② 而要解决官的问题，必须从制度上建构科学的考核体系，因为官员政绩考核指标对地方官员行为具有极强的导向作用。目前，在以经济建设为中心的背景下，经济发展成为我国考核地方官员业绩的最重要的指标之一，地方政府官员业绩的考核过分强调所辖地区的经济发展，而这种经济发展又以GDP增长速度、投资规模和税收情况等偏重反映经济数量和增长速度的指标来进行简单

① 王志远、蒋铁民主编：《渤黄海区域海洋管理》，海洋出版社2003年版，第261页。

② 杨新春、姚东：《跨界水污染的地方政府合作治理研究——基于区域公共管理视角的考量》，《江南社会学院学报》2008年第1期，第68—70页。

量化和比较，这便造成两种后果：一是在政绩考核的压力下，地方官员不得不舍弃环境追求经济发展，由此给海洋环境管理带来巨大的挑战，中央政府从全局出发制定的一系列保护海洋环境的政策往往并无成效；二是地方政府忽视本地经济资源的特点，非理性投资于资本集中型、高利税产业，由此产生的地方本位主义与保护主义使制度化的海洋环境管理合作机制难以形成。因此，我们要重新审视过去，建立新的干部政绩考核体制，摒弃经济挂帅的做法，树立科学、全面、规范、可量化的政绩观，不仅涵盖经济数量、增长速度指标，更重要的是关注经济增长的质量指标、经济和社会效益指标、环保指标、法治指标，将环境保护的指标纳入到政府的考核体系中来，比较政府在海洋环境保护方面取得了哪些进展并积极地扶植企业进行清洁技术的研发及将清洁生产技术低成本推广，绝不能以有多少罚款或是否完成罚款指标来衡量一个政府的工作成绩；不仅要考核对本地区的业绩贡献，还要综合考虑对相邻地区的正负效应。要建立规范的考核机制，将考核置于社会监督之下。要有激励机制和明确的奖惩措施，严格按考核结果兑现。要坚决杜绝统计浮夸风和弄虚作假。① 同时，应加强对企业在环境保护方面的考核。如，企业向银行贷款时，银行应首先考察企业以往在环境保护方面是否存在不良记录。政府则应对企业提交的环境影响报告书进行多次论证，因为企业提交的环境影响报告书是企业出资聘请有关单位论证的。因而，从事评价的单位在经济利益的驱动下会存在偏袒企业利益而违反道德的行为。所以，政府应谨慎对待企业提交的环境影响报告书，而不能仅仅看新建企业会给当地带来多少财政收入。

二、转变海洋环境管理手段

科斯定理告诉我们，在产权界定明确的基础上，市场机制可以发挥很好的配置资源的作用，这种环境管理的经济手段优越于以往单纯使用命令—控制型的行政手段和法律手段，尽管这两种手段在宏观环境管理方面发挥了重要的作用，但在这样的方式下，政府和企业的地位不对等，企业明显地处

① 张繁荣、薛雄志：《区域海洋综合管理中地方政府间关系模式构建的思考》，《海洋开发与管理》2009 年第 1 期，第 21—25 页。

于被动、服从的地位。同时，政府要花费大量的时间、精力、费用去“研究”怎样才能更好地控制企业，企业也在思考如何才能避免政府的管制或如何才能“捕获”政府，从而政府和企业都忽视了对保护海洋环境的清洁技术的开发。

目前我国已经具备了使用经济手段的社会主义市场经济体制的体制背景和一定水平的政府、社会创新能力的科技因素两个前提条件。而要通过经济手段进行海洋环境管理，应具体问题具体分析。目前我国海洋环境管理中主要实施排污收费制度，但其弊病日益凸显。首先，排污收费制度并不能实现对污染物排放的总量控制。理论上，只要排污者履行排污收费义务，排污总量可以随意拓展，在环境管理上只能考虑排污者是否达标排放，而不能充分发挥排污收费的经济杠杆作用来遏制区域排污总量的增加。[①] 其次，收费标准过低。根据庇古税原理，只有当排污费与污染削减的边际收益相当的情况下才能得到最高效率。而我国目前的排污收费标准仅为污染治理设施运转成本的50%，某些项目甚至不到污染治理成本的10%，排污费作为对环境损害的补偿只能算作“欠量补偿”。[②] 最后，排污费征收标准不一致，容易引起污染转移。我国海洋环境保护法第九条规定，“国家根据海洋环境质量状况和国家经济、技术条件，制定国家海洋环境质量标准。沿海省、自治区、直辖市人民政府对国家海洋环境质量标准中未作规定的项目，可以制定地方海洋环境质量标准”[③]。这一规定从理论上导致部分经济发达地区海洋环境质量标准较高，而经济欠发达地区则相对较低，致使一些污染企业从经济发达地区转移到欠发达地区，欠发达地区的环境问题日益严峻。事实上，经济发达地区为进一步提升经济实力，也可能在一定程度上压低海洋环境质量标准，造成地方甚至区域整体海洋环境污染治理无效。可见，要真正发挥海洋环境管理市场型政策工具的作用，现行的排污收费制度亟待改善。

与排污收费制度相比，排污权交易制度有很大的优越性，尤其对于区域海洋环境管理而言，可以实现污染总量的控制。但由于排污权交易制度要

---

① 肖建华：《生态环境政策工具的治道变革》，知识产权出版社2010年版，第143页。

② 章鸿、林萌：《论排污收费制度的健全与完善——从排污收费制度性质的角度看》，《甘肃农业》2005年第10期，第1页。

③ 根据《中华人民共和国海洋环境保护法》整理。

实现排污权的自主交易，对市场的开放度和透明度要求较高，在我国实施并不可行。但可以对排污收费和排污权交易两种制度进行扬长避短，探索适合我国国情的市场型海洋环境政策工具。第一，在吸收排污权交易制度精髓的基础上进一步规范排污收费制度。鉴于排污收费制度设计本身最大的问题在于其难以控制污染总量，而排污权交易制度最大的优越性在于总量控制。对我国目前而言，排污收费制度相对于排污权交易制度最大的优势在于重政府而轻市场，即对市场化程度要求较低。所以，结合我国国情，综合两者优势，实行排放污染物总量申请制度，即排污单位通过排放污染物总量申请，同时缴纳相应费用，取得环境容量或资源的使用权，也就是根据本地区环境容量、污染控制目标核定本地区或区域污染物排放总量，向社会、排污单位发布公告。排污单位根据自己的需求，在规定时间内，向当地环保行政部门提出申请。环保部门根据各排污单位申请的污染物排放总量，进行审查、核定、分配、批准、发证，同时收取核定许可排放总量的开户费和排污费，不足部分及增减变更可以通过市场运作进行排污物排放总量交易。① 这样，排污收费由事后变为事前，由调整污染控制成本转变为控制污染总量；而且，完善后的排污收费制度虽有排污权交易的原理，但其核心并不在于市场交易，突破总量可以通过行政措施加以惩罚，因此对于排污权交易市场尚不成熟的我国而言，有很强的适用性。第二，建立动态的附加费体制。鉴于市场主体追求利润最大化的本性，以及政策执行过程中的动态复杂性，建议在实施禁止和处罚措施的同时实行基本收费、附加收费双轨制。附加收费，一是针对新建项目，以最大限度减少或避免因地区总量控制要求不同而收费标准一样导致的排污单位向经济相对落后地区转移，以及地方政府为求发展不惜牺牲环境，"饥不择食"引进项目的现象；二是针对超标排放和超总量排污行为；三是针对《污水综合排放标准》中的一类污染；四是针对新增或超总量申请；五是针对重点保护区域、流域；六是对未完成这些总量削减任务或控制地区。第三，实行收费管理制度化。严格进行排污费管理"收支两条线"制度，设立专门账户，专款专用，提高环保资金使用效率。② 总之，转

① 肖建华：《生态环境政策工具的治道变革》，知识产权出版社 2010 年版，第 151 页。

② 肖建华：《生态环境政策工具的治道变革》，知识产权出版社 2010 年版，第 151 页。

变区域海洋环境管理手段不可一蹴而就，应结合我国实际情况循序渐进，并在实践中不断调整。

三、逐步实现政府和企业的协商合作

海洋环境管理中政府行为方式的变革实际体现的是政府地位的变化及其所引起的政府控制程度的变化，同时也意味着企业、公众地位的变化。这一变化是一个渐变的过程，并随之形成了政府与企业关系的不同态势以及海洋环境管理的不同发展阶段。每一阶段的海洋环境管理都是基于社会经济发展的需要而产生的，有其存在的合理性。因而，我们研究政府和企业关系演变态势不是为了否定某一阶段、某一管理样式，而是通过对其梳理把握海洋环境管理中政府与企业关系演变的规律，明确政府的行为取向，提高政府行为的有效性。政府与企业关系的不同形态可用下面图例来表示：

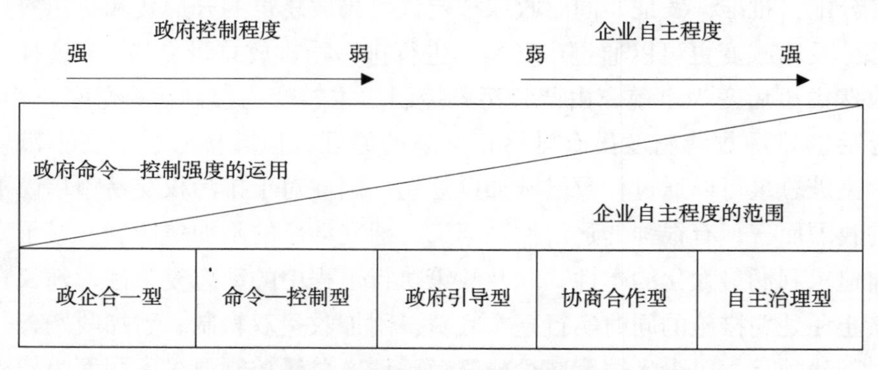

图 7-1：政企关系形态的连续统一性模型

从上图中可以看出，从左往右，政府的控制力度是一个由强到弱的过程，与之相应，企业的自主性是由弱到强的过程。需要说明的是，这一过程的变化并不是以时间上的变化为参数，而只是以政府控制强度的变化为依据，不同的控制强度对应着不同的政企关系形态。根据政府与企业在不同时期强弱关系的变化，本书归纳出五种具有代表性的政府海洋环境管理类型。

第一种类型：政企合一型。在这种态势中，政府和企业在事实上构成了一个整体。例如，传统国有企业体制所造成的政府与企业之间的关系就是如此。政府对企业具有绝对的控制权，企业完全听命于政府的指挥，没有自主能力，同时，政府承担了环境管理的全部责任。这种状态与计划经济条件下全能政府包办一切的职责是一致的，通常是实行计划经济国家的通病。但是理论上的“全能”并不意味着是事实上的“全能”。由于政府认识及行为的局限性，当政府意识不到环境问题的重要性时，什么都管可能导致的另一个极端表现就是什么都不管或什么都管不好。在我国经济发展过程中所伴随产生的海洋环境问题已经说明政府的大包大揽不是解决问题的最有效方法。政企合一型关系主要表现在计划经济国家，但在市场经济国家中并没有出现政企合一的极端形态，因此，不存在这一类型。但在西方国家发展过程中，早期的海洋环境管理同样也处于极端状态，即“自由放任”状态。这时，无论是政府还是企业都没有意识到环境问题的重要性，政府的发展目标中很少有环境目标，对企业的管制中环境指标也没有作为主要考虑因素，而以盈利为目的的企业更是把经济效益放在首位，不但少有环保意识、环保设施，而且通常是将环保作为增加企业成本、与企业正常运作相对立的负担。政府对环境问题放任，企业对环保抵触，由此导致了整个社会、整个人类不得不为“先污染、后治理”的工业发展道路付出沉重的代价。

第二种类型：命令—控制型。这是大多数国家采用的一种管理类型，主要是以政府为主导的自上而下管制方式。政府制定海洋环境管理的政策、法规、标准，要求企业行为符合政府环境要求，并对各种污染行为进行管制，对损害海洋环境的行为进行处罚。由于环境问题的加剧和环境意识的提高，企业开始把环境标准作为主要目标，并围绕这一目标采取必要的措施。但这种方式更多的属事后控制，是突出末端治理的方式。政府严格的管制在某些时间会取得立竿见影的效果，但政府与企业间存在的不信任和对立情绪，又常常使严格的环境标准在“上有政策、下有对策”的执行过程中出现变形，导致环境管理结果与政府治理环境意愿的严重背离。正因为此，各国在采用命令—控制管理方式的过程中，总结经验教训，不断探求更加合适、有效的管理类型。

第三种类型：政府引导型管理方式。命令—控制型管理类型主要是依靠法律手段和行政手段来加以实施。随着政府职能的逐渐转变和企业自主意识的提高，环境管理也开始引入更多的经济激励手段。期间，政府的积极引导发挥了重要作用。政府引导型是指在市场机制发挥作用的前提下，政府通过采取鼓励性或限制性措施，促使污染者减少、消除污染，达到保护和改善环境目标的手段。通常所说的“庇古税”就是典型的政府引导型，它的实质就是建立一种有效的激励机制，这种机制能够利用经济因素调动人们保护环境的积极性。主要是通过采用收费或税、提供补贴等方式，改变人们经济行为的成本和效益，促使其采取有利于环境的经济行为，达到环境成本内在化。这是一种经济激励政策，即通过提高逃避控制污染的成本，促使生产者主动寻找能够使控制污染费用达到最小的策略。在经济杠杆的作用下，生产者为了少交费税，或为得到政府的补贴，就会尽力把企业的污染控制在一定的水平上，从而实现环境保护的目标要求。目前我国正在实行的排污权交易政策，是政府引导型环境管理类型的进步和发展。排污权交易是以让市场机制发挥基础性作用、各经济主体共同参与、政府参与调节的一种有效运行机制。排污权交易过程中，政府、企业、个人都作为地位平等的利益主体参与其中，虽然“污染权”初次交易发生在政府环境管理部门与各经济主体之间，即政府把“污染权”出售给各经济主体，政府具有出售和发放的资格，但当进入市场后，各经济主体之间的交易就可以在价格机制的作用下，通过竞争，实现污染企业与污染企业之间、污染企业与环境保护组织之间、污染企业与投资者之间、政府与各经济主体之间的平等交易。因此，排污权交易在刺激排污企业采用先进技术、降低污染水平的同时，也调动了政府、企业及个人等各方力量参与环境保护的积极性。

在政府引导型海洋环境管理中，企业已经具有了较强的环境意识和一定的自主选择的权利，政府的管理方式由命令变为引导，控制的程度有所减弱。但从总体上看，政府仍然处于强势地位，因政府和企业之间尽管存在一定的对话机制，但程序上往往倾向于政府向企业告知作出的决定，动员企业接受，其间虽有企业的参与，但政府还是扮演着“推销”其政策产品的身份，信息沟通渠道以自上而下为主，但允许一些信息进行自下而上传递。政府引导型管理类型的确立实际上是基于这样一个假设：即政府首先认定环境管理是政府的职责，政府具有超出企业的认知能力，因而能够像一个舵手一样引领企业发展。这样实际上是把企业摆到了与政府不对等的地位，政府依然没有放下高高在上的架子。

第四种类型：协商合作型。这是海洋环境管理发展的更高级阶段，是政府和企业环境意识共同提高、环境问题上升为战略问题的产物。政府与企业协商合作的管理类型，并不只是一种理想化的设想，而是有着现实的基础。博弈论中的“囚徒困境”模型就表明，在一定条件下，当人们孤立地作出自以为对自己有利的抉择时，在实际结果上却不仅有害于社会整体，而且对人们自身而言也未必最好。该模型所提示的社会意义在于，社会中的人们只有相互合作，才能达到对社会及人人都有益的结果。从企业与政府的关系看，政府对企业既限制又依赖，企业也不是政府政策的消极接受者和服从者，企业实际上在以积极的行为作用于政府，寻求政府的政策支持。“每个企业实际上都早已开发了某些能力，以便去理解政府既有的和未来的涉及企业种种活动的发展规划以及公共政策——并且去迎合这些发展的需要。”[①]“代表企业到政府行政部门可以专心于两个方面：试图影响未来的政策，努力知晓当前的发展计划以及如何使企业能够对这些计划成功地作出调整。”[②]许多企业在与政府博弈过程中，也逐渐认识到，政府的政策在很大程度上是为企业持续发展服务的，而且有益的政策通常是企业或产业自己争取来的。企业对环境政策的需求是政企得以合作、协商的前提。

第五种类型：自主治理型。这是海洋环境治理的一种理想类型。这一类型形成的前提是它的产生不是来自于政府、法律等外部因素作用，而是在所有海洋环境管理主体间长期博弈基础上形成的一种“自发秩序”，建立在彼此信任、尊重以及有效的沟通、交流的基础之上，是海洋环境管理主体自觉、自由意志的体现。其中，企业积极主动参与及其环境行为的自律是主要体现。政府和企业在决策制定过程中作为平等的伙伴共同合作，因此这种类型被许多学者看作是“真正的”共同管理。目前，这种类型还不具有普遍性，更多地体现在非营利性的志愿性环境合作组织的行为中。

由上可见，海洋环境管理经历了一个从无意识到有较高意识，从强调管理到主动参与的发展过程，所形成的五种类型应该说体现了人类民主文明的发展进程。但不能由此断言从左到右是一个由坏到好的选择集合，实际上

① ［美］默里·L. 韦登鲍姆：《全球市场中的企业与政府》，陈昕、张兆安译，上海三联出版社2006年版，第453页。

② ［美］默里·L. 韦登鲍姆：《全球市场中的企业与政府》，陈昕、张兆安译，上海三联出版社2006年版，第468页。

这五种类型并没有绝对的好与不好之分，关键在于哪种类型更具有适用性、有效性。如果一种管理方式适应了该国、该地区经济发展的需要，那么对于该国、该地区而言，这种管理方式就是有效的。所以，不同的管理类型有着不同的适应对象，对这一国家、这一区域适合的管理类型不一定对其他国家、其他地区也同样适应。判明哪种类型更有适用性、有效性，需要考虑以下几种因素：国家行政管理体制的特点，政府管理能力，企业、公众海洋环境保护的意识和行为状况、海洋环境问题的严重程度等。具体到中国而言，由于中国的海洋环境保护事业正处于发展时期，整个社会的海洋环境保护意识并不很强，无论是政府还是企业在面对环境与发展问题上实际上更关注的是经济发展，所以说，在目前中国的海洋环境管理中，第二、三种类型占据了主要位置。但随着整个社会对海洋环境关注程度的增强，海洋环境保护意识的提高，第四、五种类型也开始发挥出积极的作用，并将在以后的海洋环境治理中发挥越来越大的作用。

政府与企业在海洋环境管理中的协商合作，构建伙伴关系应当是当前我国海洋环境管理的选择模式，因政企间构建协商合作的伙伴关系已不再是一种理想化的设想，而是有着现实的基础。目前国外一些学者在对环境管理中政府的作用、环境质量目标的确定、污染管理的效率与公平、可转让排放许可证等方式进行多方面研究的基础上，提出了一种行政、经济手段之外的管理方法，称为“环境自愿协议”。环境自愿协议（Environment Voluntary Agreement，简称 EVA）是指政府环境管理部门与企业之间关于企业在规定时限内要达到某种环境目标的协议，由政府与企业自愿参与，共同制定，并利用合作协议来促使企业达到环境目标要求，是一种以污染预防为重点、把企业作为环境保护和发展主体的新思路。环境自愿协议也是环境管理中新兴的基于政企合作的制度创新，是与传统的命令控制型环境管理类型和以市场为基础的环境管理类型相互补充的一种制度形式。作为一种非权力行政管理方式，“志愿协议”是一种不具有强制命令性质和非权力作用性的行政活动方式，它可以呈现为承诺、契约的形式，表现为指导、协商、沟通、劝阻等方式。作为参与协议制度的双方，企业承诺要达到所商定的环境质量目标，政府的承诺则包括：推迟新的立法或法规措施；提供信息、鼓励措施、技术援助和公开表彰；消除那些妨碍成本有效的市场壁垒等。通过引入政企之间的技术与信息共享、谈判协商机制等方式，海洋环境志愿协议使制度的制定和实施过程充分反映了政府和企业双方的要求，部分解决了由于信息不对称而导致的决策低效率问题，减少了政企对抗关系而导致的较高的交易成本，是建立在政府与企业相互信任、共担责任基础之上的，其信息沟通渠道是自上而下和自下而上双向沟通的结合。尽管这种协商合作会花费一定的时间与企业沟通，但这种方式可以减少政策、制度在执行过程中所花费的时间，通过双方共同参与制定政策、制度，使政策、制度得到广泛的支持并促进政策、制度的贯彻落实。通过政府和企业之间的协商合作可以改变过去对环境治理“头痛医头、脚痛医脚”的末端治理模式，而在污染的源头上加以治理，实现了对“影响环境的人”的管理。因而，实现政府与企业的协商合作是海洋环境管理的趋势。

第 八 章

海洋环境管理中的公众参与

“海洋兴亡，匹夫有责”。海洋是我们全人类的共同财富，海洋环境保护事业需要全社会的共同参与。1992 年在里约热内卢举行的联合国环境发展大会上通过的《联合国 21 世纪议程》中指出，“公众的广泛参与和社会团体的真正介入是实现可持续发展的重要条件之一”。《中国 21 世纪议程》也明确规定：“实现可持续发展目标，必须依靠公众及社会团体的支持和参与。公众、团体和组织的参与方式和参与程度，将决定可持续发展目标实现的进程。”海洋环境管理作为保护海洋环境、实现海洋可持续发展的保障力量，自然也离不开广泛的公众参与。有效的海洋环境管理必然要求有包括公众、企业、非营利组织等在内的海洋实践主体参与到海洋环境管理中来。

第一节　海洋环境管理公众参与的相关概念

公众参与是近几十年在公共管理和公共事务领域频繁出现的社会行为模式，是民主理念的体现和扩展。我国市场经济的发展所导致的多元化的利益格局，政治体制改革的进行以及民主化进程的发展，为公众参与奠定了政治基础；近 20 年来，社会组织的发展为公众参与提供了组织保障；同时，在经济发展进程中不断出现的新问题以及公众参与意识的不断增强为公众参与提供了现实依据。[①] 海洋环境的治理具有复杂性和艰巨性，需要多方参与和协调，这就要求海洋环境管理的参与主体应该更加广泛，不仅包括环境权益受到侵犯的直接利益相关者，而且应该保障间接利益相关者的参与权，如专家学者、环境非政府组织等。公众有权通过一定的程序或途径参与一切与区域海洋环境利益相关的决策活动，包括参与海洋公益事业、参与海洋环境决策的制定和执行，通过一定手段对行政人员进行监督等；与此同时，公众也负有保护海洋环境的义务。另外，公众参与海洋环境管理是各方意见得到充分表达的过程，这种参与并不要求改变参与主体的观点，也不要求某一群体或部门适应另一群体的需要，而是公众在满足共同需要、表达意见和提出解决方案等方面联合起来，参与到海洋环境的保护、海洋污染的治理和海洋环境管理工作的监督中。[②]

一、海洋环境管理公众参与的主体构成

公众通常是指具有共同的利益基础、共同的兴趣或者关注某些共同问题的社会群体或大众，他们往往具有某种共同的价值取向和思想意识基础。实际上，一直以来，公众一词仅仅作为一个日常用语出现，并不是一个科学概念，它往往根据使用的时间和地点不同而有不同的含义。目前我国学术界还没有对其内涵达成统一的共识。在国际上，首次对“公众”一词进行界定是在 1991 年 2 月 25 日联合国在芬兰缔结的《跨国界背景下环境影响评价公约》里，该公约规定“公众是指一个或一个以上的自然人或法人”。1998 年，欧洲经济部长会议在丹麦奥胡斯签订的《在环境问题上获得信息、公众参与决策和诉诸法律的公约》第二条第 4 项规定：“公众是指一个或一个以上的自然人或者法人，根据各国立法和实践还包括他们的协会、组织或者团体。”[③] 从以上含义不难看出，公众可以是单个自然人，也可以是作为组织的法人。

海洋环境管理中的“公众”是一个广义的概念，根据联合国《21 世纪议程》第 3 部分阐述了 9 个不同的群体在实现可持续发展中的作用。同样，

---

① 刘红梅等：《公众参与环境保护研究综述》，《甘肃社会科学》2006 年第 4 期，第 78—80 页。

② [美] 约翰 R. 克拉克：《海岸带管理手册》，吴克勤等译，海洋出版社 2000 年版，第 296 页。

③ 王博：《环境保护中的公众参与制度研究》，硕士学位论文，东北林业大学，2009 年。

这9个不同的群体在海洋环境保护中也必将发挥着重要的作用。这9个群体分别为：妇女、儿童、青年、当地居民、非政府组织、地方政府、工人和贸易联合体、商业和工业界、科技界、农民。[①] 在海洋环境管理中，作为协同主体的公众主要包括个体公民和群体性社团组织。

作为个体参与的公民是海洋环境管理参与主体的重要组成部分，它既包括直接利益相关者，也包括关注海洋环境事业的热心公民。直接利益相关者主要指直接受到海洋环境或治理决策影响的沿岸居民。他们是海洋环境管理的客体，在海洋环境法律、海洋环境政策等的约束下活动，同时又作为海洋环境管理决策的主体，直接或间接地参与海洋环境法律法规和海洋环境政策决策的制定与实施。这类人有很高的参与热情，对相关情况也比较熟悉；热心公民则指那些基于强烈的社会责任感，而关注海洋环境和海洋可持续发展的人群。相对于直接利益相关者，这些人的认识和建议会客观很多。但事实上，公民往往缺乏社会责任感，或者对于海洋环境管理并不热衷，因而热心公民在公众中的比例非常有限。由于个体公民受到知识背景和时间空间等限制，他们的判断很难全面考虑公共利益、长远目标，因而对于这些人的参与需要适当的组织和引导。

社团组织对海洋环境管理的影响程度、对海洋决策的影响力明显大于作为个体的公民，它主要指非营利组织。非营利组织指不以盈利为目的的组织或机构，包括各种慈善基金会、生态环境保护组织、民间组织等，这类组织关注社会、环境、生态等的健康发展，基于保护海洋公共利益，维护海洋环境和保持海洋生态的可持续发展的目的，参与海洋环境的治理。他们的存在构成了一股强大的社会力量，不仅为海洋环境管理决策的制定和实施提供了有力的监督和约束，也为个体公民积极主动地参与海洋环境管理提供了良好的外部条件。

海洋环境管理中存在着广泛的公众参与，只有针对各参与人群的特点、介入方式和潜在影响进行有效的分析与整合，才能充分发挥公众参与在海洋环境管理中的积极作用。

---

① 转引自梁红琴《环境保护公众参与法律制度研究》，硕士学位论文，厦门大学，2009年。

二、海洋环境管理公众参与的内容

公众参与的内容，即公众参与的客体。盖伊·彼得斯在《政府未来治理模式》中提到："不论是在问题的确立上、问题的回应上，还是在被接受的方案的执行上，都必须让更多的公民来参与。"① 在海洋环境管理中，公众参与的内容包括与海洋环境管理相关的各种事务，如海洋生态环境的保护、海洋污染治理政策的制定和执行以及对海洋环境管理工作的监督等事关海洋环境保护的事务等。

近年来，近海渔业的过度捕捞使海洋生态系统、海洋资源遭到不同程度的破坏；入海污染物总量的逐年增加使得某些海域环境污染加剧，这些都影响到海洋环境的可持续发展和利用。要使海洋环境管理工作达到更高的水平，必须切实保护海洋环境，保护好生态系统、珍稀物种和海洋生物的多样性，而这些单单依靠政府的力量是不够的，需要公众广泛参与到其中，主动保护海洋生态环境。

海洋污染的治理是制定和执行公共决策的过程，而公共决策的本质是对社会公共利益的权威性分配。公众参与海洋污染治理决策的制定，有利于形成多元化的利益格局和制约关系，避免海洋行政主管部门在决策的制定中为维护自身组织利益，导致利益实现发生偏移而无法达到公共利益的最大化的情况发生。这将更加有利于符合社会公共利益要求的政策输出。同时，广泛的公众参与使得利益的表达多元化，可以有效防止公共决策在某些特殊利益要求的引导下进行，从而确保整个社会利益分配的总体平衡，使公共决策更为合理完善。海洋污染治理决策有效的执行，依赖于利益相关者对决策的认可程度。决策的执行不可能绕开公众，如果决策在实质上违背了公众的利益，那么执行起来会非常困难，甚至会遭遇过激行为，久而久之会威胁政府的合法性。因此，要使决策顺畅、有效地执行，就要让公众支持决策，保证公众在决策执行方面的发言权，积极参与到海洋环境管理中。

另外，海洋环境管理工作还应该在公众的监督之下，让公众了解其治

---

① ［美］B. 盖伊·彼得斯：《政府未来的治理模式》，吴爱明、夏宏阳译，中国人民大学出版社 2001 年版，第 68 页。

理的形式、方法和运作程序。公共权力的实质在于人民意志的执行和实现手段，其产生于人民的授权，是人民权利的一种特殊转化形式，要保证公共权力的有效运行，公众必须进行广泛、有效的监督。通过监督，将民间的零散的呼声转变为集体的诉求，对海洋行政主管部门及行政人员形成强大的压力，使之对法律和公众的意愿负责，防止海洋环境管理中行政权力的滥用和腐化，保证海洋环境管理目标的顺利实现。

综上所述，公众参与的内容包括参与海洋环境的保护、海洋污染治理决策的制定和执行以及对海洋环境管理工作的监督等。但是，公众参与也要有合适的“度”。要根据海洋环境管理的不同事件的特征、影响范围和关注程度进行区分，通过各种途径广泛获取公众意见，取其精华之处，并最终作出决定；针对影响范围大、关注程度高的海洋环境保护及海洋污染处理的问题，如，威海乳山银滩核电站建设等，要促进涵盖范围较广的公众参与，充分考虑公众意见，在此基础上作出公正的判决；针对区域性的海洋环境污染问题，如青岛沿岸海水污染等，有必要强调目标群体或主要利益相关者的广泛参与；针对影响范围小、关注程度不高的污染问题，如蓄电池厂污染治理等，要针对目标企业或群体，使之从项目准备和实施阶段开始就广泛参与，从而了解利益相关人群的社会、经济和文化特点，使决策和特定受益人的需求之间达到平衡。

第二节　公众参与海洋环境管理的必要性和可行性

一、公众参与海洋环境管理的必要性

《关于环境与发展的里约宣言》强调，“环境问题最好是在全体有关市民的参与下，在有关级别上加以处理”①。2008年国务院出台的《国家海洋事业发展规划纲要》明确提出“建立和完善海洋管理的公众参与机制”，把公民参与提升到一个崭新的高度。② 公民参与海洋环境管理有其必要性。

① 张丽君：《从海洋生物多样性保护看我国海洋管理体制之完善》，《广东海洋大学学报》2010年第2期，第16—17页。

② 崔旺来、李百齐、李有绪：《海洋管理中的公民参与研究》，《海洋开发与管理》2010年第3期，第27—29页。

作为海洋管理核心与执行主体的政府，并不是没有自身利益的超利益组织，不可能自动代表公共利益。这就是公共选择理论中所谓的“政府失效”。即便政府能够完全代表公共利益，但也可能由于决策者知识不齐全、信息不充分等原因导致决策的结果与目标背道而驰。[①] 而以营利为目的的企业，在利润的诱惑下，更难以自觉约束自身行为，维护海洋环境。因此，在严峻的海洋环境形势下，公众必须发挥应有的作用，积极参与到改善海洋环境的活动中。

（一）海洋环境可持续利用的客观要求

海洋环境的可持续发展利用，要求既满足当代人利用海洋环境的需要，又不对后代人满足其海洋环境需要的能力构成危害。海洋经济的发展在满足人类对物质财富追求的同时，给海洋环境带来了更大的冲击，威胁着未来海洋可持续利用的前景。近年来，我国海洋环境的状况不容乐观，海洋环境质量恶化的总趋势仍未得到有效遏制，单纯依靠政府管制已远不能有效改善区域海洋环境。正如《中国海洋 21 世纪议程》所强调的：“海洋资源、环境的开发利用和保护，单靠政府部门的力量是不够的，还必须有广大公众的参与，这包括教育界、传媒界、科技界、企业界、沿海居民及流动人口的参与……”，“促进海洋事业的公众参与，形成全民族关心海洋，保护海洋，社会各界人士参与发展海洋事业，沿海民众协同开发海洋、保护海洋的新局面”。在海洋环境形势日益严峻、海洋环境问题日趋复杂的今天，加强公众参与海洋环境治理的能力建设，充分发挥其在海洋环境管理中的作用，已经成为推进海洋环境管理，保证海洋环境可持续发展和利用的客观要求。

（二）提高海洋环境管理效率的需要

有效进行海洋环境治理，仅靠政府的力量远远不够，必须动员社会公众广泛参与，尤其是要培养沿岸渔民的海洋环境保护意识，这是提高海洋环境管理效率的需要。公民个体和社团组织参与到海洋环境保护和治理中来，能为海洋管理部门提供实质性的建议，对公众意见的广泛听取，有利于促进决策的科学、合理和公正，从而更好地进行海洋环境管理。而且，公众参与海洋环境管理还能降低政府管理海洋环境的成本。一方面，公众参与海洋环

① 黄建钢：《论公共社会》，中共中央党校出版社 2009 年版，第 52 页。

境治理，使出台的海洋环境政策更加符合民意、民情，使政策在实施中遇到的阻力减少；同时，公众的参与实际上也是对政策的宣传和解释，有利于推动政策的贯彻落实，自然降低了实施成本。作为一种非货币的资本，公众的积极参与推动部分海洋环境相关问题迎刃而解。另一方面，公众参与分担了政府的跟踪、检查等监督职能，把污染损失围堵于源头上，使这些工作更有成效而成本降低。此外，公众通过各层面的监督作用，还能够约束政府与企业行为，进而提高海洋环境管理的有效性。因此，公众对海洋环境管理的认同、支持和参与在很大程度上影响着海洋环境治理目标的实现。

（三）公众实现自身权利的主观要求

公众海洋环境保护意识的提高和自主管理意识和能力的增强要求公众广泛参与到海洋环境管理中来。随着社会主义市场经济体制的健全和政治体制改革的深入发展，社会力量获得了发展的空间并逐步发育起来，公民逐渐成为权利和义务相统一的社会主体，并且要求行使自己的政治权利。在海洋环境治理的实践中，让公众既参与到海洋环境的保护中去，也参与到海洋环境治理政策、决策和方案计划的实施、监督中去，使公民自身的知识和经验在海洋环境政策、规划等的制定实施过程中得到发挥运用，公民从单纯的管理对象变为可制约管理者的参与性力量，这既提升了公众参与海洋环境管理的积极性、主动性和创造性，又提高了公众的海洋意识和治理能力，满足了公众对自身权利实现的要求，也营造了浓郁的海洋文化氛围。

（四）政治民主化的要求

公民参与带来的最重要的回报是它对民主价值发挥的作用。不断增强的公民参与，通过发展公民与政府间新的沟通渠道并保证对政府的监督来增进政府以及公共管理者的责任性，而更加有力的公民参与还促进了公民对政府决策的接受性，这就为政府提供了合法性的基础。① 传统的专制型政府不需要、更不允许公众参与到政府的管理行为当中来。而在当今的民主社会，个人主体意识的增强，社会生活日益丰富和复杂化，要求政府不再成为唯一的权力中心。市场经济发展了人的主体意识，如公民意识、参与意识和民主

① ［美］约翰·克莱顿·托马斯：《公共决策中的公民参与》，孙柏瑛等译，中国人民大学出版社2012年版，第116页。

意识等，个人不再成为消极的被管理者，社会也不再被动服务于国家。“万能”的政府无法对太多和太矛盾的公共问题作出裁决。政府不再成为唯一的权力中心，政治权力在横向和纵向层次上同时分散，从而赋予公民和自治组织自我管理、自我协调、自我控制的权利，以协调各种社会矛盾，维护自身权益。在海洋环境管理中，沿岸居民以及密切关注海洋环境的公民及社会团体，通过各种方式和途径参与国家政治生活，表达和维护自己利益，是国家政治文明的体现，也是我国政治生活民主化的要求。

二、公众参与海洋环境管理的可行性

（一）政府的鼓励与支持

由于历史发展的因素，我国目前仍然是一个政府主导型的社会，政府机关的行政力量比较强大，而社会公众的力量则相对弱小。要实现公众对社会事务的有效参与，政府的积极推动起着关键性的作用。政府对待公众参与的态度在很大程度上影响着公众参与的实现程度。如果政府对公众参与给予鼓励和支持的态度，并积极为公众参与创造有利条件，公众参与事业将会得到顺利发展。反之，如果政府对公众参与给予不赞同或不支持的态度，甚至限制或阻碍公众参与的发展，那么公众参与在实际操作中必将困难重重。因此在海洋环境管理事务中，公众参与能否顺利实现，政府的态度是首要因素。

当前，我国政府为公众参与海洋环境管理提供了法律政策上的支持，表明其鼓励公众参与的态度。我国宪法中明确规定了公民有参与国家各项事务的权利，这就从根本上确立了公民的参与权，为公众参与海洋环境管理的权利提供了基本的法律保障。《中国海洋21世纪议程》强调保护海洋生态环境，单靠政府职能部门的力量不够，必须有公众的广泛参与。1998年，《中国海洋事业的发展》白皮书颁布，表明我国在动员社会各界参与海洋环境保护方面继续作出努力。《中华人民共和国海洋环境保护法》第1章第4条规定：“一切单位和个人都有保护海洋环境的义务，并有权对污染损害海洋环境的单位和个人，以及海洋环境监督管理人员的违法失职行为进行监督和检举。”[①] 这一规定突出强调了公众在海洋环境管理中的监督权。虽然当前我国公众参与方

① 根据《中华人民共和国海洋环境保护法》整理。

面的法规政策并不健全，但这一系列规定的演变说明了政府对公众参与海洋环境管理的鼓励和支持态度。与此同时，不少地方政府和海洋环境管理部门逐步提高民主意识，加强公众参与观念，已认识到公众参与海洋环境管理的重要性，主动创造各种有利条件，引导社会公众参与到海洋环境管理的程序中来，在海洋环境政策的制定及海洋环境项目建设过程中，吸收公众参与决策，认真听取公众的意见，加强在海洋环境管理领域政府和公众的合作，并对公众参与海洋环境管理的行为给予资金和技术等方面的支持和鼓励，调动广大民众特别是沿海地区居民以及相关非政府组织参与海洋环境管理的积极性。

（二）公众自身的优势

公众既是海洋环境保护的受益者，又是海洋环境保护运动的主要实行者，同时还是海洋生态系统的直接或间接的破坏者。多重角色的存在，使公众参与海洋环境管理并发挥其应有的作用成为可能。不仅如此，作为消费者，公众本身希望享有更美的环境，消费更多的物品，对自身效用最大化的追求成为公众参与海洋环境管理的动机。同时，作为环境负外部性发生的直接受害者，公众改变环境状况的内在动力强烈，促进其参与海洋环境管理活动积极性的提高。可见，公众参与海洋环境管理有巨大的可行性和推动力。具体到公民个人和社会团体，其优势如下：

1. 公民个体——内生动力强烈

就单个的个体而言，公众参与海洋区域管理的力量显然是弱小的，但这并不意味着他们是一支可以忽略的力量，因为公众个体参与海洋环境管理有强烈的内生动力。公民个体可以区分为两种情况。一种是，个体出于对海洋公共事务的关注而愿意为国家的海洋管理作出贡献，他们关心国家大事，对海洋公共利益有强烈的责任感和兴趣，如对钓鱼岛问题、对赤潮现象等的关注，他们所要参与的管理、决策并不一定与他们自身利益有什么直接关系。在任何社会中，这种公益心强的公众都是大量存在的，尤其在我国这样崇尚国家观念和集体主义精神的国家，关注国家大事一直是一种传统。在这种情况下，公众参与海洋环境管理，虽然力量不大，却拥有较广泛的社会基础，在综合决策中增强了社会公正和正义的分量。另一种情况是，个人由于自身利益相关而参加决策过程，这时他是作为一种制衡力量而发挥作用的，其作用大小取决于所涉及的利益问题的严重程度，即个人所受到的利益损害越是超出社会正常伦理价值观念所能接受的范围，则越能获得社会的同情，这时个人的力量也会变成一股社会性的力量，从而对决策的结果产生影响。这方面的典型例子是污染受害者的情形。一般性的污染影响不会产生大的影响力，但重大的污染事故却会震撼当地决策者，在这种事故中的受害者，尽管是个体，也能影响甚至改变原有的决策结果。

2. 非政府组织——专业化强

由于个人力量的有限性，公众往往通过组织的形式开展活动。比较常见的是以共同的利益和爱好为基础的社团组织形式，即通常所讲的非政府组织。非政府组织指人们基于共同的利益或者兴趣爱好而自愿组成的一种非营利性社会组织，它具有组织性、民间性、非营利性、自治性等特征，是公众参与公共事务的重要存在形式。在国外也被称为非政府组织（Non-Governmental Organization，NGO）。[①] 通常，环境保护是非政府组织比较集中的领域。由于非政府组织是专门致力于社会目标的组织，专业化特点明显，比较有代表性和影响力的如海南的蓝丝带组织、冠南民间海洋资源保护协会、深圳蓝色海洋环境保护协会、大海环保公社及一些高校学生建立的海洋环保社团等，它们具有丰富而详细的专业知识，有些信息甚至是独有的，这对于提高海洋环境管理的水平有特殊的作用。不能否认非政府组织有其自身的特殊利益或代表社会阶层中某一特殊群体的利益，但这并不否定而且有时恰恰成为它们参与海洋环境管理的动力。在海洋环境保护与管理方面，非政府组织的作用是独特和有益的，因为作为有特定目标、在相对狭小的领域内工作，活动较为活跃，对当地的海洋经济发展与海洋环境保护过程有一定影响。

随着社会经济和政治民主化程度的不断发展，对环保 NGO 政策参与的能力建设提出了更高的要求。环保 NGO 也顺应了这种发展潮流，不断提高自身的专业化水平，在各个环境领域都成立了专业性的环保 NGO，如海洋环保 NGO、江河环保 NGO、野生动物保护 NGO 等等。随着专业化程度的

① 晏翼琨：《公众参与水环境管理的现状、问题与对策——以滇池治理为例》，硕士学位论文，浙江大学公共管理系，2008 年。

不断加深，也体现了环保NGO在环境保护方面的能力不断提升。比如在政策参与方面，以前的环保NGO在政府决策活动中更多的只是起着一种信息沟通和咨询参与的作用，而现在，环保NGO善于利用一切机会，通过与政府部门结成合作关系，借助大众传媒的力量甚至与国外环保NGO联合开展海洋环保活动。在这些实践中，环保NGO政策参与的能力大大提高。

如今，环保NGO的政策参与已不仅仅停留在信息沟通和咨询参与的层次上，而是转向了更高能力要求的层面上。如聘请专家、运用已掌握的技术对某区域海洋环境进行实地调研，收集数据、信息并总结，撰写调研报告，为政府决策提供重要的信息依据；借助新闻媒体，举办各类海洋环境和生物保护的公益活动，并邀请社会知名人士和明星参加，来提高活动的知名度和影响力，在一定程度上辅助并提高了政府海洋环境政策的宣传效果；当沿海居民的利益受损却无力申诉时，环保NGO积极奔走，督促损害方作出补偿，在督促无效时，甚至联合相关组织提起环境公益诉讼，势必追究责任方的应付责任。从这些事例中我们可以看出，我国环保NGO政策参与的能力已有大幅提升，这为它们发挥更大作用奠定了坚实的基础，未来它们在海洋环境治理中还将承担更大的责任和使命。

公众有参与海洋环境管理的条件，而且应该是一个非常活跃的力量，是海洋环境管理最有力的、作用面最广的监督者、维持者。公众的行为相对政府和企业来讲更加单纯、公益性更强，其参与对维护区域海洋生态，最终实现海洋经济的可持续发展有重要的推动作用。

三、公众参与海洋环境管理的方式

参与的方式即如何参与，它规定了公众介入环境事务的方式、方法和渠道。随着信息时代的到来和社会经济的快速发展，人们对海洋环境的关注越来越多，公众参与海洋环境管理的途径也进一步拓宽，不断地趋于多元化和广泛化。

（一）公众参与海洋环境管理的一般方式

受各国民主程度、社会制度的影响，公众参与的方式在每个国家都有所不同。就我国目前的情况来看，公众参与海洋环境管理的方式主要有直接参与和间接参与两种。

1. 直接参与海洋环境治理

其活动方式包括：通过问卷调查和意见访谈表达对于海洋环境相关治理项目的意见和建议；通过听证会和座谈会等会议形式参与到海洋环境保护项目的环境影响评价和项目的后续实施工作中；通过与海洋环境主管部门进行直接协商和谈判表达公民意愿；通过公民直接投票决定某一海洋环境治理项目的进行与否等等。在这些参与活动中，公众个体不需要透过任何代表、社会组织团体等媒介，而是直接参与到各类活动中并表达个人思想、意愿和建议。

2. 间接参与海洋环境治理

这主要包括了以下几种方式：通过各级人民代表大会参与海洋环境立法，通过人大监督政府行政活动来监督海洋环境法律的实施；通过各级政治协商会议和各民主党派向人大提出海洋环境治理建议；通过各级政府的环保监督管理部门和各地方人民法院参与海洋环境的治理和海洋污染的整治；通过各种听证会和信访制度、公益诉讼、职工代表大会参与海洋环境治理的决策等，这些活动主要通过各级政府机关、各级民意代表、各项民意调查、非政府组织和各类民间组织进行。因此，大力发展社团组织对于增强公众参与海洋环境治理能力有重要意义。①

随着公民环保意识的增强，越来越多的公民参与海洋环境的保护，涌现出很多致力于海洋环境保护的海洋NGO，如蓝丝带海洋保护协会、大海环保公社等。此类海洋NGO不仅仅独立组织各种环保宣传活动，而且也经常与政府合作，通过实地考察、调研活动等提供服务，引起了较大的关注。如蓝丝带海洋环保协会在2009年12月26日至2010年3月7日开展三亚海岸线徒步环保调查活动，对三亚整个海湾现状进行分类分析，撰写的《三亚海岸线环保调查报告》以及绘制的《三亚海岸线环保地图》为今后海洋环境和生态研究提供科学依据，且调查报告已被三亚市人民政府采纳。香港海洋环境保护协会曾多次受政府部门邀请进行实地调查活动，如1996年前往广西海域调查儒艮（注：学名Dugong，别名人鱼，国家一级濒危珍稀海生

① 张一心、吴婧、朱坦：《中国公众参与环境管理的研究》，《城市环境与城市生态》2005年第4期，第73—76页。

动物，我国北部湾沿海一带是它的重要栖息地之一，80 年代曾遭大量捕杀）的生活状况，1998 年考察广西沿海水域的珊瑚礁以决定哪些岛屿应该向游客关闭等，为政府部门提供了第一手资料。海洋 NGO 自身能力和专业化程度的不断提高，使其参与的方式和渠道也呈现多元化，已不再拘泥于一种形式，而是利用一切可利用的资源，通过多样化的政策参与方式，来提高对海洋环境政策的影响。例如向政府提供海洋环境信息、提出政策建议、与政府部门联合开展专项活动、借助新闻媒体、参加听证会、NGO 之间的联合行动、与国际环保 NGO 交流合作等等。环保 NGO 政策参与方式的多样化，必定会提高其政策参与的程度和效果。

公众参与是一个互动的过程，受到参与主体、参与形式和参与制度等多方面因素的影响。由于我国公众对于海洋环境的重要性和公众参与的规范性了解不足，加之我国行政管理体系的影响，目前我国大部分海洋环境治理活动都属于专家与政府官员主导的精英决策，公众参与表现出明显的不足，可能导致海洋环境决策的结果缺乏理性和公正。因此，海洋环境管理中的公众参与应是能代表多数人利益的一定数量群体的参与。无论从公众参与海洋环境管理的内容还是方式来看，都应加强大多数公众特别是弱势群体参与海洋环境管理的能力建设，这样才能使公众参与海洋环境管理的活动具有现实意义。

（二）我国环保 NGO 在海洋环境治理中政策参与的主要方式[①]

郑准镐根据 NGO 参与政策过程的主体性，认为 NGO 对政策过程的参与方式可以分为直接参与和间接参与；根据政策参与的形式，可以分为制度化参与和非制度化参与；根据政策参与的主动性情况，可以分为主动参与和委托参与；根据参与过程中的联合方式，分为单独参与、联合参与以及与政府合作参与。[②] 从我国环保 NGO 政策参与的实践来看，其政策参与方式多种多样，本书根据学者们的划分标准，并结合环保 NGO 的实际参与情况，对环保 NGO 的政策参与方式进行归纳总结，具体如下表：

---

① 罗玲云：《我国海洋环境治理中环保 NGO 的政策参与研究》，硕士学位论文，中国海洋大学公共管理系，2013 年，第 19—25 页。

② 郑准镐：《非政府组织的政策参与及影响模式》，《中国行政管理》2004 年第 5 期，第 32—35 页。

表 8–1：环保 NGO 政策参与的主要方式

<table>
<tr><th colspan="2">参与方式</th><th>具体形式</th></tr>
<tr><td rowspan="2">制度化参与方式</td><td>直接参与</td><td>作为正式成员，参与环境政策方案的提出、制定、执行、评估等；
与政府合作</td></tr>
<tr><td>合法性间接参与</td><td>参加听证会；
提交法案；
环境公益诉讼</td></tr>
<tr><td rowspan="2">非制度化参与方式</td><td>合法性间接参与</td><td>发起环境保护倡议；
通过大众媒体宣传；
与国内外环保 NGO 合作；
召开研讨会、论坛；
合法性集会或示威</td></tr>
<tr><td>非法性间接参与</td><td>非法示威；
暴动；
恐怖活动</td></tr>
</table>

环保 NGO 要发挥自身在海洋环境治理中的深层次作用，参与海洋环境政策无疑是重要途径之一，如何扩大政策影响程度并最终影响政府决策，使广大民众的利益得以实现，需要采取多样化的政策参与方式，从而形成强大的影响力。环保 NGO 参与我国海洋环境治理的方式有如下：

1. 发起倡议，推动海洋环境问题进入政策议程

政策议程指某一社会问题受到公众热烈讨论，引起政策决定者深切关注，进而演变成决策者确定必须解决的公共问题，并正式提起政策讨论，决定采取行动的政策过程。因此，一个社会问题进入政策议程，需要对其进行宣传，引起全社会对这一问题严重性的关注，进而引起决策者的注意并决定采取行动，使其上升为政策议题。

海洋环境问题进入政策议程，也需要决策者深刻了解并认识到海洋环境问题的严重性，而这一了解和认识过程中需要公众对问题的热烈讨论。由于公众对海洋环境知识的缺乏和环境意识的淡薄，其对海洋环境问题的政策参与缺乏主动性，这时环保 NGO 的作用就凸显出来。环保 NGO 通过对海洋环境保护知识的宣传，向人们敲响海洋生态环境恶化的警钟，从而提高公众海洋环境保护的意识，呼吁更多的人参与到海洋环境保护当中，为某一海洋环境问题进入政策议程奠定坚实的群众基础。2009 年 12 月，由中国潜水运动协会发起“从自身做起保护海洋环境”的倡议书，对公民海洋环境意识的提高起到了很大的作用，越来越多的普通民众自觉参与到海洋环境保护的实践当中来。2012 年 8 月，凤凰时尚联合香港海洋公园保育基金、深圳市蓝色海洋环境保护协会在香港海洋公园举办了一场“拒绝鱼翅　保护海洋生物”的活动，并发起《名人明星拒绝鱼翅　保护海洋生物联合公约》，受到 20 余位名人明星热烈响应，纷纷在公约签名，并且通过微博转发呼吁更多公众保护海洋生物，在社会上引起很大反响。随着人们对海洋生物保护急迫性认识的不断深入，公众对海洋生物保护的利益诉求会反映到决策者那里。相信在不久的将来，关于海洋生物保护的法律政策会更具体、更严格。

2. 开展调查活动并提供政策建议

为政府决策提供政策建议和意见是环保 NGO 政策参与的最基本方式之一。环保 NGO 会根据自身掌握的信息为决策者提供依据，从而保证决策者作出正确的决策。在海洋环境治理中，政府部门由于各种因素的制约，不可能掌握全面的海洋环境信息，这时环保 NGO 的调查结果将是政府海洋信息的重要补充。2009 年 12 月 26 日至 2010 年 3 月 7 日，蓝丝带海洋保护协会组织 50 多名海洋环保志愿者，采用沿海岸线徒步行走的方式，对三亚市辖区内可通行的约 100 千米海岸线进行了环保生态情况调查，调查内容包括海岸垃圾污染情况、排污口情况、临海设施情况、海防林情况、海岸功能区域情况 5 个方面。在最终公布的调查报告中，分别对以上 5 个方面的治理向政府部门提出了具体的政策建议，例如在建立沿海村镇垃圾处理系统的建议中，就提出应优先并保证沿海村镇垃圾处理系统的建设，以尽快消除生产生活垃圾向三亚周边海域的扩散；在分析排污口情况后，建议政府相关部门制定养殖污水排放标准，并采取有效监管措施，同时应从总体上适度控制三亚养殖业的规模；在临海设施方面，建议有关政府部门组织力量对海滩上的废弃建筑物进行清除，恢复海岸线的原始面貌；海防林保护方面，建议考虑对部分海滩的景观林带进行恢复性改造，增强其海岸防护功能，对今后新开发的海岸区域，则应考虑对海防林进行保护，不可过度抵近海滩进行开发，尽量保留海滩的自然状态。蓝丝带海洋保护协会在调查基础上的这些政策建议，将为政府决策提供重要参考，对于海洋环境资源的可持续利用具有重要意义。

3. 通过人大代表、政协委员提案

将组织的利益诉求反映在人大代表、政协委员的提案中并带进“两会”，是环保NGO政策参与的重要方式之一。在2012年全国“两会”上，关于环境保护的议案较以往明显增多。在“两会”前，环保NGO和热心环保的公民积极呼吁环境保护并推动环保议题，希望把环境保护的议案通过人大代表和政协委员们反映给决策部门。

近年来，为保护海洋生态平衡，世界各国纷纷出台了一系列禁止捕杀鲨鱼或限制鱼翅贸易消费的法规；而在我国，却缺少相关规定，并且由于鱼翅的档次和价格很高，其在我国公款消费中占很大比重。环保人士认为，要保护鲨鱼，必须从杜绝公款消费鱼翅开始。因此，在2012年全国“两会”上，作为政协委员和人大代表，万捷和丁立国专门向大会提交了《关于“制定禁止公务和官方宴请消费鱼翅规定”的提案》。提案认为，目前政府在减少公务支出的过程中，有必要作出禁止公务消费鱼翅的规定，这对于保护海洋生态平衡、削减政府支出、倡导绿色生活方式，将取得一举多得的效果。①

作为提案人之一的万捷，是雅昌集团董事长，同时还是阿拉善SEE生态协会的理事。阿拉善SEE生态协会是一家由企业家组成的环保协会，从2010年起，该协会积极联合其他民间环保NGO和热心环保的人士，组成智囊团，发挥各自专业优势并进行充分讨论，形成专业意见，为“两会”的人大代表和政协委员提供咨询和智囊服务，并撰写出一份完整的提案。在撰写议案的过程中，环保NGO将民众以及本组织的利益诉求反映在提案议案中，这成为近年来环保NGO进行政策参与的一种重要方式。

4. 联合政府部门开展专项活动

与政府部门联合开展专项活动也是环保NGO政策参与的重要方式之一。环保NGO联合政府参与海洋环境保护活动，可以发挥自身灵活、专业、接近民众等优势，不仅可以有效弥补政府部门在海洋环境治理中存在的

① 章轲：《全国政协委员万捷：公务宴请应禁止鱼翅》，2012年3月2日，见http：//www.yicai.com/news/2012/03/1484005.html。

不足，而且使政策目标得以高效实现。由于我国NGO受管理体制的限制，特别是一些官办环保NGO，与政府部门之间存在着千丝万缕的联系，如何加强与政府部门的合作，在环保工作上形成合力，是环保NGO获得长足发展并在环保事业中作出成绩的重要保证。

海洋环境治理也不例外。环保NGO通过与政府部门合作，在充分发挥自身优势的同时，获得政府部门的帮助和支持，是顺利开展海洋环境保护工作的重要保证。自2010蓝丝带中国行以来，协会的工作得到了各级海洋管理部门的支持和肯定，国家海洋局宣传教育中心表示以后每年争取和协会共同组织一到两个全国性的海洋活动；国家海洋局三亚海洋环境监测中心站也积极为协会的污染源调查提供技术支持，带领协会工作人员和志愿者一起进行海洋环境检测试验，提高协会工作人员和志愿者的专业水平。另外，协会还与三亚珊瑚礁保护区签订全面合作意向书，发挥双方各自优势，共同保护珊瑚礁和海洋生物多样性。

5. 提起海洋环境公益诉讼

2012年修订的新《民事诉讼法》在第五章第48条规定："公民、法人和其他组织可以作为民事诉讼的当事人。"第55条又规定："对污染环境、侵害众多消费者合法权益等损害社会公共利益的行为，法律规定的机关和有关组织可以向人民法院提起诉讼。"在之前《民事诉讼法》修订草案规定中，明确将在民政部登记过的环保NGO列为生态损害的诉讼主体之一，允许环保NGO提起环境公益民事诉讼与环境公益行政诉讼。虽然在最终的定稿中并没有作出此项规定，但也是大势所趋，未来我国环保NGO必定会成为环境公益诉讼的主体，在一定程度上影响政府决策。事实上，在国外环境公益诉讼的案例中，NGO一直扮演着非常重要的角色。

随着近年来突发性的海洋环境事件不断发生，面对公众的利益受损政府却不作为，在这种情况下，环保NGO的作用就凸显出来，它们之间通过合作，联名提起环境公益诉讼，督促侵害方消除海洋环境危害并对因灾害受损失的民众进行赔偿。中海油漏油事件发生后，面对因这起事故造成的居民经济损失，2011年8月17日，自然之友、达尔文自然求知社、公众环境研究中心等21家环保组织联合发表致农业部的公开信，呼吁农业部依法深入调查河北沿海养殖生物死亡的真实原因，科学鉴定溢油污染与养殖物死亡的因果关系，并全面评估损失金额，支持污染受害者索赔。[①] 可见，我国环保 NGO 在保护海洋环境方面已迈出了重要的一步，至少在态度上很坚决，未来随着相关法律制度的完善，环保 NGO 在环境公益诉讼中将发挥更大的作用。

6. 借助新闻媒体的力量

新闻媒体具有传递信息快、社会舆论凝聚强和影响面广等方面的特点，因此，在海洋环境保护过程中，新闻媒体的地位不可或缺。在我国环保 NGO 发展历程中，我们可以很清楚地看到新闻媒体在环保事业的发展当中所发挥的作用。随着全球化和网络的普及，新闻媒体的力量不容忽视，它通过对环境事件的报道，可以及时地向公众传达环境信息，呼吁公众参与环境治理，公众就自身的意见可以通过微博等渠道自由地表达，媒体再对这些意见进行整合并扩大报道范围，使决策者关注并采取行动。可以说，新闻媒体在当代环境保护领域发挥的作用是无可比拟的，因此，环保 NGO 在保护海洋生态环境、参与海洋环境政策的过程中必须善于借助新闻媒体的力量来扩大其政策参与的影响。

2011 年《人民画报》、新华社、新浪网、腾讯网、CCTV—3《欢乐中国行》栏目、《中国消费者报》、《南方都市报》、《海南日报》、海南电视台、南海网、连云港电视台等十几家媒体对蓝丝带海洋环保工作进行了深入报道。通过媒体的力量，引起更多人对海洋的关注和有效参与，以增强全民海洋责任感，缓解海洋环境问题。同时，在发生重大海洋环境突发事件时，媒体的追踪报道会对当事人产生一定的压力，迫使相关机构积极作为，并在一定程度上能有效保证信息的准确性，对消除海洋环境灾害具有一定的作用。而且，媒体的介入会有效疏通环保 NGO 在海洋环境治理中的政策参与渠道，并对参与的进程和效果进行持续关注，对政府决策形成一定的影响力。

7. 借助国际环保 NGO 力量

环保 NGO 可以通过各种形式的国际交流活动，如研讨会、座谈会、经验交流会等，一方面全力争取来自国际社会的资金、信息、技术、设备等支

① 李春莲：《中海油溢油事故升级　21 家环保组织呼吁索赔》，2011 年 8 月 18 日，见 http://finance.ce.cn/rolling/201108/18/t20110818_16622190.shtml。

持；另一方面则派出相关人员参加培训，学习国外先进的NGO管理、运作等经验。国外发达国家的环保NGO起步较早，发展也比较成熟，借助它们的力量将有助于国内的环保NGO更好地参与政策，不仅可以和它们联合开展海洋环保活动，而且可以借助它们的威望来提高政策参与的效率。到目前为止，已有大量的国际环保NGO参与到我国的海洋环境保护中，如：世界自然基金会（WWF）、绿色和平组织、保护国际基金会、野生救援协会（Wildaid）、国际爱护动物基金会等等，它们在中国的海洋环保事业中作出了突出贡献。WWF是第一个受中国政府邀请来华开展环境保护工作的国际非政府组织，1996年，WWF正式在北京设立办事处，且环保项目领域不断扩大，其中在海洋生态系统保护与可持续利用方面开展了很多活动，做了大量工作。

2006年9月26日，中华环保联合会、中国海洋学会、中国水产科学院、大海环保公社、自然之友、地球村、国际爱护动物基金会等20家组织的代表参加了中国利益相关者保护海洋免受陆上活动污染对话会，与会专家认为中国利益相关者应该增进与国际环保组织的联系，争取国际组织的支持与合作，学习国外在保护海洋环境上的先进经验和技术，积极推动《保护海洋环境免受陆上活动污染全球行动纲领》（GPA）在中国的执行，促进中国海洋环境的可持续发展。

从以上我国海洋环境治理中环保NGO政策参与方式多样化的情况来看，我国环保NGO在海洋环境保护方面已发挥着越来越重要的作用，无论是宣传教育活动、海洋环境治理实践活动，还是督促和监督政府进行的海洋环境治理工作，环保NGO都积极行动，代表公众的利益为维护海洋环境安全作出了重大贡献。未来这种势头会越来越强劲，环保NGO政策参与的深度和广度都会不断加深，对政府决策的影响也会越来越大。

第三节　公众参与海洋环境管理的困境

在宏观层面上，各个国家各个部门在涉及公共参与的问题时都面临着一些难题：第一，公共管理者必须决定在多大程度上与公众分享影响力。在传统的公共参与中，公众分享到的实际影响力是很小的。第二，公共管理者必须决定由公众中的谁去参与公共决策过程。第三，公共管理者必须选择特定的公民参与形式。实践中我们不难发现，几乎没有一种情况只需使用一种参与技术，在大多数情境中，公共管理者必须决定怎样运用两个或两个以上的参与方式的组合，或者决定在公共参与的什么阶段运用某一种参与途径。最后，公共管理者还必须面对的一些问题是，他们如何在特定的情况下，或在日常工作与公民的接触中管理公共参与。①

近年来，我国在组织民众参与保护海洋资源和环境方面取得了一定成果，如规定了教育界、传媒界、科技界、海上作业人员和生产劳动者的参与、建立了海洋污染监视举报制度、动员沿海群众保护珍稀海洋动植物资源等。公众参与作为海洋环境管理的重要方面，已经引起了政府的重视，公众的参与意识在不断增强，参与行动不断增加。但是，目前我国海洋环境管理中公众参与的程度、深度和广度依然不够，仍存在以下困境。

一、利益和道义驱动的相互作用——公众参与的"内在困境"

公众参与海洋环境管理受到各种因素的影响，其中来自公众自身的原因即参与动机，主要可以归为利益和道义的驱动。这里所指的利益驱动，不只包括经济利益，也包括社会利益和其他原始需求的满足。例如希望得到社会的承认与尊敬、希望海洋环境朝有利于自己的方向发展、希望通过参与认识一些志同道合的朋友、得到一定的赔偿、避免被处罚等。利益驱动遵循成本效益原则，当参与者认为自己付出的成本大于收益时，可能选择不采取行动。而道义驱动则认为"应该"参与到环境保护中去，例如有着强烈的责任意识，有海洋环境保护的荣辱意识，认为保护海洋环境光荣、破坏环境可耻。道义驱动往往与社会的民主性格、环境保护风气等社会文化因素有着直接或间接的联系，这种社会文化因素既可以对个人的行为形成直接约束，也可以内化为个人信仰、伦理价值观念和环境保护意识等。道义驱动和利益驱动有着本质的不同。利益动机强调自身利益的最大化，而道义动机则强调克制个体或小团体的利益欲望，有利于集体理性的形成。

① ［美］约翰·克莱顿·托马斯：《公共决策中的公民参与》，孙柏瑛等译，中国人民大学出版社2012年版，第8—10页。

公众参与的“内在困境”，是指由于公众参与动力的不足，造成公众有参与的客观需要和主观愿望却没有参与行为的一种矛盾的状态。利益驱动和道义驱动的相互作用是造成这种困境的主要原因。海洋环境是一种公共物品，追求利益最大化的公众都会很自然地产生“搭便车”心理，从而导致了“公地的悲剧”，最终公众又成了最大的利益受害者。另外，海洋环境的复杂性以及与政府沟通的天然障碍也会让他们产生挫折感与无力感，因而公众很难主动参与到海洋环境治理中。由此可以看出，纯粹的“利益驱动”难以形成广泛、稳定的公众参与，公众参与离不开“道义驱动”，广泛而又稳定的公众参与应该是“道义驱动”和“利益驱动”相互作用的结果。从利益驱动方面看，为了推进公众参与，政府必须采取措施，通过海洋环境信息的公开，支持和引导合法的海洋环保组织建设等途径来降低参与成本，提高参与效果。从道义驱动方面看，为了形成广泛的公众参与，政府应努力构建我国的海洋生态文明，改变公众事不关己高高挂起、少管闲事的价值观念，增强公众的社会责任感。

二、政府主导——公众参与的“两难困境”

我国作为一个发展中国家，政府在社会生活的各个领域一直发挥着主导作用，当然也包括公众参与领域。以青岛浒苔治理过程为例。青岛市政府和山东省政府相关部门一直充当着组织和主导全局的角色，公众在政府的主导下被动地参与浒苔清理，而缺乏主动参与，对于如何从根源防止浒苔再发，或者如何保护沿岸海洋环境不受浒苔侵扰，更是很少有公众知晓。这体现了目前我国海洋环境管理中的公众参与，仍然是以政府为主导的，掌握着公共权力的政府，依然扮演着公众参与的组织者与推动者的角色，而公众处于弱势地位。

政府是公共利益的代表，但是这种身份并不纯粹，因为政府作为独立的主体，也存在着自身的利益。政府和公众对于海洋环境问题的看法与立场不会完全吻合。政府一方面希望公众的参与，推动公众参与，以促进公共利益的实现；但另一方面又害怕公众参与、甚至阻碍公众参与，以防止政府自身的利益受到损害。这就是政府主导型公众参与的“两难困境”。由于“两难困境”的存在，公众往往只能获得经过过滤和处理过的信息，公众的表达渠道、监督能力都相当有限，一些重要观点、建议也无法得到真正的重视，公众参与表现为被动参与和末端参与，其结果会导致公众参与的无效性，甚至会降低行政效率，公众参与无法克服政府失灵，便丧失了其最重要的工具价值。因此，在我国，公众参与常常因为缺乏有效性而流于形式。[①]

三、体制不顺，资金不足——民间环保 NGO 的生存困境

在公众自发参与的动力不足、政府主导下的公众参与又陷入困境的情况下，海洋环保 NGO 有效整合了相对分散的公众力量，成了公众参与海洋环境治理的重要组织形式。环保 NGO 在海洋环境保护和治理方面具有不可替代的作用，在世界范围内发展迅速且受到广泛关注。以美国为例，目前各种类型的环保 NGO 数量已超过 1 万个。在亚洲，除了日本的环保 NGO 很发达外，印度、韩国以及中国的香港特别行政区和台湾省等地的环保 NGO 也非常活跃。[②] 由中华环保联合会开展的“中国民间环保组织现状调查”结果显示，截至 2008 年，国内的环保 NGO 有 3539 家，其中由政府发起成立的环保组织有 1309 家，学校环保社团 1382 家，草根环保民间组织 508 家。由此看出，目前我国绝大多数环保 NGO 都是大学生发起的环保社团或由政府发起的 NGO，真正由民间人士发起成立的草根组织仅占全部 NGO 的 14.3%，且大多 NGO 都没有规定环境保护的具体范围，真正关注海洋环境的环保 NGO 更是少之又少。这种结构性矛盾导致了其整体功能的障碍，存在着公众参与力度不够、资金资源获取能力较差、人力资源稀缺、专业训练不足等诸多问题，制约着海洋环保 NGO 的生存发展。

由政府主导的公众参与的“两难困境”使得环保 NGO 存在着体制上的障碍，且环保 NGO 收支缺口过大，政府补贴在非营利部门预算中的比重逐年上升。目前，我国 NGO 实行双重管理和非竞争原则，即对非营利组织的登记注册管理及日常性管理实行登记管理部门和业务主管单位双重负责的体制，并且为了避免非营利组织之间开展竞争，禁止在同一行政区域内设立业务范围相同或者相似的非营利组织。双重管理体制下的 NGO 仍然处在政府

① 匡立余：《城市生态环境治理中的公众参与研究》，硕士学位论文，华中科技大学公共管理系，2006 年，第 31 页。

② 樊根耀、郑瑶：《环境 NGO 及其制度机理》，《环境科学与管理》2008 年第 7 期，第 4—11 页。

的主导作用下，这对于公众环境参与权的保障十分不利，而非竞争原则则扼杀了 NGO 在竞争中进步发展的空间，这两项原则对于 NGO 的发展是十分不利的。同时，非营利组织的收入主要来自于捐款，只能靠志愿，而政府的大部分收入来自于税收，具有强制性。政府与非营利组织的这个区别，使政府在动员资源方面占有很大的优势。据统计，截至 2008 年，我国仅有 26% 的环保 NGO 有固定资金来源，其中由政府发起的 GONGO 和高校环保社团占了 3/4 以上，而草根民间组织所占的比例仅有 10%（见下图）：

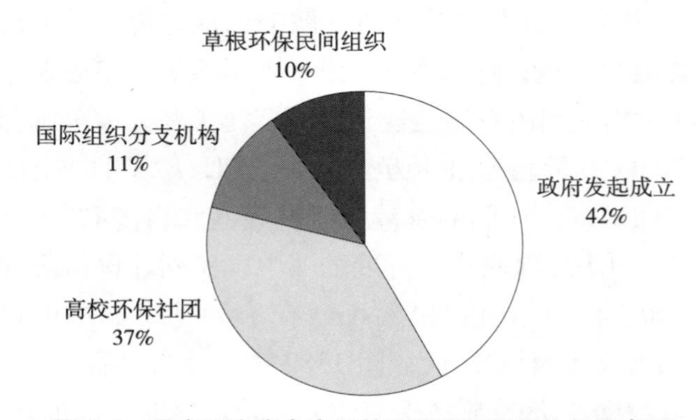

图 8–1：具有固定资金来源的环保民间组织比例分布图

目前，我国的草根民间环保组织的经费主要来自社会捐赠，但受中国的经济发展水平和传统观念的影响，这部分捐献十分有限，这使得草根民间的环保社团处境更加艰难，他们常常因为经费不足而陷入十分被动的境地，无法进行专业训练、无法吸揽人才，无法开展活动。

四、实施依据缺失——公众参与的制度基础薄弱，法律保障不足

在我国，由于形成有效的公众参与条件不完全，所以参与式民主无疑面临着困境，一是缺少制度基础，二是少有法律保障，这使得公众参与缺少系统而呈碎片化，虽然在一些实践层面取得了一定的成绩，但都是一些孤立的点，没有连贯的面。① 在实行公众参与时只是在某些决策或行政过程和某些事件上出现，只是偶发性的，而不是制度化的，在环境管理和保护方

① 蔡定剑：《公众参与风险社会的制度建设》，法律出版社 2009 年版，第 21—22 页。

面，公众参与虽然非常活跃，但也并不是一种硬性的制度，因此制度基础十分薄弱。在法律保障方面，我国《宪法》第 2 条明确规定："人民依照法律规定，通过各种途径和形式，管理国家事务，管理经济和文化事业，管理社会事务。"这一法律条文为我国公众参与提供了宪法依据。作为我国环境基本法的《环境保护法》第 6 条也规定："一切单位和个人都有保护环境的义务，并有权对污染和破坏环境的单位和个人进行检举和控告。"这为公众参与环境保护提供了原则性的法律依据。1996 年颁布的《国务院关于环境保护若干问题的决定》中规定："建立公众参与机制，发挥社会团体的作用，鼓励公众参与环境保护的工作，检举和揭发各种违反环境保护法律法规的行为。"1996 年修改的《水污染防治法》及同年颁布的《噪声污染防治法》中，都在环境影响评价的条款里规定了"建设项目的环境影响评价报告书中，应当包含建设项目所在地单位和居民的意见"。而同在 2002 年颁布的《环境影响评价法》和《清洁生产促进法》中更是对公众参与环境保护的途径作出了比较具体的规定。2006 年的《环境影响评价公众参与暂行办法》，对公众参与环境影响评价的权利、义务和参与的途径、方式、范围等做了较详细的规定。

以上主要是宏观上对公众参与的法律规定以及对环境保护或环境影响评价的具体规定，但针对海洋环境治理中的公众参与却涉及很少。虽然《中国海洋 21 世纪议程》第 11 章第 1 条明确规定："合理开发海洋资源，保护海洋生态环境，保证海洋的可持续利用，单靠政府职能部门的力量是不够的，还必须有公众的广泛参与，其中包括教育界、大众传媒界、科技界、企业界、沿海居民及流动人口的参与……"，但是没有在法律中明确公众参与海洋环境治理的权利，特别是知情权、参与决策权和司法救济权这样的程序性权利，而现有的法律规定仅作原则上的表述，缺乏公众参与海洋环境治理的具体途径、形式、程序和内容的规定，使得那些对海洋环境治理抱有极大热情的公民个人、社团组织在具体参与的行动中缺少必要的法律保障和实施细则。

第九章

海洋环境管理的政府与公众关系

海洋环境的治理也离不开公众积极有效的参与，需要政府与公民的良性互动。厘清海洋环境管理中政府与公众的关系，明确两者关系中存在的问题以及原因，进而构建双方友好的伙伴关系，有利于进一步完善海洋环境管理，实现海洋的可持续发展。

第一节　海洋环境管理中政府与公众的应然关系及其现状

一、海洋环境管理中政府与公众的互动及合作内容

海洋环境问题的加剧，将政府推上了生态环境治理的前台。近年来，政府在提供管制性环境公共物品，推动各地方合作开展环境治理项目方面发挥了积极作用。但作为海洋环境管理核心主体的政府，并不是没有自身利益的超利益组织，不可能自动代表公共利益。即便政府能够完全代表公共利益，但也可能由于决策者知识不齐全、信息不充分等原因导致决策的结果与目标背道而驰。① 因此，有效的海洋环境治理离不开公众积极有效的参与。政府和公众只有建立起良性互动关系，才能形成合力，共同推动海洋环境治

① 参见黄建钢《论公共社会》，中共中央党校出版社 2009 年版，第 52 页。

理工作的发展。

公众参与海洋环境保护是公众与政府及相关机构就某一特定与海洋环境相关问题的真诚对话，这种在利害相关者之间进行对话的目的是尽可能地使公众参与资料的收集、政策的制定以及执行，并最终解决各种冲突。在这一过程中，参与海洋环境保护的不仅是政府及相关部门，公众通过参与海洋环境政策制定、海洋环境影响评价、海洋环境污染防治等事关海洋环境保护事务中与政府建立的合作关系。（其互动关系见图 9–1）政府与公众的具体合作事宜包括：政府与公众就海洋环境保护达成共识，公众参与海洋环境政策制定过程，政府制定政策由公众执行、公众对海洋环境管理的有效监督、公众主动提供服务与提供信息、技术、资金等方面的支持等。

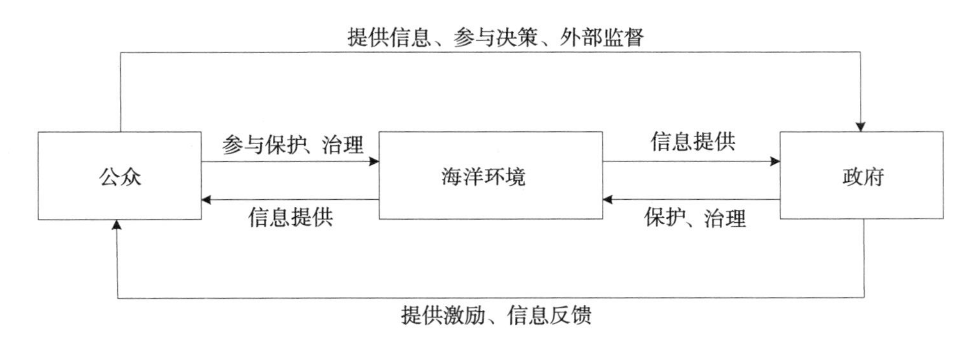

图 9–1：政府与公众在海洋环境保护中的互动

海洋环境管理部门与公众的良性互动，建立良好的政府与公众间伙伴关系，对海洋环境管理的实现具有至关重要的作用。一方面，政府作为公众利益的代表，与公众形成一种“委托—代理”的关系，解决公众普遍关心的涉海问题，通过有效的公众参与，可以指导政府用海项目计划的制定、确定优先问题、争取地方支持以及评估进展。可以说海洋环境管理计划的成功与否取决于公民支持和参与的程度，一个有知识、主动参与的公民是管理计划中最宝贵的财富。为此，政府也要为公众提供制度化的利益表达渠道和信息反馈渠道，并积极培育民主的社会环境和参与型公民，使公民能够真正有效地监督政府的权力，维护自身利益，从而追求公共利益的实现，同时也为海洋环境管理计划的实施赢得了支持和保障。另一方面，要实现海洋环境的科学管理，必须有必要的技术支持，这种技术支持来源于科研机构。在相当长的一段时间内，由于管理部门决策的科学意识不强，缺乏对海洋环境特殊生态系统的科学认识，又未充分利用辖区内海洋科技队伍的智力优势，以至于对一些海洋资源和环境问题束手无策，在涉及海洋区域规划、建设和管理的决策中，有时违背自然规律造成对生态系统的破坏。要实现海洋资源的合理利用和环境的有效保护，海洋环境管理的有效性和科学性，必须借助科技的力量，因此要建立政府与科研部门的友好合作关系，调动科研人员的积极性，为海洋区域规划的制定提供技术指导、信息咨询服务和建议；同时，海洋管理部门的人员与科学家在工作上的合作，可以不断学习了解有关科学知识，提高管理技能，可以使科技成果迅速转化成管理计划和措施并付诸实施。他们还可以对大型的区域建设项目和长远规划设置专题，立项调研，直接服务于海洋区域管理。

随着世界范围内民主政治的发展和第三部门的成长，NGO 组织等在对海洋环境、海洋资源保护和海洋权益维护等方面正在发挥着越来越重要的作用。如绿色和平组织为阻止往海洋倾倒污染物所做的努力，我国的民间社团为保卫钓鱼岛所进行的斗争。正因为如此，联合国《21 世纪议程》中一再强调海洋管理中要调动各方力量，并在第 17 章第 6 条中指出：“每个沿海国家都应考虑建立，或在必要时加强适当的协调机制（例如高级别规划机构），在地方一级和国家一级上从事沿海和海洋区及其资源的综合管理及可持续发展。这种机制应在适当情况下与学术部门和私人部门、非政府组织、当地社区、公众和土著人民参加。”① 同时随着政府自身职能的不断转变以及民主政治的发展和完善，政府也在不断探索其与公众的新型关系，逐渐向一种新型的伙伴协作关系转变。

二、海洋环境管理中政府与公众关系的应然状态

海洋环境管理中政府与公众的关系并非一成不变，而是经历着不同的发展阶段和不同的关系形态。因公众参与海洋环境管理通常是以海洋 NGO 组织为平台，所以海洋环境管理中政府与公众的关系主要体现为政府与海洋 NGO 的关系。从发展的过程看，二者合作互动关系体现为以下几种应然

① 周达军、崔旺来：《海洋公共政策研究》，海洋出版社 2009 年版，第 43—46 页。

状态。

（一）政府对海洋 NGO 的培育与支持

海洋越来越成为世界各国利益争夺的聚集地，各国纷纷向海洋进军，海洋资源、海洋环境、海洋权益也逐渐成为国际上出现的高频词汇，而海洋 NGO 正是在这样的背景下产生并发展的。可以说，海洋 NGO 相对于国内其他非政府组织有特殊的使命，即提升我国海洋软实力，实现国家海洋权益维护和海洋环境保护，与国家海洋强国战略是紧密相连的，其应该成为政府的得力助手。因此，相比其他 NGO，海洋 NGO 在萌芽阶段更需要政府的大力扶持与培育。（1）在某些领域如海洋环境保护、海洋环境教育等方面，如果借助海洋 NGO 的力量，则可以有针对性地进行专业化的海洋治理，同时可以夯实海洋环境保护的社会基础，动员社会力量广泛参与。（2）鼓励支持海洋 NGO 参与社会管理。海洋 NGO 与国家海洋战略紧密相连，其发展关系到整个国家海洋实力的增强以及海洋权益的维护，如果对其控制过死过严，会打击公众亲海、爱海、知海的积极性，影响海洋 NGO 的发展。当然，在放松登记的同时，需要建立配套制度，一方面为 NGO 服务，另一方面也要加强对其监督管理。（3）海洋 NGO 虽然汇集了海洋领域的很多专家、学者，相对政府而言具有较强的专业性，但是一个组织要想有长远的发展，不仅仅需要专家、学者，更需要一位优秀的领导者。一个组织建立之后，接下来面临的就是选才、收集信息、确立目标、制定计划并实施、监督和完善，其实就是决策—执行—再决策—再执行的循环往复的过程。作为领导者，最重要的职责就是决策及用人，是否拥有一位优秀的领导者关乎组织目标的实现。政府对海洋 NGO 的培育体现在为海洋 NGO 挑选并培养领导者，这样才有可能让海洋 NGO 不断发展壮大，成长为有影响力的 NGO。

（二）政府对海洋 NGO 的引导

美国学者保罗·斯特里滕曾经在探讨政府与 NGO 间合作时认为二者合作基于几点：NGO 计划与政府宏观经济政策有联系；NGO 与政府经常互相提供计划；政府提供财政支持；NGO 有时会被政府接管或将其扩展；NGO 可以对政策制定者施加影响。海洋 NGO 与我国的海洋战略相联系，在其成长阶段，政府要引导其发展，保证其发展方向的正确性，让海洋 NGO 少走弯路，尽快发展壮大，为维护海洋权益贡献力量，提升我国海洋软实力。(1) 政策引导。我国目前还没有出台海洋发展战略，在加紧制定实施海洋发展战略的同时，政府要将海洋 NGO 的发展纳入国家整体战略之中，帮助海洋 NGO 制定发展计划，引导其发展，使其业务范围紧紧围绕当前增强我国海洋实力所欠缺的资源，如国民海洋意识的增强、海洋经济发展、海洋权益维护等。(2) 资源引导。在明确表达政府意图和目标的前提下以政府购买的形式为海洋 NGO 提供资金。

(三) 政府与海洋 NGO 互相监督

政府与市场一样，并不是万能的。政府作为拥有公共权力、代表公共利益的权威机构，一旦出现政府失灵，很可能失去应有的公平和正义，导致比市场失灵更加严重的后果。NGO 虽然是挽救政府失灵和市场失灵的希望，但是也会出现志愿失灵，即 NGO 无法靠自身力量推进公益事业。无论是政府失灵还是志愿失灵，最根本的原因是利益的驱动，二者都追求公共利益，但是内部机构及人员都是经济人，难免受经济利益最大化的驱使，与公平和正义渐行渐远。(1) 海洋 NGO 应该致力于保护海洋环境、合理开发利用海洋以及实现和维护国家海洋权益，其立场应该是与国家一致的，其一切行为都应该围绕其宗旨，但是难免有的海洋 NGO 会以其第三方、中立的身份发表不利于我国的言论，影响国家良好形象的塑造，这就需要政府对其监督管理，以免造成不利后果。(2) 海洋 NGO 对政府的监督表现在：在进行海洋环境管理的过程中，政府是否切实履行职能，是否寻租，是否体现出应有的公平和正义。

(四) 政府与海洋 NGO 结成合作伙伴

萨拉蒙依据服务的资金来源和服务的提供两个变量，认为政府与 NGO 之间存在四种模式，即政府支配、第三部门支配、双重模式、合作模式。合作模式是指政府与 NGO 共同筹集资金、共同提供服务，在实践中更多的是政府负责资金筹措，NGO 负责提供公共服务。合作模式又主要有两种形式：一是“合作卖者模式”，NGO 只是政府的项目代理人，在公共服务提供中自主权较少；二是“合作伙伴关系模式”，NGO 在公共服务提供中拥有大量的自治权和决策权。政府与海洋 NGO 作为海洋环境管理的主体，二者各有优势，承担着不同的职能，彼此不是替代的关系，而是互补的关系，所以说，在政府与海洋 NGO 之间建立合作伙伴关系是最理想的应然状态。

三、海洋环境管理中政府与公众关系存在的问题及其原因

（一）海洋环境管理中政府与公众关系存在的问题

1. 政府越位

政府作为主要的管理主体，一直处于强势的主导地位，而作为三大管理主体之一的公民却一直处于被动接受政府提供服务的地位，同时在海洋公共政策制定过程中，政府部门和专家凭借权力和专业知识长期垄断决策权，使涉海公民的参与只是一种象征性的静态参与，对最终决策的影响微乎其微。政府在该管的、擅长的领域占据主导，在不该管的、不擅长的领域也占据主导，越位管理，从而导致了海洋环境管理中政府与公众关系的不平衡，难以达成有效的伙伴关系。

2. 公众缺位

首先，我国公民海洋意识薄弱，海洋保护观念缺乏，积极性不高。目前我国公民包括沿海地区居民一方面对海洋环境污染表示不满，另一方面他们本身也是海洋环境污染的制造者，海洋法律意识、环境保护意识相当薄弱。其次，公众对于自己在海洋环境管理中的主体地位不明确，导致角色定位不准确，作为主体的公众应当承担更多的责任和权力，但却在无形之中错失了这些，参与的积极性不高，从而引起海洋环境管理过程中的缺位。

3. 政府与公众地位不平等

《关于环境与发展的里约宣言》强调："环境问题最好是在全体有关市民的参与下，在有关级别上加以处理。"[①]2008年国务院出台的《国家海洋事业发展规划纲要》，明确提出"建立和完善海洋管理的公众参与机制"，把公民参与提升到一个崭新的高度。[②]国际国内都强调公众在环境管理中的重要作用，但在我国海洋环境管理实践中，社会的作用并没有得到应有的发挥，政府与社会严重脱节。作为与公民自身生存质量和自身权益密切相关的海洋环

① 张丽君：《从海洋生物多样性保护看我国海洋管理体制之完善》，《广东海洋大学学报》2010年第2期，第15—17页。

② 崔旺来、李百齐、李有绪：《海洋管理中的公民参与研究》，《海洋开发与管理》2010年第3期，第27—31页。

境，社会公众对海洋环境管理活动的参与显然不足。一般只有海洋相关专家学者有机会参加海洋决策的制定，对企业的污染海洋行为以及政府管理海洋活动的监管在公民中也少有存在。环保相关非营利组织则因对海洋关注不足、自身不成熟及相关制度不完善等原因，难以发挥应有的作用。舆论媒体对海洋环境的关注，更多体现为重大突发事件，如2008年青岛浒苔事件，一般的海洋环境问题难以成为其焦点。总之，我国社会力量参与海洋环境管理的深度和广度远不能适应形势需要。虽然随着政治民主化的深入，听证会制度、政府信息公开制度等已逐步实施，为管理者和公众提供了更多相互交流的机会和渠道，但这些制度目前也只是刚刚起步，管理者和公众相互之间的交流面还不够广，渠道还不够丰富，内容还不够深刻。① 海洋环境管理中的“强政府，弱社会”现象亟待改善。

另外，在我国现有情况下，公众更多时候往往是作为监督者出现的，而其实监督只是后期的督促和监管。公众与政府一样，更应当作为管理的主体来参与事前的规划和建议，但大多数的情况往往是政府提出相关政策和计划，公众在政府的指导下被动地接受和施行，一旦出现问题公众就会从监督者的角色出发来批判和质疑政府的政策，以此来推进海洋环境管理的进程。这个过程其实就是体现了政府和公众地位的不平等，两者并没有成为相互协作的共同主体来进行海洋环境管理工作，地位不平等也就决定了无法达成和谐的伙伴关系。

（二）海洋环境管理中政府与公众关系存在问题的原因

1. 合作意识不足

目前我国海洋环境管理中的公众参与仍然是以政府为主导的，掌握着公共权力的政府，依然扮演着公众参与的组织者与推动者的角色，而公众处于弱势地位。政府一方面希望公众的参与，以促进公共利益的实现；但另一方面又害怕公众参与甚至阻碍公众参与，以防止政府自身的利益受到损害。这就是政府主导型公众参与现存的“两难困境”。由于“两难困境”的存在，公众往往只能获得经过过滤和处理过的信息，公众的表达渠道、监督能力都

① 参见郭境、朱小明《实施海岸带综合管理保护我国海洋生物多样性》，《浙江万里学院学报》2010年第2期，第61—66页。

相当有限，一些重要观点、建议也无法得到真正的重视，公众参与常常流于形式。部分政府及其公职人员还是未从根本上认同与公众的伙伴合作关系，而公众由于参与的流于形式也往往默许了政府的直接行为或是放弃了与政府积极合作的意向，导致两者的合作意识不足，无法在思想理念上达成一致。

2. 信息不对称

政府与公众在海洋环境管理中信息不对称。尽管政府的权力来自于社会公众，但是，由于社会公众是分散的个体，“组织能够获得比任何一个人都要多的信息，因为个人的能力有限，而组织能聚合个人能力”①，所以，政府可以凭借其强大的组织优势降低信息搜寻成本，取得比公众更多的信息。信息是稀缺的，“经济人”政府为了满足自身政治利益或经济利益、寻求利益最大化，就会人为地对信息控制，形成信息垄断。“有资料表明，我国绝大多数信息资源都掌握在政府手中，只有20%是公开的。”② 由此可看出，政府拥有巨大的“私人信息”。同样，在海洋环境管理中，为避免公众对政府治理环境的不满或为了自己的政绩，政府就会向公众只公开那些对自己有利的信息，而不利的信息则想尽各种方式回避。那些不得不公开的信息，也是“形式公开”，是迫于建立“信息化政府”的压力。另外，获取信息需要一定的成本，大部分人只限于获取特定的部分信息，并保留对其他信息的无知，作为海洋环境管理协同主体的公众有以上局限。无论是政府私藏信息还是社会公众主观因素形成的信息不对称，都使得社会公众不能够对海洋环境的详细情况有深入的认识，难以根据海洋环境状况安排自己的生活，因而影响了自身利益的实现，难以在海洋环境管理中发挥应有的作用。因此，长期以来，政府对海洋环境相关信息的垄断使政府成为海洋环境事务的管理者，而公众习惯于被看作被管理者，双方的合作关系难以形成。

3. 环保 NGO 自身发展不足

对于一些非政府组织来说，海洋决策机制和海洋管理的法律法规不健全，与政府沟通的渠道不畅通，授权不明确等问题，也无法保证这些团体组

① ［美］肯尼思·阿罗：《信息经济学》，北京经济学院出版社 1989 年版，第 63 页。
② 刘莹：《网络环境下图书馆的信息资源建设》，《情报资料工作》2000 年第 2 期，第 1—3 页。

织的切实参与。在非政府组织中比较典型的是海洋环保NGO，其发展迅速并能一定程度上有效整合相对分散的公众力量。环保NGO在海洋环境保护和治理方面具有不可替代的作用，在世界范围内发展迅速且受到广泛关注。"以美国为例，目前各种类型的环保NGO数量已超过1万个。在亚洲，除了日本的环保NGO很发达外，印度、韩国以及中国的香港特别行政区和台湾省等地的环保NGO也非常活跃。"① 目前，我国NGO实行双重管理和非竞争原则，即对非营利组织的登记注册管理及日常性管理实行登记管理部门和业务主管单位双重负责的体制，并且为了避免非营利组织之间开展竞争，禁止在同一行政区域内设立业务范围相同或者相似的非营利组织。双重管理体制下的NGO仍然处在政府的主导作用下，这对于公众海洋管理参与权的保障十分不利，而非竞争原则则扼杀了NGO在竞争中进步发展的空间，这两项原则对于NGO的发展是十分不利的。

第二节 海洋环境管理中政府与公众伙伴关系的构建

一、伙伴关系构建的原则

海洋环境的有效治理，既要有积极的政府，也要有积极参与的公民。政府要推行"治理"，核心就是要建构政府与公民共同合作的治理模式。

海洋环境管理中政府与公众的伙伴关系主要是指：公众在参与海洋环境政策制定、海洋环境影响评价、海洋环境污染防治等事关海洋环境保护事务中与政府建立的合作关系，具体合作事宜包括：政府与公众就海洋环境保护达成共识，公众参与海洋环境政策制定过程，政府制定政策由公众执行、公众对海洋环境管理的有效监督、公众主动提供服务与提供信息、技术、资金等方面的支持等。从我国海洋环境管理的实际状况看，在政府与公众合作关系的建立问题上，政府的态度、行为起关键作用。如在我国的环境政策制定过程中，政府是当然的决策者，是环境政策的提供者和生产者，公众基本上被排除在参与政策制定的大门之外，无法与政府分享决策制定权。造

① 樊根耀、郑瑶：《环境NGO及其制度机理》，《环境科学与管理》2008年第7期。

成这种状况的原因与我国公众民主意识、环保意识较低有一定的关系，但更重要的原因在于政府对公众的不信任、不认可，在于我国的政治法律制度没有建立起公众参与海洋环境管理的有效保障机制。与空气污染、气候异常等公众日常感受较深的环境问题相比，海洋环境问题对于许多公众来讲，可能感受的并不十分直接，即使生活中沿海地区的公众，对由于海洋环境受到破坏所带来的直接或间接的影响了解得也不清楚，这就使公众对于海洋环境保护的动力与一般环境保护相比更缺乏一些。而且，很多公众对自身的参与能力、政策影响力度、政府接纳程度等方面持怀疑态度，主客观两个方面的因素导致公众参与海洋环境保护的需求不足。而在许多海洋环境保护管理者看来，制定海洋环境管理政策是政府的职责，海洋环境管理涉及诸多专业知识和技能，如果让一般公众参与决策过程，可能会因其不能理解政策质量标准中包含的知识和常识而造成公共政策的扭曲。也有政府官员认为，公众参与可能会导致公共项目运作成本的增加，或有可能刺激更多的集团或机构追逐自身的利益，等等。政府与公众间的不信任，必然影响二者关系的建立。因此，要建立政府与公众良好的合作关系，必须从转变观念、消除彼此的不信任开始。合作关系成功与否可以表现在两个方面：一是满足合作关系中各方利益实现的结果；二是对如何达成上述结果抱有的良好愿望和情感。美国学者约翰·克莱顿·托马斯在谈到如何构建政府与公民间强有力的合作关系时，指出了构建良好工作关系必须注意的六个原则：第一，合作各方需要平衡感情与理智的关系，保证两者都发挥相应的作用。因有时管理者会错误地站在理性的一边，试图压制公民发自情感的声音。更好的策略应该是管理者保证这些情感得以表达，但又不能让它成为合作关系中唯一的关注点。第二，明确把握对方是怎样认识问题的，即相互理解。第三，沟通交流。管理者作为沟通促进者，应帮助其他各方更清晰地表达他们的意见。第四，建立彼此的信任。考虑到公民团体经常不信任政府管理机构，因此，公共管理者在寻求与公众合作时，必须为取得公民信任而不遗余力地工作。第五，管理者在解决冲突时应努力突出“说服，而不是强制”，公民很少能被强制住，但是他们可以被说服。第六，认可与接受。认可与接受并不需要一个人同意参议的看法，但是必须尊重他的意见，并平等地对待对方。在公民参与中，合作的基础是管理者应当接受公民团体作为决策过程的合法参与者。①

二、实现合作伙伴关系的关键因素：政府对公众参与的认同与协作

在我国这样一个政府主导型的社会条件下，要实现政府与公众的有效合作，政府的积极推动起着重要作用。政府要推动公众参与海洋环境治理，首先，需要明确相关公众的范围，他们要么能够提供对解决海洋环境问题有用的信息，要么能够通过接受环境决策以促进、影响政策的执行。其次，必须决定在多大程度上与公众分享影响力。目前我国海洋环境治理的有关信息披露方面与公众是分享的，如定期在全社会发布海洋环境质量公报等，但对海洋环境政策的决策过程中，公众通常只被授予很有限的咨询顾问的权能，却难以保证对公共决策施加影响力。再次，需要选择特定的公民参与海洋环境管理的形式。目前比较多采用的方式有：关键公众接触，即海洋环境管理者通过选择一些“关键接触者”进行政策咨询，并听取其建议。关键公众可能是海洋环境污染的直接受害者，也可能是沿海社区管理者，或海洋环境保护的志愿者。咨询委员会是另外一种被普遍采用的形式，通常由各利益相关群体或组织的代表人参与，就特定的政策或问题向海洋环境管理者提供咨询及建议。

政府在这一过程中，要注重以下三个方面：第一，培养充分知情的公众。任何旨在预防和解决公共争议的措施的执行，其基础必然是拥有一个充分知情的公众群。政府要在公众参与海洋环境管理活动初期就考虑是否需要教育公民，当教育的过程与公众在参与中分享影响力的过程紧密联系时，通常就会发挥最大的作用。管理者可以鼓励报纸通过出版特殊的海洋环境问题或者通过向读者提供回答并返回的小问卷来协助政府教育公众。管理者还可以鼓励广播和电视台把海洋环境管理活动做成专题节目，专供公民讨论。这些手段都能起到教育公众的作用，并增强公民对公共问题的兴趣。有时公民教育也通过那些不直接与决策相连的学习过程来实现。在康涅狄格州，一些市政当局创立了“学习圈”，用以讨论公民在城市公共事务管理中一般参

① ［美］约翰·克莱顿·托马斯：《公共决策中的公民参与：公共管理者的新技能与新策略》，孙柏瑛等译，中国人民大学出版社2005年版，第120—121页。

与问题。不论使用何种机制或手段，管理者必须确保教育过程不降格为政府要告诉公民应该做什么。避免这种缺陷的方法是树立一个理念，那就是任何一种教育都是双向的过程，为了保证公民参与的有效性，政府也必须向公众学习。其次，有时政府组织被要求帮助公众团体，这些要求主要集中在能否给予公众团体直接的财政支持以提升其组织建设能力，或者另一个有限制的选择是帮助公众团体更好地了解关于特定问题的信息。但即使政府资金是充足的，向公众团体提供特殊的财政支持举措也可能是不明智的，这种支持可能达不到预期的目标，往往弊大于利；如果政府有可能提供财政支持，那么最好的策略应该是提供适当的资金，仅用于社区公民动员和为相关建议提供奖励金，这种安排会排除那些只对金钱感兴趣的参与者。很多美国城市使用这样的思路开发了一些项目，取得了显著的成效。第三，技术上的支持，除了财政支持，政府的另一个选择是帮助这些团体了解有关重要公共问题的信息。但由政府组织派出的制度化的公民团体顾问面对着忠诚割裂的局面，他们负责在技术上支持公民团体，但他们同时又要向公共管理者报告工作，因为这些管理者不可能直接密切关注公民团体发展的动向。①

如果海洋环境治理部门能以正确的方式思考公众参与中可能遇到的各种难题，便可以减少问题的发生，制定出更好的、公众更加接受的海洋环境政策。如果不能很好地解决公众参与的难题，那么公众参与不仅增加了行政成本，而且可能因双方的不一致而导致政策执行失灵。因此，在政府与公众伙伴关系的建立中政府应该承担发起者的角色，主动提供公众参与的渠道和平台。先发性行动可以赋予政府更多的主动性，可以提高公众对政府的信任感和满意度。由政府提供的途径和形式多种多样，主要包括：政府发布海洋环境资源状况公报，公开有关环境决策和管理的信息和程序；向公众推行环境标志、绿色产品；组织环境科学技术研究；召开环境事务审议会、听证会；在环境影响评价中征求听取公众意见；在有关环境问题的政府管理机构、决策机构中，给公众代表提供席位等，以提高公众的环保意识，增强公众的环保行为。

① ［美］约翰·克莱顿·托马斯：《公共决策中的公民参与》，孙柏瑛等译，中国人民大学出版社2012年版，第91—96页。

三、公众参与海洋环境管理的能力培育

环境保护的公益性，要求政策的产生和制定必须有私营企业家、非政府组织、市政部门、公用事业部门、居民区协会、社团和个人的共同参与合作。尽管很难把每个人的意愿和偏好都反映到公共政策中，但由于各个主体代表不同的利益，所以也只有在参与过程中才能相互了解和协调。所以，建立公众参与环境政策制定的机制，鼓励公众团体从事环保事业，维护公众的合法环境权益，是非常有必要的。

公众参与海洋环境管理形式多种多样，主要有：公众或环境保护群众组织或环保 NGO 自主地开展有关环境资源方面的宣传、教育、科学技术研究、信息交流、监督检举起诉、咨询、调查研究等各种活动。现在世界各国在《21 世纪议程》的指导下都致力于建议或促进公众参与的社会机制，使环境教育和培训更加面向公众，使媒介手段更加接近公众，公众发表意见和言论更为自由和方便，尤其是重视 NGO 的作用。环境 NGO 在西方有三种类型：一种是直接参与政府领导的环境管理和自然保护的活动，试图改变政府制定的环境政策或决定；一种是从事环境信息、教育和交流的活动，目的在于建立广泛的公众环境意识；一种是以身作则倡导环境友好的生活方式，带动他人改变对环境不良的行为。无疑，公众参与的社会机制是非常重要的，因为它重在造就公众意识和公共舆论，而这是公众参与环境管理的前提条件。

以往我们理解公众参与存在过于简单化的倾向，以为公众参与就是加入环境保护活动，从事海洋环境保护宣传，对破坏海洋环境行为进行监督等。但实现公众参与并不是一个简单的过程，而是需要参与具备一定的技术和能力，具有一定的组织和制度安排。

首先，提高公众对海洋环境保护的自我认知能力。在海洋环境保护中，公众对自己的角色、地位并不完全清楚。一直以来，公众在海洋环境保护、海洋环境物品提供等方面采取被动的态度，消极地接受专门生产者和提供者的海洋环境物品与服务。实事上，公众是海洋环境保护的主动消费者，对于海洋环境和海洋环境保护这样的公益物品提供与生产，公众若采取消极被动、事不关己的态度，提供者政府就有可能降低海洋环保的工作力度，而相关企业进行海洋环保的动力也会减弱，这样的结果将直接影响公众高质量海

洋环境的获得。如果想获得好的海洋环境质量，公众的积极介入将有助于他们所消费的环境的生产。同时，公众还是海洋环境物品和服务的协作生产者。即一方面公众的积极介入是高质量海洋环境公益物品或服务生产的必要投入，另一方面公众自身也参与海洋环境物品或服务的生产过程。明确公众在海洋环境保护中扮演的角色，有助于提高公众参与的自觉性和主动性，也有助于增强公众参与海洋环境保护的责任感。

其次，借助“规模力量”来提高公众参与的影响力。“人多力量大”，海洋环境管理中这句话得到充分验证。当单个的公众环境权受到侵害时，他在采取维护自身权益的行动时，往往处于两难境地：要么放弃权利，自认倒霉；要么求助于司法机关、行政执法机关、新闻媒体讨还公道。为此，他要付出大量的时间、精力和金钱，而且即使获胜，所得的补偿和成本相比往往微不足道，结果还是不得不自认倒霉。因此只有公众自己组织起来，形成专门团体并由他们代表受害人实施维权行动，才能降低维权行动的成本，使维权变得有利可图。这就是环境保护领域中的“规模经济”。形成“规模经济”的一个有效途径是社区参与，公众可通过参加或依法自行建构社区环保组织的方式，来从事海洋环境保护活动。因在环保社区组织中，公众不再是分散地、孤立地面对海洋环境问题，而是集组织的力量来对抗，因而具有了对相关政府机构和企业行为执行监督的能力。

第三，主动争取参与海洋环境管理的应有权利，包括索赔权、监督权、知情权、议政权等。既然法律上已规定公民参与的权力，作为公民就应利用法律的武器保护自己，主动行使自己的权利。权利是自己争取的，公众对海洋环境问题的漠然，实际上就是对破坏海洋环境行为的放任、默许，客观上助长了政府在解决海洋环境问题上的不作为行为及企业的破坏环境行为。所以说，公众作为海洋环境污染的受害者，应该主动站出来，在这方面浙江象山的渔民起到了表率作用。面对日益衰退的渔业资源、日益恶化的环境和频发的赤潮，当地渔民们开始意识到，再这样肆意捕捞下去，除了最终砸了自己的饭碗，更对不起子孙后代。于是，他们自发地组织起来。2000 年 8 月 27 日，中国第一个保护海洋生态的非政府组织“中国渔民蓝色保护者志愿行动”小组成立，发起者是浙江象山石浦镇的 21 位渔民。如今，来自东海渔区的上万名渔民已经加入“中国渔民蓝色保护者志愿行动”。它是中国第一个以保护海洋为宗旨的志愿行动小组，其行动纲领是“善待海洋，就是善待人类自己”。该组织成立于近六年来，一直自发开展行动，在行动中传播他们“欲取先予”的理念。发起者们自费走遍了中国的广东、福建、浙江、山东和辽宁等地，深入渤海、黄海、东海、南海四大海域的渔区，寻找志愿行动的支持者和参与者，宣传他们保护海洋的理念。该小组成员用行动来促进海洋环境资源的保护，每年 6 月休渔季节到来之前，他们都要向大海放流几十万尾自己培育出来的大黄鱼鱼苗。他们的行动得到了当地政府和东海渔区渔民的支持和响应，象山县政府专门斥资建立了大黄鱼鱼苗繁殖培育基地，一部分鱼苗用来养殖，其余则放归大海。与象山临近的舟山也采取了同样的行动。“中国渔民蓝色保护者志愿行动”得到了政府的积极支持，2002 年 9 月，中国的政府部门代表和其他志愿者组织代表也加入到了这个组织，成立这一海洋环保行动的指导委员会。这个委员会将切实承担起自己的职责，引导并规范渔民的行为，逐步使“善待海洋就是善待人类自己”的理念成为中国所有渔民的自觉意识。2002 年，象山渔民应邀参加了由中国政府和联合国联合召开的志愿服务国际会议，向与会各国的代表介绍了他们的行动进展。中国渔民的行动已引起了联合国教科文组织的关注。据了解，目前已经有加拿大、韩国、日本以及东南亚一带国家的渔民派代表来到象山，与“中国渔民蓝色保护者志愿行动”组织一起宣誓保护海洋，并商讨海洋生态保护合作事宜。浙江象山的渔民用自身行动证明，公众不仅有参与海洋环境保护的义务，而且有能力，并能通过自身的不懈努力，获得政府及相关国组织的认可、帮助，从而实现与政府的良好合作伙伴关系。

第　十　章

基于合作网络的多元主体海洋环境治理模式构建

海洋环境网络状治理模式的形成是对社会发展的反应。现代社会存在很高程度的职能分工，社会被分割成许多部分，大多数都具有高度的专业性，作为这个过程的部分结果，政府本身也变得高度分割化。诸如海洋环境等问题的解决就需要几个层次的政府或政府部门的参与，这就自动形成了网状的环境。在社会发展的过程中，公共部门和私人部门之间的界线变得十分模糊，许多计划既需要政府的参与也需要私人部门的参与。这种相互交织的结果使得政府和待治理社会之间原先泾渭分明的界限变得模糊；由于许多社会部门都具有高度的专业性，而海洋环境治理需要专业性技能，其治理干预过程常常高度依赖专业人士，[①] 这就使越来越多的非政府组织或专业人员加入管理网络之中。现代海洋环境管理成为一个由多元主体共同参与的过程，其中，作为政府代表的各个层级的海洋环境管理部门、涉海企业及来自不同利益群体的公众组成了一个纵横交织的网状作用系统。要使这一系统处于有序运行状态，并能使系统整体功效得到最大限度的发挥，系统内部各构成要素之间的相互合作是基本前提。因此，如何根据海洋环境网络状系统的结构

① 参见［美］戴维·L. 韦默主编《制度设计》，费方域、朱宝钦译，上海财经大学出版社2004年版，第224—225页。

特点，构建有效的网络治理模式，以实现合作共赢的目的，是海洋环境管理发挥实效的重要环节。

第一节 海洋环境网络治理的基本特征

网络治理，也称之为网络管理、合作网络管理，是现代公共治理的一种新型模式。按照现代公共治理理论，治理是在相互依存的环境下，多中心的行动者建立复杂伙伴关系的制度安排，“是或公或私的个人和机构管理共同事务的诸多方式的总和。它是使相互冲突或不同利益得以调和、并采取联合行动的持续过程”①。也就是说，治理是公共行动者建立伙伴关系进行合作的行动过程，“是政府与社会力量通过面对面的合作方式组成的网状管理系统”②。不同的行动者在处理公事事务的过程中，通过制度化的合作机制，可以相互调适目标、共同解决冲突、增进彼此的利益。从这一意义上讲，网络治理就是在现在的跨组织关系网络中，针对特定问题，运用政策工具协调目标与各异的行动者的策略的合作管理，是“为了实现与增进公共利益，政府部门与非政府部门（私营部门、第三部门或公民个人）等众多公共行政主体彼此合作，在相互依赖的环境中分享公共权力，共同管理公共事务的过程”③。

一、网络治理的运行基础是网络主体的彼此依赖与相互合作

相互依赖是网络关系的最本质特征，正因为相互依赖才能使行动者实现地位的平等，采取合作的策略行动。“如果说人格竞争是市场的核心协调机制、行政命令是等级制的核心机制的话，那么信任与合作则是网络的核心机制。”④公共行动者通过合作机制，交流信息，共享资源，谈判目标，减少分歧，以防止机会主义行为的危害，并努力增进合意，在改善互动关系的过程中创造双赢局面。与等级制下的“一—对—多”（one-to-many）的关系不

---

① 蔡全胜：《治理：公共管理的新图式》，《东南学术》2002 年第 5 期，第 24 页。

② 陈振明：《公共管理学》，中国人民大学出版社 2003 年版，第 86 页。

③ 陈振明：《公共管理学》，中国人民大学出版社 2003 年版，第 87 页。

④ 陈振明：《公共管理学》，中国人民大学出版社 2003 年版，第 152 页。

同，网络治理中的合作通常是一种“多—对—多（many-to-many）”结构关系，政府作为其中的一个主体，与国际组织、地区组织、其他层级的政府、企业和公民社会等形成一种“多边关系（multilateral）”，而不仅仅是“双边关系（bilateral）”。在海洋环境管理的网络系统中，参与网络的行动者主要来自各级海洋环境保护部门、涉海企业、相关公众，他们的利益取向、追求目标各不相同，之所以能够进入同一网络系统，表明他们在不同的利益追求之外还有共同的利益取向，而且这种共同利益取向单靠其中的任何一方都难以独立完成，必须有赖于彼此的相互依赖、合作完成。例如，在一个海洋环境保护工程项目实施中，必然涉及不同级别的政府部门、私人企业、公众，他们各自拥有不同的可自由支配的资源，而这些资源对于实现该工程项目都是必不可少的，因此，他们只有结成相互依赖的关系。面对这一复杂的网络群体和出现的越来越复杂的问题，单个政府部门解决问题的能力受到了限制，政府要依赖于网络中的非政府行动者，因此政府一般必须寻求合作才得以实现自身的利益。而海洋环保工程项目的实施者需要得到政府政策、资金的支持，作为消费者的公众，由于这一工程项目可能会影响到其生活状况，因此会对该项目实施以极大的关注，希望政府监督企业的行为，或要求企业加强自律等。政府、企业、公众三者之间相互依赖、交互作用的结果形成一个管理网络。在网络系统中，由于各行动主体的相互依赖性，使得最终选择的“行动与手段，结果往往是通过与应用以及可望执行和维护这些行动和手段的人员的磋商和会谈来实现的”①。所构想和使用的手段，如果得不到有关各方相当程度的认同，那么这些手段往往是无效的。这种状况表明，在这一系统中不存在谁优谁劣的问题，有关的行动者相互间或多或少是平等的，没有一个行动者能始终违背其他行动者的意愿而为所欲为。

二、建立多种伙伴关系是网络治理提高互动水平的途径

“伙伴关系是许多行动者之间的动态关系。这些行动者是以接受共同目标为基础的，并且都认识到最合理的社会分工是建立每一个伙伴的各自比较优势基础上。伙伴关系包括相互影响，在协同发展和各自保持独立性之间精

① ［加］E. M. 鲍基斯：《海洋管理与联合国》，孙清等译，海洋出版社1996年版，第100页。

心平衡，还包括相互尊重、平等参与决策、共同承担责任、透明。”① “伙伴关系是在两个或多个公共、私人或非政府组织之间相互达成共识的一种约定，以实现共同决定的目标，或完成一项共同决定的活动，从而有利于环境和社会。”② 伙伴关系实际上是一种利益联盟，涉及两个以上的行动者，其中至少有一个是公共组织。每一个参与者都有自主性、独立性和行动的自由，这些参与者之间在持续的互动过程中形成了长期的关系，而不是简单的一次性交易。每一个参与者之间必须能够进行资源（物质和非物质资源）的交换，也就是伙伴间的互惠互利，并且各个参与者必须对其活动共同承担责任。伙伴关系的种类有很多，主要有三种形式：一是主导者与职能单位的关系，即主导者雇用职能单位或以发包方式使之承担某一项目；二是组织间的谈判协商关系，多个组织通过谈判对话，在某一项目上进行合作以达到各自的利益；三是系统协作关系，即多个组织通力合作，共同设计治理规则和组织结构，以建立自我管理的网络，这是伙伴关系的最高层次。

网络治理结构中主体的相互依赖性冲击了政府在社会中的统治地位，使政府的控制权力从内容到形式都在发生变化，正如奥斯本和盖布勒在《改革政府：企业精神如何改革着公营部门》一书中分析的那样，政府实现公共服务的方式将是掌舵，而不是直接划桨，其控制的权力将从集中走向分散。如果说，在传统的农业、工业社会中，社会运转有赖于政府的规划、指导和管制，政府在社会中处于核心地位，那么，现代社会尽管政府在整个社会中依然充当着非常重要的角色，特别是在决定重大的公共资源分配方向和维护公民基本权力，实现公平价值等方面，政府仍将发挥着其他组织不可替代的作用。但是，它不再是实施社会管理功能的唯一权力核心。网络状治理过程中，政府与其他社会组织组成了一个动态、复杂的网络系统。网络状治理是通过多边合作的网络方式进行的管理过程，在网络状社会结构中，政府必须与网络中其他组织合作才可能有效地回应社会。

强调政府权力中心的变化，并不是否定政府在网络状治理结构中的地位和作用。政府仍然具有一定的主导力量来鼓励组织网络的形成，政府是网

---

① ［美］E. S. 萨瓦斯：《民营化与公私部门的伙伴关系》，周志忍等译，中国人民大学出版社 2002 年版，第 21 页。

② ［加］布鲁斯·米切尔：《资源与环境管理》，蔡运龙等译，商务印书馆 2004 年版，第 284 页。

络线路的管理者、组织者，在网络治理中扮演催化剂和促进者的角色，但不再是决定者。在官僚制下，政府的角色是各方之间的看门人（gatekeeper），决定谁进入政治过程，谁被排斥在外；而在网络状治理中，政府仅仅是网络结构中的一个节点，它把各种各样的自主行动者围绕着一个共同的计划组织起来，承担经纪人（broker）的角色。政府成为各方之间建立联系的一个通道（gateway），通过这一通道，利益相关的各方互相交流信息、资源，从而实现社会资源的有效利用。为社会构建各种各样的网络是政府的基本职责。

海洋环境管理出现主体的多元化趋势、呈现出网络状治理的结构特征，不仅是现代公共管理运动发展在海洋环境管理领域的必然反映，而且也是对目前我国的海洋管理提出的新的挑战，要求现代海洋管理必须从管理理念到管理制度进行全方位的变革。而海洋环境网络状治理模式的建构，正是海洋环境管理变革的最充分体现。

第二节　海洋环境网络治理结构中主体间互动关系

网络治理结构中的不同主体尽管处于平等的地位，但在具体的公共事务处理过程中所扮演的角色并不完全相同，每个行动主体在公共治理过程中所扮演的角色则依赖于他们相互之间的以及与政府之间的谈判能力、知识和各自的力量。实际上，共同管理过程就是政府和不同行动者之间力量和权益的平衡过程。在网络治理中，由于行动者的相互依赖性，每个行动者所做的事几乎都会对其他行动者产生影响，所以行动者在考虑个人的行动策略时都会考虑其他行动者的选择。研究表明，在许多重复出现的博弈中，合作策略是最有利的利己战略；经过多次博弈，行动者之间倾向于建立面向长远的互动关系。也就是说，为了扩大从集体行动中获利的空间，行动者在不断的互动中会逐渐放弃“单独行动”的策略，转而采取合作策略。相互依赖的公共行动者由于利害相关、信息共享，更有动机和条件采取合作行动，以创造“多赢”博弈的机会。

政府、企业、公众构成海洋环境网络的行动主体。尽管在这一网络系统中，政府作为公共权力机构有其特殊性，但在海洋环境治理过程中，作为参与者，政府与企业、公众有着共同的利益要求，他们彼此相互制约，相互影响，存在着互相依赖性，这种依赖通过多种方式表达出来。比如，造成海洋环境污染的企业依赖于政府发给他们许可证进行污染排放，同时政府又依赖于企业交纳的税收和提供的就业机会来部分地解决社会问题。同样，政府与公众间、公众与企业间也存在着作用与反作用关系。如果代表不同需求和偏好的公共利益在各个海洋环境管理主体之间存在契合点，各种各样的海洋环境保护问题的解决就可以寻找到有效的解决途径。可见，海洋环境网络结构中充满互动、协作和竞争。政府各单位之间、政府与企业间、政府与公民间、企业与公民间以及三者之间充满互动，并在互动中结成伙伴关系。海洋环境治理结构中的伙伴关系包括：一是海洋环境管理部门与涉海企业间的关系，即公私合作关系；二是海洋环境管理各部门间的谈判协商关系，行业管理部门间、中央与地方政府间通过谈判对话，在某一项目上进行合作以达到各自的利益；三是政府与公众的伙伴关系；四是政府、企业、公众三者之间的协作关系，即多个主体通力合作，共同设计海洋环境治理的规则和组织结构，以建立自我管理的网络。

从下图中可以看到海洋环境网络治理结构中政府、企业、公众三者的多层次交织关系。

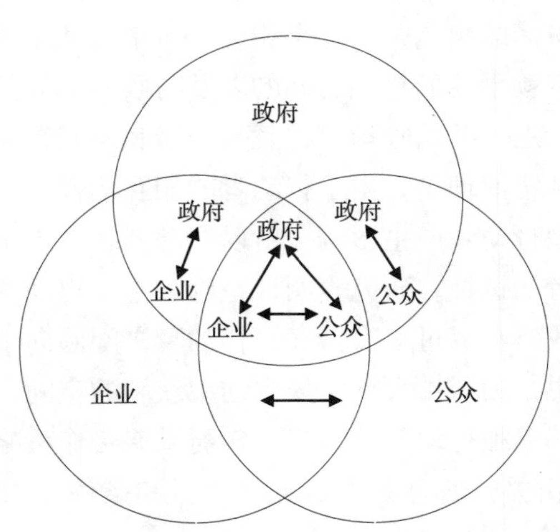

图 10–1：政府、企业、公众三者关系模式

从中，既有政府与企业间的关系，有政府与公众的关系，也有公众与企业间的关系，还有政府与企业、公众的三者互相交织的关系。由于海洋环境管理中政府承担着重要职能，而政府作为一个集合体，在具体运行中被分解为纵向上的中央政府、地方政府及横向上的政府各管理部门，所谓海洋环境的政府管理，实际上是由这些具体的所分解的不同层级的政府和不同部门的政府来承担，因此，政府不同层级、不同部门间的关系也成为海洋环境网络治理结构中的一个重要关系项。

政府与企业的伙伴关系也就是指公—私伙伴关系。关注的重点是在公共服务市场化过程中，私人企业如何参与民营化；以及在城市改造、基础设施建设等公私伙伴关系是如何发挥作用的。“所谓公私伙伴关系（public-private partnerships，简称 PPPs），它是指这样一种生产和提供公共服务的制度安排，即公共部门和私人实体通过共同行施权力，共同承担责任，联合投入资源，共同承担风险，共同分享利益的方式，生产和提供公共的产品和公共的服务。”建立公私伙伴关系的一个潜在的逻辑在于，无论是公共部门还是私人组织，它们在公共服务的产生和提供的过程中，都有其独特的优势；成功的制度安排在于保持各自的优势，实现优势互补。公私伙伴关系的最重要特征在于：公私组织通过合作追求共同的或者一致的目标；协作的基础在于相互的利益；强调风险和责任的共担。依据公私伙伴关系这种制度安排，私人承包商成为公共服务的长期提供者，而政府部门更多的则成为管制者，政府把主要的精力和资源放在规划、绩效的监督、契约的管理方面，而不是放在服务的直接管理和提供方面。

通常讲伙伴关系时，更多的是强调公与私的关系，很少提到公与公的关系，即在一国内政府部门间建立伙伴关系。[①] 但就海洋环境而言，政府部门间伙伴关系的建立就显得尤为重要。由于海水的流动性、海洋环境问题影响的关联性，使得海洋环境问题的解决往往不是单一的行政辖区或某一部门所能解决的，像污水处理、废物排放、海洋整治等公共事务的解决就需要多个辖区政府、多个部门的共同努力和联合行动。这些努力和行动使政府间关系逐渐由原先的纵向权力划分演变为一种高度复杂的共同承担责任和共同解决问题的政府间合作体系。正如保罗・R. 多梅尔所指出的：“许多政策性和

① 国家内部政府部门间的关系纵横交错，包括中央政府与地方政府之间、地方政府之间、不同行业管理部门间的关系，这里论述的侧重点是不同行业的管理部门间的关系。

行政性的事务今天不只涉及单个社区及其官员，还会导致上下左右纵横交错的官员或政府部门之间正式和非正式关系的复杂网络。”① 然而，现实中海洋环境管理中的相关政府部门并未建立起有效的合作机制，有时甚至存在严重的矛盾冲突。

影响政府与政府间伙伴关系的建立与我国现行的管理体制有关。我国海洋环境管理采用的是综合管理与行业管理相结合的管理模式，行业管理和部门管理是主导。目前各沿海国家的海洋环境保护管理的组织基本上都是由多个部门分工协作进行的。分工承担海洋环境保护工作的一般包括海洋部门、环境部门、自然资源部门、交通部门和军队等。这些管理部门在执行管理职能时又与各级地方政府相互交错。尽管分工协作的管理方式对任何一个国家来说，都是一个必然的选择，但分工不意味着分散、分割，而现实中的海洋环境管理恰恰处于因权力分散而管理效率低下的状态。条块分割的管理方式，使得本来联为一体的海洋被分割成一个个彼此孤立的部分，所谓对海洋环境的管理实际变成对海洋各部分的“分门别类”的管理，继而演化为一种“各自为政”的局面。海洋管理中只重“个体”、重“局部”的现象必然会影响到海洋整体的发展。Charle N.Ehler 在其所写的“Indicators to measure governance performance in integrated coastal management”一文中讲道：“尽管许多规划和规章都会对沿海和海洋资源区域的活动产生影响，但在海洋资源管理和海洋空间利用方面，却从未制定出一些总的基本方针来建立权威机构和确定责任。换句话说，就是没有连贯的、有条理的管理体系。大多数国家仍继续用一个个部门的法规来管理其海洋资源和空间。一部法律、一个机构、一系列规章可能只适用于一个具有单一目的的领域（如石油与天然气发展、渔业、水质、航海或保护濒危物种），并且，一片单独的海域也可能同时受到多个规章的管理。有时，这种分散意味着重要的议题被支离破碎的管理给分开了，而不是获得更多的注意。例如，尽管许多机构声称自己是履行各自管理海洋栖息地的职责，但问题是对海洋栖息地作为一个整体来保护却不能实现。分散也意味着现实的或潜在的冲突（存在于政府的要求之中或使用者之中）经常不能被预见。当问题出现时，不能得到有效解决。由于缺乏

① ［美］理查德·D. 宾厄姆等：《美国地方政府的管理》，北京大学出版社 1997 年版，第 167 页。

一个连贯的协调的系统，机会常常失去，资源也被浪费掉了。政府机构的分散存在于横向和纵向两方面。现在，海洋环境管理被分别在地方、国家、地区、全国各级政府实行（在某些情况下如海洋运输、国际管理）。在每一级政府，不同的职能又由一系列独立的机构和组织来实施，而他们之间仅有有限的或零星的协调，结果，分散管理成了一个普遍的情况，导致许多管理效率极为低下，解决使用者之间的冲突的难度极大。”① 只重个体的分散的海洋环境管理模式不但影响了海洋整体利益的实现，而且也将影响到涉海各行业的个体功效的发挥。

海洋环境管理部门之间的利益之争，是影响政府间伙伴关系建立的根本原因。这包括海洋环境管理不同部门的竞争以及不同地区的政府间的竞争，在这里我们主要关注的是不同的海洋环境管理部门竞争。每个政府部门都有自己的私利，它们在权力、资源以及名声上都存在着激烈的争夺，尤其是财政资源上。为了获得更多的政府财政资源，它们往往会强调甚至夸大本部门的职责重要性以及行政成本。比如，在对一些大的海洋项目竞争中，为了能切到一块使自己获利更大的“蛋糕”，相关部门往往会想方设法进行游说工作，不惜夸大其词，甚至采用“寻租”的方式。同样，在对待海洋环境污染问题上，不同的部门所表现出的态度和行为也有很大的差别。一般来说，海洋环境保护部门对治理污染有强烈的职责意识，出于职能动机的推动往往会采取一些措施治理污染，而一级政府可能会过多考虑地方经济发展和政府官员升迁的因素，对环保的重视程度相对低一些。所以海洋环境污染严重而得不到有效治理，或治理后又回潮的，其责任更多的应该在一级政府上。

海洋环境问题影响的全面性，要求在多部门分工管理的基础上，建立统一的海洋环境管理体制，从全局综合考虑、统筹规划、统一管理。如何建立一种协调机制，使力量集中、目标一致，成为关键性问题。《中华人民共和国海洋环境保护法》第八条第二款规定：“跨部门的重大海洋环境保护工作，由国务院环境保护行政主管部门协调；协调未能解决的，由国务院作出

① Ehler Charles N，“Indicators to measure governance performance in integrated coastal management”，*Ocean & Coastal Management*，2003（46），p.339.

决定。”从而确立了国家环保管理部门统一管理职能。在国家法律法规和宏观政策指导下，制定海洋环境管理的统一政策、统一规划，统一协调体制。具体来讲，就海洋环境保护政策、规划与目标，制定统一的海洋环境保护法规与标准规范，统一监督管理各类污染损害海洋环境的污染源与人类活动，统一协调海洋环境管理与海洋资源开发、维护海洋权益和建设海洋公益服务体系的关系。改革海洋管理体制的同时，要培育起与海洋管理体制相配套的协同作用机制。首先，应建立起海洋管理的协商机制。这要通过联合主要涉海管理的不同部门、相关组织，建立一个跨部门的组织机构来实现。通过协商机制，可在对话、谈判中来化解冲突，逐步取得共识，达成协议，最终求得利益分享，实现“双赢”的目的。所以，政府各部门间的伙伴关系实现上是一种合作、协作关系，建立有效的协调机制，是实现伙伴关系的保障。

第三节 政府、企业、公众三元互动的海洋环境网络治理模式

政府与企业间、政府部门间、政府与公众间的关系，是海洋环境网络治理结构中的主体关系，表现出海洋环境管理的双边互动性。但是，海洋环境网络治理的最主要特征还是一种多边合作关系的互动，尽管多边合作实际上要以双边合作为基础，海洋环境管理应该是政府、企业、公众三方互相协作和配合的结果，三方力量彼此间相互影响、相互作用，形成一个联动机制。

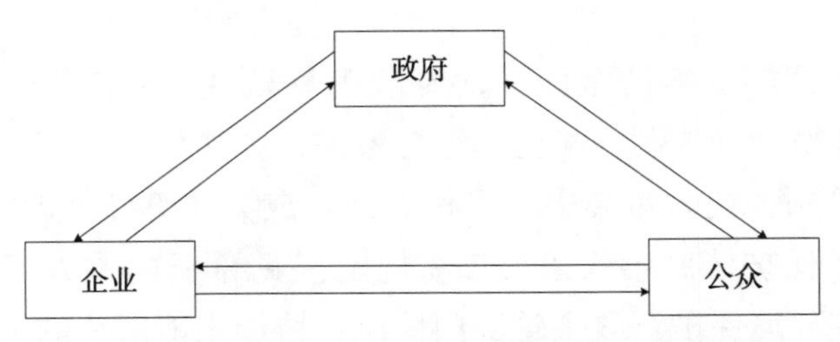

图 10–2：政府、企业、公众三者互相作用模式

将上图中的政府加以具体化，可以看到，作为政府代表的各个层级及各行业的海洋环境管理部门与涉海企业和公众组成了一个纵横交织的网状作

用系统。（如图 10–3 所示）在政府、企业和公众构成的这一网络系统中，存在基础是相互间的依赖和合作。同样，政府与公众间、公众与企业间也存在着作用与反作用关系，各主体在相互依赖、彼此合作中，扮演着不同的角色，每一方的作用都是不可或缺的。

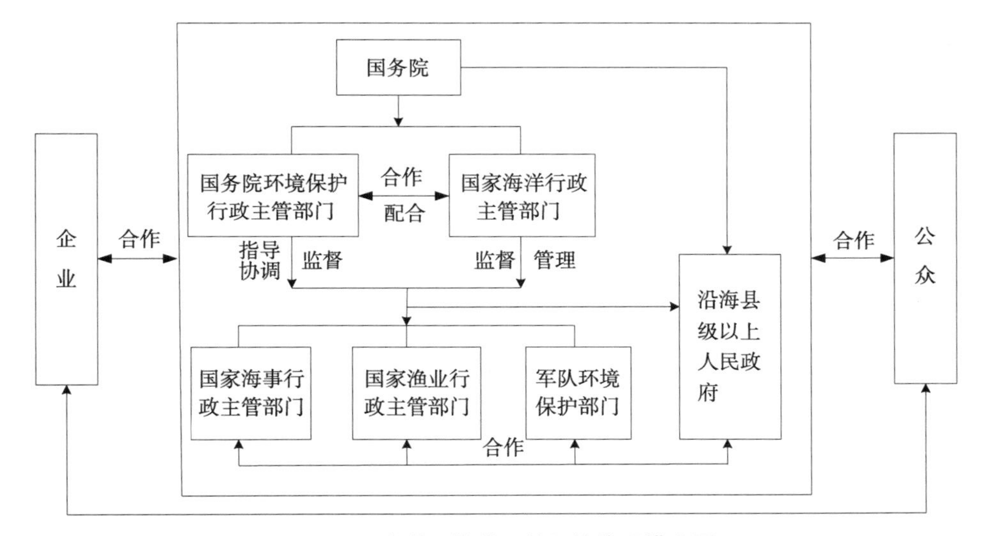

图 10–3：海洋环境管理的网络治理模式图

政府作为国家意志的执行者，在海洋环境管理中起着总体设计、组织、协调和支持的作用。在海洋环境网络运行过程中，政府充当的职责：一是提供沟通渠道，使企业和公众与各层级、各部门政府管理者能够就海洋环境保护事宜坐到一起共同协商，在此，政府起到召集人的作用。二是提供激励机制。政府通过一系列财政补贴、税收减免或相关政策支持，鼓励企业积极从事海洋环境保护事业，利用舆论宣传、表彰先进等方式，推动广大公众加入海洋环境保护事业。三是建立约束机制。通过法律、法规、政策等制度形式对企业和公众的行为进行规制和监督，并对企业和公众的污染海洋环境行为进行处罚，以外在的强制力规范企业和公众的行为。

企业在海洋环境网络治理结构中的作用是通过其生产和运营体现出来的。通过“公私合作”的方式，企业可直接参与海洋环境保护工程项目的生产和服务，在缓解政府财政压力的同时，为海洋环境管理部门改善服务提供竞争压力和技术、物力等保障；同时，企业一方面可以通过自身的技术改造，改变企业的污染行为，直接成为海洋环境的保护者；另一方面，可以通过举行环境公益活动，承担起一定的社会责任，为公众的海洋环境保护活动提供资金和人力等方面的支持。

公众在海洋环境网络治理中应该是一个非常活跃的力量。与政府和企业的行为带有强烈的利益驱动色彩不同，公众的行为相对来讲更加单纯，公益性更强一些，可以比较客观地向政府和企业表达关于环境治理等方面的意愿，在彼此间传递信息；同时，通过志愿的方式提供一些社区性和地方性的海洋环境物品。更为重要的是，公众是海洋环境最有力、作用面最广的监督者、维持者。

当然，在海洋环境治理网络中，政府、企业、公众三者之间的关系并不总是一种友好的合作关系，三者之间充满矛盾，甚至会发生激烈的冲突。政府的海洋环境治理政策可能引起企业的抵触和公众的不理解；而面对带来巨大经济效益的污染企业，政府有时又会在治理污染时变得妥协，手下留情；公众在对污染企业和政府的不作为进行声讨、表示愤慨的同时，又常常对发生在自己身上的不环保行为视而不见、无动于衷。诸多现象表明，海洋环境治理网络本身是一个矛盾统一体，有对立，有同一。如果政府、企业、公众三方达不成共识，矛盾激化，统一体有可能破裂，即三方合作失败，海洋环境问题无法解决。但如果三方达成共识，能够做到“求同存异”，那么统一体将处于有序的运行之中，最终会出现“整体大于部分之和”的功效。要使海洋环境治理网络处于动态平衡、有序运行之中，必须有相应的制度作保障。

第四节　海洋环境网络治理模式有效运行的制度保障体系

政府、企业与公众三者交互作用，构成海洋环境的网络治理结构，在这一治理结构中，无论是政府与企业间、政府与公众间、政府各部门间的交互作用，还是政府、企业、公众三者之间的共同作用，要实现并保持彼此间的合作伙伴关系，都需要有一定的制度基础作为保障。如果说三方互动使海洋环境治理网络显示出动力、效力，那么海洋环境管理制度则是网络得以运行的基础平台。

按照新制度经济学派的观点，制度是一系列由正式规则和非正式规则组成的规则网络，正式规则是指人们有意识地创造的，由某种外在权威或组织来实施和控制的规则，表现为一种“硬”约束；非正式规则是指人们长期交往中无须外在权威或组织干预，仅由自发的社会的互动来实施的规则，表现为一种内在的“软”约束。制度的一个最基本的功能就是通过设立一定的规则，把人们的活动纳入一定的“轨道”。“制度为人们提供了一定的行为模式，社会或团体力图用这些行为模式去模塑其成员；而社会或团体的成员则通过自己的行为去认识、验证、实践这些行为模式，当他们接受了这些行为模式和行为规范并付诸实践，以至在任何同类场合都以这种模式行事时，这套行为模式即被制度化了。”① 作为一种调控手段，制度建设的要旨恰恰在于打破分散的、各异的习俗和惯例，建立统一的社会行动体系。可以说，制度的一个重要功能就是为实现合作创造条件，因制度为人们在广泛的社会分工中的合作提供了一个基本的框架，借助于此，可以规范人们之间的相互关系，减少信息成本和不确定性，把阻碍合作得以进行的因素减少到最低限度，以此来保证合作的顺利进行。

海洋环境管理涉及政府、企业、公众多方力量，而且三方均是集海洋环境管理的主客体于一身，关系错综复杂。由于彼此的目标取向，利益偏好不同，必然在行动上会出现某种程度上的不一致，从而影响海洋环境管理活动的正常进行。海洋环境管理制度的目的和作用就是为海洋环境治理网络中的行动者“立规矩”、“定方圆”，把相关人群的活动纳入到已定的框架体系内，使其行为“不逾矩”。同时，又通过各种激励机制，保证各方利益的合理实现，从而调动其从事海洋环境保护的积极性。

由于制度包括正式规则与非正式规则，相应地，海洋环境网络治理的制度保障体系也包括海洋环境管理的正式规则与非正式规则。两种形式的规则，一“软”一“硬”，一“内”一“外”，以不同的作用方式影响着海洋环境管理活动中的主体行为，以其特有的支撑作用，维护着海洋环境网络治理

① 彭克宏主编：《社会科学大词典》，中国国际广播出版社 1989 年版，第 315 页。

结构的运行，通过二者的协同努力，为海洋环境保护事业的发展保驾护航。

一、基于非正式规则的制度保障机制

制度是一种“合意”，体现着行动者的共同理解和价值取向，并有要求行动者共同遵守的压力，能使行动者认同组织目标，进而采取合作行动。海洋环境治理网络中不同的行为主体之所以能够做到“求同存异”，和平共处，是因为他们对一些涉及彼此共同利益的事物有着相同的理解，能够就某些争议问题达成共识，并且相信只有借助于来自其他方面的力量才能实现自己的目标。理解、信任、共同的价值取向，成为维护网络运行的润滑剂和深层次主导力量。而这些因素作为意识形态层面的构成要素，恰恰是属于非正式规则的基本内容。作为制度构成的非正式规则，主要是由习俗、惯例、个人行为准则和社会道德规范构成，其中意识形态处于核心地位，因为它不仅可以蕴涵价值观念、伦理规范、道德观念和风俗习性，而且还可以在形式上构成某种制度安排的“先验”模式。对于一个由不同的行动者组合而成的活动系统中，意识形态有可能取得优势地位或以“指导思想”的形式构成正式制度安排的“理论基础”和最高准则。也就是说，采用一种什么样的制度模式，或者说采用这种制度模式能否取得成功，关键在于非正式规则。因为正式规则可以在一夜间形成，而非正式规则是长期积累的结果，而一旦形成，就会以极大的惯性力量制约着制度框架中人们的行为选择。如果非正式规则（如滞后的意识形态）与正式规则不一致，即使引进了新的制度，也会因受到非正式规则的阻碍而影响新制度的贯彻实施，增大制度创新和制度实施的阻力和成本。而与正式规则相一致的非正式规则（一致性意识形态）则有助于降低正式规则的运行成本（交易费用），促进新制度的建立、巩固和发展。因此，确定一种与正式规则一致的非正式规则，具有重要的意义。

在海洋环境网络治理结构中，非正式规则表现为海洋环境意识、海洋环境价值观念、海洋环境伦理道德等，由这些观念、意识、伦理道德组成的非正式规则，既可能成为网络运行的阻碍力量，也可能成为网络运行的推动力量。如果海洋环境管理的非正式规则内容以平等、合作、信任为基调，那么它不仅可以以世界观的形式来指导行动者的行为选择，促使其在选择中保持一致，而且能够简化决策过程，成为政府、企业、公众三者之间达成“协议”的一种节约费用的工具。海洋环境网络治理结构形成的基础就是网络成员的相互依赖、相互信任，网络中政府、企业、公众能够结成伙伴关系的根源也在于此，所以，建立和完善海洋环境网络治理结构的制度保障机制，首先就要确立、巩固和发展以合作、信任、共识为基础的非正式规则。要做到这点，可以通过在网络内培养“合作型文化”、构建“学习型组织”来实现。

“合作型文化”的形成建立在合作各方共同学习、交流沟通的基础之上。具有不同利益追求的政府、企业、公众要建立彼此的信任关系，进行合作，需要经历一个长时间磋商、谈判和磨合的过程。在这一过程中，通过共同学习，培育网络间共同价值观起到关键性作用。任何一种合作关系的形成都不是行动各方凭感情或利益需要进行的一种随意组合，而应该是一种有组织的、有目标导向的循序渐进的过程。其中，政府发挥着引导、协调的作用。共同参与海洋环境治理网络的政府、企业、公众三者通常在行动之初表现出不信任的倾向，政府有义务就行动目标、共同愿景等问题与企业、公众共同协商，并将合作意图向企业和公众传递，使每个组织及其成员尽可能了解问题的本质和相关合作者的观点，以争取获得彼此的理解和支持，这个过程实际上就是一个共同学习的过程，也是政府重塑自我形象、成为学习型政府的过程。因这一过程意味着政府不能再靠控制和命令来履行职责，不能再按自上而下的模式运行来推行自己的主张，而是必须要学会倾听与对话，学会谈判与协调，能够借助信息沟通、道德劝说和仲裁调解等非强制性手段来实现公共目标。政府应该积极承担与企业、公众对话的责任，倾听他们的意见，回应他们的需求；而企业和公众通过与政府的沟通合理表达自己需求的同时，也应该学会约束自己的不合理要求，主动寻求与政府的一致。美国学者科尔通过分析一项有关公民在社区保健组织中成功参与的案例得出如下结论：“社区保健组织的所有项目都经历了相当一段时期的磨合。在此期间，顾客的参与并没有表现出特别的有效性。事实上，在这里，存在着一个有目共睹的、普遍性的发展循环，其中的各个阶段似乎是从‘最初的乐观主义’到‘冲突对抗’，再从‘僵局’到‘调解斡旋’到‘有效决策制定’。”①

① ［美］约翰·克莱顿·托马斯：《公共决策中的公民参与：公共管理者的新技能与新策略》，孙柏瑛等译，中国人民大学出版社 2005 年版，第 28 页。

经过这样一个“肯定—否定—否定之否定”的过程，相互不信任现象就会逐步消弭，从而达成相互支持。这样一个循序渐进的过程，尽管需要花费较长的各方磋商、讨价还价的时间，然而，经过磋商以后，花费在海洋环境政策上的其他额外时间会大大减少。换句话说，海洋环境管理者花费一定时间与企业、公众等行动者参与共同决策，但可以减少政策执行过程中所花费的时间。凭借各方行动者的力量参与进入最初的决策，更可能达到广泛支持甚至促进政策执行的功效。

二、基于正式规则的制度保障措施

作为制度构成的正式规则是指有意识创造的一系列政策法规，包括政治规则、经济规则和一般性契约，用以界定、规范人们的行为。海洋环境管理的正式规则主要包括：海洋环境管理的政策法规、海洋环境管理战略和规划等，它由国家立法机构、国家海洋环境管理部门制定或由涉海各方共同制定，对涉海人员具有强制力。

基于非正式规则的合作、信任、共识等意识形态内容尽管在海洋环境网络治理结构中发挥着润滑剂、清道夫的作用，但由于其缺少强制力而使其功效并不必然发生。共同的合作需求可以使利益相关者坐到一起，共谋发展。但是，要建立一种长期而稳定的合作关系，并且能够通过合作达到各方利益要求，仅仅依靠非正式规则的“软约束”，则会显得力不从心。只有把价值层面、思想层面的非正式规则外化为法律、政策层面的正式规则，“软硬兼施”，海洋环境的治理网络才能运行得有动力、有秩序。海洋环境管理的正式规则所提供的是一整套严格、明确、有序的规章制度，既为网络中的政府、企业、公众给出了行动的目标，同时划定了行为者“选择空间”的边界。

海洋环境管理的正式规则要对从事海洋环境管理的各相关主体起到规范作用，必须具备以下基本条件：其一，这些规则是合作各方能够认可、接受的；其二，这些规则能够保证合作各方利益的有效实现；第三，规则体系、内容的协调性、统一性。从目前我国海洋环境管理的正式制度建设看，应该说，改革开放以来，我国海洋环境政策法规方面的建设取得了很大的成绩，之所以在实际运行中没有发挥应有的功效，可能有这样几方面原因：一是规则制定者的单方面利益取向。海洋环境管理的政策法规基本上是部门制定，各相关部门总是从自身利益出发，维护自己在海洋环境管理方面的控制权力，因而出现制度体系不统一、不衔接或制度真空等现象。二是规则制定方法不尽科学，以往的政策法规的制定更多地采用自上而下的方式，更多的是政府主观意志的表达，企业、公众等环境管理主体的意志缺乏有效的表达渠道，规则的合意性方面存在欠缺。三是海洋环境管理规则的定位过低，缺少从战略高度的通盘思考。我国至今尚未形成国家的海洋环境战略、目标与规划，在海洋环境保护实际工作中缺乏宏观政策的指导，无法对海洋环境实施宏观管理与监督。四是规则制定得过于空范、笼统，缺乏可操作性。为此，围绕着海洋环境治理网络运行事宜，在海洋环境管理正式规则的建设中，应该努力做到：

第一，提高海洋环境管理正式规则的权威性。海洋环境管理政策法规在一定程度上体现着国家的意志、公共利益追求，具有严肃性和权威性。在制定过程中必须充分听取专家、企业、社会公众的意见，并建立在程序化和制度化的基础之上。只有在规则设计上做到客观性、公正性、效率性、完备性和可操作性，并在规则供给决策上做到科学化、民主化、公开化和制度化，才能最大限度地保证规则的有效供给与贯彻执行。政策法规形成的过程尽管可以经过长时间的反复磋商、经历矛盾冲突，但一旦确立下来，政策法规就被赋予了权威性、强制性，任何人都不能有凌驾其上的行为。在海洋环境网络治理结构中，由于政府所处的特殊地位，所以，政府部门的严格自律、依法行政便尤为重要。为了保持正式规则的权威性，政策法规应保持一定的稳定性，不能朝令夕改，否则将失去公信力。

第二，保持海洋环境管理正式规则的统一性。统一性一方面是指在纵向管理系统的不同层次之间，低层次的政策措施和目标必须服从高层次的政策目标，即：地方层面的海洋政策法规必须服从国家层面的海洋政策法规，不论在国家层面还是地方层面上，各行业政策必须服从海洋基本政策；另一方面是指在横向上处于同一层次的不同行业的海洋政策、法规彼此之间要保持协调，避免由于政策冲突而引起的海洋环境相关管理部门“依法打架”的现象。

第三，适当借鉴国外先进的海洋环境管理制度形式，以降低正式制度变革的成本。制度具有移植性，但非正式规则由于内在于传统和历史积淀，很难从国外“引进”。正式制度尤其是那些具有国际惯例性质的正式制度是可以从一个国家移植到另一个国家的，如我国在海洋环境管理过程中就移植了西方国家一些有关综合管理的规则，从而大大降低了正式制度创新和变迁的成本。此移植的过程也是“修正”的过程，对国外先进海洋环境管理政策的借鉴运用，确实可以极大地推进我国海洋环境管理改革的深入发展。值得注意的是，移植的正式制度要想生根发芽，真正发挥作用，还必须与非正式规则相容，被非正式规则所认可。

三、健全海洋环境网络治理的实施机制

海洋环境管理制度要真正发挥效力，除了需要提供一系列规则来界定人们的选择空间，更重要的还需要有一套实施机制来保障规则落到实处。实施机制是指有一种社会组织或机构对违反制度（规则）的作出相应惩罚或奖励，从而使这些约束或激励得以实施的条件和手段的总称。海洋环境管理的实施机制，是海洋环境管理制度的动态运行过程，是制度的执行、实现过程。具体包括海洋环境管理的体制安排、海洋环境管理的机构设置、海洋环境管理部门职权的划分、海洋环境管理相关主体的利益协调机制、海洋环境管理方式手段等。海洋环境管理制度实施机制对于制度功能与绩效的发挥是至关重要的。对于海洋环境网络治理结构这一组织系统来讲，尽管有规则（制度）比没有规则（制度）好，但有规则而不实施，即“有法不依”，其结果往往比“无法可依”情况更糟。这是因为如果海洋环境管理制度得不到实施，不仅会影响制度的稳定性和权威性，从而使制度形同虚设而不起作用；而且还会使网络内的行动者产生对制度的不正常的预期或使人们产生蔑视制度的文化心理，从而使目无法纪的行为畅通无阻并愈演愈烈。没能实施机制作为支撑的海洋环境管理制度，不仅导致海洋环境政策法规等正式规则形同虚设，更为严重的是客观上助长了人们的违法乱纪行为，扰乱了社会秩序。

目前我国海洋环境管理问题得不到有效解决的主要原因正是在于已制定的正式规则无法有效实施。造成制度无法实施的原因可能是因为这种制度设计不合理或者实施的成本太高；也可能是来自既得利益者对制度实施的阻挠，或一些有权势者对制度的漠视。总之，不管是来自哪一方面的原因，只要已有的制度得不到实施，从现实的效果看就等于没有制度。因此，海洋环

境管理的正式规则和非正式规则要发挥应有的作用，必须有健全的实施机制为其提供保障。为健全和完善海洋环境管理的实施机制，目前应重点抓好以下两方面的制度建设。

（一）海洋环境管理的综合协调机制建设

在海洋环境网络治理运行体系中，各行动主体、各部门承担不同的功能，发挥不同的作用，它们既相互独立，又密切配合。如果部门、机构设置不健全，必然会有一些工作没有相应的机构承担，导致政策执行功能相互脱节，或多种工作集中到某些机构之中，造成政策质量下降。而系统机构重复设置，又会引起工作上的摩擦、扯皮、责任不清以及管理成本的过度膨胀。因此，海洋环境管理机构的设置应贯彻精简、统一、效能的原则，在全面调查、认真研究、科学论证的基础上，进一步明确海洋环境管理机构的关系，划清管理权限和职责范围。从职能配置而言，中央机关应偏重于立法管理、政策与规划管理、综合协调管理等，地方职能部门则偏重于执行和具体行政事务的处置。例如：涉及军事、外交事务及油气、矿产、能源资源的管理，应由国家实施统一管理，地方配合；其他海洋资源的开发与利用、海洋环境的管理与保护，应以地方为主管理，国家给予指导。明确各涉海部门的职能分工，国家海洋局、国家环保局、海事、渔业、公安等部门和机构，对其各自的分工要进一步明确，有冲突的要进行调整，以避免管理上重复、冲突、空白和推诿扯皮现象的发生。为了更好地解决海洋环境管理中各层级之间与各部门之间的矛盾，建立海洋环境管理的综合协调机制十分必要。《联合国 21 世纪议程》中提出：“每个沿海国家都应考虑建立，或在必要时加强适当的协调机制（例如高级别规划机构），在地方一级和国家一级上从事沿海和海洋区及其资源的综合管理及可持续发展。这种机制应在适当情况下包括与学术部门和私人部门、非政府组织、当地社区、资源用户团体和土著人民参加。”海洋环境事务涉及多方利益，政府作为公共利益的代表，尽管力求决策科学、公正，力争在最大程度上保证最大多数人利益，但毕竟政府也是“经济人”，也有着自己的利益偏向，也会受到其他利益相关者的影响或左右。因此，为了使政府的海洋管理能够有效地解决海洋管理中的各种矛盾冲突，需要建立一种处理海洋环境管理事务的协商机制。海洋环境管理的协商机制主要通过建立某种形式的协商机构来实现，即是联合主要涉海管理的不同部门、相关组织，建立一个跨部门的组织机构。该机构可定期不定期地为解决某个问题而进行信息沟通，意见交流。协商机制主要是为涉海各方提供一个相互沟通交流的平台，使之能够有机会表达自己一方的意见和建议。通过建立这样一种协商机制，在对话、谈判中来化解冲突，逐步取得共识，达成协议，最终求得利益分享，实现“双赢”的目的。与海洋环境管理体制中的政府行政管理运作机制不同，海洋环境管理协调机制的参与者，除了各级政府及政府内的各有关部门之外，还包括海洋环境管理的研究者、涉海企业和民众团体等。由这些各方利益代表所组成的协调机构其运作模式不尽相同，既可以通过正式的沟通渠道以官方名义来组织实行，也可以通过非正式沟通渠道以一种松散的非官方行为运作的形式。从世界各国的海洋环境管理实践看，目前海洋环境管理协调机制主要有三种模式：承担一定行政职能的海洋管理委员会形式，负责拟订法规、政策、规划，协调重大开发利用活动，执法检查活动等；由政府的综合部门牵头的规划协调委员会，负责协调海洋、环保、交通、渔业、土地、城市建设等部门的规划，统筹规划海洋环保的开发和保护工作；定期或不定期召开的各种层次的联席会，联席会议可以交流信息，协调解决一些具体工作中的矛盾，还可以研究发现重大问题，呈报政府或立法机关通过行政和法律程序解决。对于不同形式的海洋环境管理协调机制，应根据我国的海洋环境管理特点，有针对性地引进和借鉴。

（二）培育、完善海洋环境管理的协同作用机制

如果说海洋环境管理体制是以政府海洋管理部门的运作为主干，那么，在政府海洋环境管理部门这一主干周围，还有相关的协同、支持力量。这些协同支持力量尽管不是海洋环境管理体制中的决定性因素，但却是必不可少的影响、制约因素。特别是在现代社会，这些力量的作用将越来越大。因为要实现海洋环境管理体制的系统化、法制化、规范化和科学化，就必须在政府管理中注入民主、法制、科学的元素，在改革海洋环境管理体制的同时，培育起与海洋管理体制配套的协同作用机制。海洋环境管理的协同作用机制主要包括：利益整合机制、公众参与机制、专家咨询机制、监督管理机制等。以上机制同时以不同的方式运行着，影响着海洋环境管理的功效。这里仅就海洋环境管理的咨询机制重点加以阐发。

专家是公众中的一个特殊群体，由于他们具有相关的专业知识，因而他们的参与可以大大提高政府环境管理尤其是决策的科学性。海洋环境问题的复杂性使解决海洋环境问题具有很强的专业性和很高的技术要求，对于这些问题的解决，仅靠一般公众的参与往往难以解决。一般的公众参与通常限制在那些几乎不需专业技能的领域，如海洋环境的清洁、海洋环保知识的宣传等。而对于那些专业性很强的海洋环境管理问题，即使海洋环境管理者有时也难以把握，因而，建立海洋环境专家咨询机制，在现代海洋环境管理中意义尤其重大。作为非政府组织的咨询机构，海洋环境专家咨询团体是由一些精通海洋环境的科学家、海洋环境管理专家、企业家等相关人员组成，在海洋环境管理中起着预测、分析、方案设计、项目论证、评估等作用，主要工作内容包括：对重大海洋环境工程项目、管理规划等进行可行性论证；对涉及海洋生态系统或有重大环境影响的工程成本和风险作出评价；对于跨部门、跨管辖区的海洋环境问题进行确认；评估区域海洋规划的有效性；承担政府委托的其他重大海洋环境议事项目等。也可组织各种专题研讨，交流经验与信息，并可借助媒体、网络等渠道征求公众的意见，使咨询专家能够提出更加客观、公正、科学的评估报告，为政府决策提供依据。为保证海洋环境咨询人员在决策中的作用发挥，需要注意：(1) 保证咨询机构的相对独立性。海洋环境管理部门要允许和欢迎咨询人员唱对台戏，鼓励他们相对独立地进行科学研究，充分挖掘海洋环境管理问题的各个方面因素，促使研究结论的客观性和多样化。(2) 在咨询机构内建设民主气氛，鼓励不同观点的自由讨论。提倡咨询人员对政府决策者负责和对海洋事业发展负责的一致性，在重大问题上敢于向决策者表达不同意见。(3) 咨询人员要准确定位。他们与决策者的关系是“谋”与“断”的关系，咨询人员是帮助决策者筹划方案，不能越俎代庖、代替决策。

总之，海洋环境网络治理结构的建制不是一个一蹴而就的事情，而是需要不断加以维护、培育的持续过程，是需要网络中所有行动者的共同努力。政府、企业、公众寻求合作的良好愿望为网络的建立提供了驱动力，以合作、共识、信任为纽带的非正式规则夯实了海洋环境治理网络结构的根基，而海洋环境管理的正式规则以外在的强制力保障了海洋环境管理实施机制的有效运行。各相关因素的共同作用，造就了一个有序、高效的合作机制——海洋环境网络治理结构。

第十一章

海洋环境网络治理模式的实践运用

——以渤海环境综合整治为例

海洋环境网络治理模式的建构是现代海洋环境管理发展的必然选择，这不仅是海洋环境管理理论发展的要求，更是海洋环境管理在实践中不断探索、寻求自我发展的结果。目前我国正在大规模实施的渤海环境综合整治行动规划，为海洋环境网络治理模式的建构提供了一个有利的现实论据，它表明：一方面海洋环境网络治理结构对于海洋环境管理是非常必要的；另一方面也说明，海洋环境网络治理结构模式在我国的海洋环境管理中具有实施的可行性，而且，从发展趋势上看，海洋环境网络治理模式对于渤海环境综合整治将发挥更大的作用。

第一节　渤海环境问题及其综合整治行动

渤海作为我国唯一的半封闭内海，尽管在我国四大海域中面积最小，但它却以其地缘优势和资源优势，成为环渤海经济圈重要支持系统。环渤海地区包括山东、河北、辽宁、天津三省一市。渤海沿岸地区的海洋总产值增长迅速，渤海海洋总产值从1986年64亿元增长到1998年1104.89亿元。其中，渤海沿岸地区的海洋水产业产值占全国的40.89%，海洋盐业产值占全国的86.44%，海洋交通运输业产值占全国的21.75%，造船业占全国的42.12%，海洋油气产值占全国的27.46%。环渤海地区已成为我国社会经济非常发达的区域。渤海生态系统作为环渤海经济圈的基础支撑，其服务功能对该区经济发展起着决定性作用。因此，对我国国民经济建设和东北亚经济圈发展来说，渤海占有举足轻重的战略地位。

一、渤海环境问题的严峻性

历史上的渤海素以鱼池、盐池、油池著称于世。正是由于渤海特殊的自然条件和地理位置，使之成为我国四大海区中海洋资源最密集的海区，同时也是我国四大海区中开发利用程度最高的海区。随着20世纪80年代初期环渤海区域“海洋开发热”的兴起，渤海生态系统正承受着前所未有的巨大压力，其服务功能显著下降，可持续利用能力加速丧失，渤海正面临着异常严峻的形势。近年来的监测与研究结果表明，渤海的前景令人担忧。渤海沿岸海域污染十分严重，污染范围持续扩大；溢油事件不断出现；赤潮频发；局部生态系统遭到破坏，海域功能加速丧失；渔业资源锐减，主要经济鱼类已不成汛；海岸环境损害严重；资源环境的开发利用长期处于无序、无度状态；渤海正在趋向“荒漠化”。环渤海地区共有地级城市26座，沿岸有大小港口近百个，黄河、小清河、海河、滦河、辽河等40余条河水流入渤海，沿岸有217个排污口，不分昼夜地向渤海倾泻着污泥浊水。与此同时，大量的工业及生活污水沿地表、河口也一起涌入渤海。无奈的渤海，年受纳的污水竟高达28亿吨，占全国排海污水总量的32%，年收入腹内的污染物超过了70多万吨，占全国入海污染物质总量的47.7%。2001年渤海未达到清洁海域水质标准的面积为1.9万平方千米，占渤海总面积的24.6%；2002年为3.2万平方千米，占41.5%；2003年2.1万平方千米，高达渤海总面积的27.4%；2004年为2.7万平方千米，占35%；2005年为2万平方千米，占26%。渤海已成为我国海域和内陆河流污染程度最严重的区域之一，生活污水和工业污水的无节制排放是造成渤海污染的主要原因。渤海正在逼近死海。有关专家指出，渤海是作为全球11个典型的封闭海之一，水交换能力差，海水的自净能力有限，更新周期长达15年。此时凸显的渤海污染已是“冰冻三尺，非一日之寒”，几十年的污染积累很难在几年内消除。近20年，环渤海地区的经济得到了跨越式的发展，成为我国东部的一个耀眼的亮点。但是，在注重经济发展的同时，却忽视了对生存环境的保护。有关专家呼吁：如果再不采取果断措施有效遏制污染，10 年后，渤海将变成第二个“死海”。

渤海的服务功能和可持续利用能力严重减退，不仅制约环渤海地区经济的快速发展，也严重威胁着沿岸人民的身体健康。因此，综合整治渤海，迫在眉睫。控制污染，恢复生境和资源，合理开发，优化区域产业布局，不仅是维持渤海生态系统健康与服务功能的需要，也是促进环渤海地区社会、经济、文化持续发展，提高人民生活水平、维护子孙后代利益的迫切需求。

二、渤海环境综合整治的实施方案

应该说，我国政府对渤海的环境污染问题高度重视由来已久，国家领导人和有关部委十分重视。国务院前总理朱镕基和温家宝都曾对渤海问题作过重要批示，指出要把渤海计划和全国计划联系起来。国家计委办公厅《关于对人大环保执法检查组在京津沪环保执法检查过程中地方提出的一些问题的意见函》（计办国地［1996］840 号）建议国务院环境委员会组织有关部门（国家海洋局、国家环保局等）及三省一市（辽宁省、山东省、河北省、天津市）制定渤海湾污染防治计划，开展渤海湾的环境整治，逐步改善和恢复渤海湾的自然环境。1996 年 3—4 月，政协全国委员会科教文卫体委员会和经济委员会组成联合调研组，赴山东、辽宁和天津就“控制陆源污染物排放入海，保护海洋”问题进行专题调查，提出应高度重视环渤海污染防治工作，治理海洋污染必须与根治内陆污染结合起来。1999 年，国务院批准了《辽河流域水污染防治“九五”计划与 2010 年规划》和《海河流域水污染防治规划》，确定了辽河流域的 225 项重点工业污染源治理项目，以及海河流域 6 个水污染防治骨干工程。两项规划总投资 667.2 亿元。作为主管国家海洋管理工作的国家海洋局，根据有关法律法规，从渤海面临的严峻形势和问题出发，编写了《渤海综合整治规划》。《渤海综合整治规划》的核心思想和重点在于综合考虑渤海的资源、环境、生态等问题，通过管理、控制、预防、治理和基础能力建设，恢复渤海可持续利用能力；从渤海客观现实和国民经济与社会发展需求出发，依据海洋整治的基本规律和特点，并与陆域和流域污染治理规划计划相衔接，形成比较完整的综合整治规划。按照该《渤海综合整治规划》的设计，渤海经过整治将达到以下目标：实施《渤海管理法》及各项配套的制度和标准，依法进行有效管理；全面实施污染物总量控制制度，海岸带和海域污染得到控制，环境质量明显好转，生态环境基本健康；资源开发有序有度，生物资源得到恢复，全面实施健康养殖和生态旅游；完善渤海环境监测、灾害预警预报系统，显著提高灾害应急处置能力；渤海可持续利用能力得到恢复，海洋产业布局趋于合理，实现环渤海地区社会经济的可持续发展。

2000年7月，国家海洋局、环渤海的辽宁省、山东省、河北省和天津市，借在大连举行“东亚海洋环境保护与管理计划”第七次指导委员会会议之机，结合该计划渤海示范项目的正式启动，深入讨论了渤海环境污染、资源枯竭的严峻现实和今后面临的挑战，探讨了为环渤海地区经济和社会的持续发展可能采取的资源开发与管理以及海洋环境的保护和保全的拯救措施，环渤海区域在我国经济和社会发展中所发挥的重要作用，渤海海洋环境立法、管理和保护的现状。在取得一致认识的基础上，发表了“渤海环境保护宣言”，表明治理渤海环境污染、拯救渤海的决心。

2001年11月8日，经国务院批复，由国家环保总局联合国家海洋局、交通部、农业部和海军以及环渤海的天津、河北、辽宁、山东共同完成的《渤海碧海行动计划》今起开始实施。按此计划，到2010年国家将投资555亿元，实施项目427个，主要包括城市污水处理、海上污染应急、海岸生态建设、船舶污染治理等内容，实施区域包括津、冀、辽、鲁辖区内的13个沿海城市和渤海水域23万平方千米。其指导思想是“以恢复和改善渤海的水质和生态环境为立足点，以调整和改变该地区的生产生活方式、促进经济增长方式的转变为基本途径，陆海兼顾、河海统筹，以整治陆源污染为重点，遏制海域环境的不断恶化，促进海域环境质量的改善，努力增强海洋生态系统服务功能，确保环渤海地区社会经济的可持续发展。”行动目标包括三个阶段：近期目标（2001—2005年）海域环境污染得到初步控制，生态破坏的趋势得到初步缓解；中期目标（2006—2010年）海域环境质量得到初步改善，生态破坏得到有效控制；远期目标（2011—2015年）海域环境质量明显好转，生态系统初步改善。

以上内容构成渤海环境综合整治的主要行动依据和行动目标。

三、渤海综合整治行动的主要特征

渤海环境综合整治是一个系统工程，其行动方案包括多方面内容。从制度安排的角度来看，渤海环境综合整治行动方案和特征主要表现在：

（一）强调渤海环境治理的机构建设，组织协调

《渤海环境宣言》："我们认识到建立简洁高效的渤海管理机制是实现渤海环境治理的优先解决的问题之一。建议由中央、地方政府组成跨行政区的渤海综合管理协调机构，共同开展渤海海洋资源保护、海洋环境监测和海洋监察执法工作。"

《渤海综合整治行动规划》："为加强渤海综合整治行动的协调和指导，建议由国家计委牵头，国务院有关部门和环渤海地方政府组成'国家渤海综合整治管理委员会'，下设负责日常事务的渤海综合整治办公室，挂靠国家海洋局。""渤海综合整治涉及许多中央部门和环渤海地区各级政府部门，需要建立完善的综合管理机制和跨省市、跨部门的协调机制，以保证规划落到实处。"

《渤海碧海行动计划》："为加强渤海碧海行动的组织协调和指导、检查监督，建议在国务院的授权和批准下，以现有的渤海碧海行动计划联席会议为基础，由国家环境保护总局牵头，会同国家海洋局等国务院有关部门以及三省一市政府共同组成跨区域跨部门的渤海碧海行动协调领导机构。下设渤海碧海行动办公室，具体承办日常管理和信息沟通与协调联络等事务。"

（二）要求实行渤海环境保护行政领导责任制

1. 沿海地方各级政府要根据国家制定的渤海碧海行动计划的目标和任务，结合本地区环境质量状况，制定本地区每一年度的具体实施计划，将主要入海污染物排放总量控制、改善近岸海域环境质量的具体目标和措施纳入本地区政府工作计划和国民经济和社会发展规划，组织有关部门落实。

2. 上游流域和沿海地方各级政府要根据碧海行动计划，统筹兼顾近岸海域与上游流域的环境保护目标要求，按照入海河口的水质目标和氮磷等主要入海污染物控制总量，共同落实到省（市）际、地（市）际断面的水质目标和总量控制指标。跨地（市）的入海河流，由省（市）指导协调，跨省（市）的入海河流，由国家指导协调，并纳入流域水污染防治规划。

3. 沿海地方各级政府应根据海洋环境保护的任务和职责，健全海洋环境保护机构，加强基层海洋环境执法队伍建设，增强执法力量。沿海各省、市环保部门都应设置海洋环境管理机构，沿海县和县级市环保部门都要配备海洋环境管理专职人员。海洋、海事、渔业部门都应根据各自的职责和情况，健全海洋环境管理机构。要采取措施尽快扭转海洋环境管理手段不足、监测和监视水平低、技术装备落后的局面，提高海洋环境管理的现代化水平，使监督和管理能力适应渤海碧海行动的要求。

4. 沿海地方各级政府要切实加强对本行政区碧海行动的统一领导，充分发挥各部门、各单位的力量，有计划、有步骤地开展改善近岸海域环境质量，保护人民群众身体健康，对海洋生态环境产生有利影响的各种建设活动。积极解决近岸海域环境污染和生态破坏问题，逐步实现海洋环境与经济、社会协调发展。

（三）强调加强渤海环境治理的法律法规建设

《渤海环境宣言》提出："渤海是一个跨行政区域的、具有独特社会经济和自然地理特征的区域性海洋单元。渤海生态环境的整治与修复工作应遵从国家关于海洋环境政策、法律法规的一般原则和规范要求。同时，考虑到渤海的特殊性，应该制定并实施《渤海管理法》，使渤海的开发、管理、保护和修复等各种活动能有针对性较强的法律基础和依据。"

《渤海碧海行动计划》提出，要加强法制建设，建立和完善区域性海洋环境保护法规体系。具体内容有：

1. 制定《渤海环境保护管理条例》，为推动和保障渤海碧海行动提供具有鲜明区域特征的基本法律规范。

2. 进一步完善涉海的有关环境标准体系。2005 年前要完成"渔船污水排放标准"、"海水池塘养殖排水标准"、"海洋沉积物污染评价标准"和"海洋生物体内污染物评价标准"等标准，以弥补海洋环境标准体系中的空白。

3. 尽快制定"渤海船舶污染物排放管理规定"、"渤海沿岸采挖砂石管理规定"、"渤海渔业资源保护管理规定"、"渤海渔业水域生态环境保护管理规定"、"渤海沿海地区禁止生产销售使用含磷洗涤剂用品管理办法"、"渤海生物物种引进规定"和"沿海重点企业污染事故应急计划制定办法"等部门规章。

4. 沿海三省一市和依照《立法法》的规定具有立法权的市，要依据国家制定的海洋环境与资源保护的法律、行政法规和本行政区近岸海域环境质量状况，加强地方海洋环境保护立法，保证渤海碧海行动有法可依，有章可循。

（四）强化宣传教育与公众参与

合理开发渤海资源，保护渤海生态系统和环境功能，维护渤海的可持续利用能力，单靠政府职能部门的力量是不够的，要通过各种方式，带动公众广泛参与，包括科技界、企业界、教育界、大众传媒界及沿海居民的参与。通过各种层次和各专业领域的培训、教育和交流等活动以及新闻媒体的宣传，增强对渤海服务功能的认识，形成公众参与和宣传教育的机制。加强渤海碧海行动计划宣传教育，为此需要：

1. 发挥新闻媒介的舆论监督和导向作用，宣传渤海整治的重要意义。

2. 利用各种机会，采取各种方式，开展经常性的海洋环境保护宣传工作，提高全民的海洋环保意识和法制观念及对环保工作的参与意识。

3. 举办多种形式的海洋环境保护培训班，对环渤海地区各级环境保护部门的环境管理人员进行在职教育和岗位培训，提高环境执法队伍的政治与业务素质，培养出一批具有海洋环境保护监理技能的专业人才。

4. 鼓励和支持公众参与渤海碧海行动。如：组织开展海洋环境保护科技咨询活动；三省一市人民政府在定期向社会公布的环境质量和环境污染信息中，列出本行政区海洋环境质量状况，为公众和民间团体提供参与和监督渤海环境保护的信息渠道与反馈机制；国家和环渤海地区有关主管部门共同组织渤海碧海行动的志愿者行动。

第二节　渤海环境综合整治行动中存在的问题分析

大规模的渤海环境整治行动在一定程度上对于渤海环境质量的进一步恶化起到了遏制作用。根据《渤海碧海行动计划》中期报告所提供的资料显示，经过 3 年的努力，渤海环境综合整治取得了一定的效果，“自国务院批复在渤海实施《碧海行动计划》以来，环渤海四省市人民政府结合本地区实际情况，成立了相应的领导组织机构，将《计划》确定的目标，分解落实到各有关责任单位，并纳入省市长环保目标责任状之中。同时，还建立了进展情况定期调度和通报制度。据统计，2002年四省市沿海地区入海陆源工业污染物COD、石油类排放总量，分别较2001年下降19.8%和3.4%。四省市的禁止生产和销售含磷洗涤剂工作的不断巩固，促进了环渤海地区居民可持续消费观念的形成。自2000年7月1日辽宁省在沿渤海城市实施'禁磷'以来，目前环渤海四省市已经实现全面'禁磷'。同时，农业部和环渤海各级政府高度重视该地区生态农业等综合性控制措施的实施，制定了《渤海生物养护规定》，控制减轻了农业面源对海洋生态环境的污染，改善了区域生态环境质量。通过实施清淤、截污、小流域综合治理、防护林建设等生态综合措施，完成了一批污染治理和生态环境综合整治项目，有效削减了陆源污染物排放总量，改善了区域环境质量，取得了较好的生态、社会、经济效益。为规范船舶排污行为，交通部实施了渤海海域船舶排污设备铅封管理计划，对在渤海海域航行的各类船舶排污设备实施铅封管理。同时还要求渤海各有关港口须配备船舶油污水接收设施，确保有足够的接收船舶油污水的能力。经过几年不懈的努力，在环渤海地区经济快速增长，人口不断增加的情况下，渤海近岸水质不断恶化的势头得到初步控制。环境监测表明，2003年渤海沿岸一、二类海水比例与2001年相比上升了11.5个百分点，四类和劣于四类海水比例下降11.6个百分点。整个渤海海区的污染面积由2002年3.3万平方千米下降为2.1万平方千米。2003年辽宁省近岸海域环境功能区达标率为76.9%，河北省为84.3%，天津市为57%，山东省为89.3%。《计划》实施两年来，渤海近岸海域水质恶化趋势得到初步遏制，赤潮发生的频次和面积明显减少，海域的水质趋于好转。"

然而，从总体情况看，渤海环境整治的效果并不那么乐观。因环境整治是一个长期而艰巨的任务，期望在两三年中使环境质量有大的改善，几乎是不可能不现实的。而且环境问题的出现是一个累积的过程，具有一定的潜伏期和突发性，今年的渤海环境质量好于往年，并不一定意味明年以后的环境质量一年比一年好。所以要使渤海环境质量从根本上得到改善，还需要经过长期的努力。渤海环境问题始终存在的原因来自多方面：首先是时间的原因，因环境修复是一个系统工程，需要时间。其次是经济发展的原因。目前中国仍处于经济持续快速增长时期，环渤海区域又是我国的一个重要经济发展带，但在环渤海区域经济发展中仍然在很大程度上表现为粗放型增长模式，海洋开发存在盲目性、低层次性、无序性，这些状况必然会给海洋环境造成一定程度上的破坏。当然，整个大的自然环境系统的变化也必然危及海洋环境。除上述原因，渤海环境未能得到有效治理的另一个重要原因在于，渤海环境管理未能满足渤海环境综合整治的需要，渤海环境综合整治缺乏有效的制度保障体系。

反思渤海环境综合整治行动方案及实施行动，在肯定其积极成效的同时，我们也看到行动过程中存在的问题，主要表现在：

一、渤海环境综合整治的指导思想带有传统的痕迹

无论是“渤海综合整治规划”还是“渤海碧海行动计划”，都是以渤海作为整治的对象，其具体内容都是围绕着渤海这一“物”的存在而展开的，强调的或是污染源治理，或是渤海环境监测和执法方面的能力建设。在《渤海碧海行动计划》的“行动方案设计”一章的“行动策略”中，就首先提出了“污染源控制策略”。《渤海碧海行动计划》的行动策略是：“根据碧海行动计划指导思想要求，为使环渤海地区进入可持续发展的轨道，要对富营养化、有机污染、石油污染及其他污染及非污染性破坏等不同环境及生态问题采取不同的控制策略。行动计划按环境管理、污染源治理、非污染破坏控制、生态恢复及各种类型生态技术开发利用（如生态农业、生态渔业、生态养殖、生态修复、生态工业园区、污水和废渣资源化等绿色经济手段）等方面进行设计。”据此提出污染源控制策略，其具体的控制项目包括：工业污染源控制、城市生活污染源控制、陆地非点源控制、污水资源化利用、海上流动污染源控制、重大涉海污染事故控制、养殖排污控制等。

污染源控制策略由于是以“物”为中心的思想指导，所以在已有的渤海整治规划或计划中，我们看到更多的是一连串的数字，渤海整治近期目标、中期目标和远期目标，污染物入海总量控制指标、近岸海域水环境质量指标体系等，以及与之相关的整治项目等。确定目标、指标当然是行动计划重要的不可缺少的内容，但如果过分注重量化的指标，必然会把渤海环境管理的重点放在污染源上，导致海洋环保部门围绕着各种污染源而不是围绕着人开展环境管理。基于这样一种管理思维的渤海环境整治工作必然处于被动

状态，因它把目光局限于环境危害的后果，而不是突出事前防范，属于一种事后控制行为。实际上，渤海环境问题产生的真正原因在人，是人的活动破坏了环境，因而渤海环境整治行动方案除了对已污染的渤海提出治理措施外，还应有更重要的内容，即对人的管理，对人行为的规范。通过调整人的行为达到对渤海环境的整治。对渤海环境产生影响的人主要包括环渤海各级政府、环渤海区域内相关企业、环渤海区域内公众，他们分别以不同的方式作用于渤海，对渤海产生着不同的影响，如何规范政府、企业、公众的行为并协调三者间的关系，应该成为渤海环境综合整治行动方案的一个重要内容。

二、渤海环境整治配套政策法规的缺失

政策法规是渤海环境管理的重要组成部分，是海洋执法监察的依据。据统计，截至 2000 年，国家和部委局及渤海三省一市颁布的涉及渤海的各级海洋管理方面的法规和规章共有 90 多部，地方法规和规章中辽宁 22 部，天津 15 部，河北 16 部，山东 18 部。以天津市颁布的有关海洋管理法规和规章为例，从中可以看到渤海环境政策法规的内容状况。

表 11-1：天津市颁布的有关海洋管理的法规和规章

名　称	颁布单位	颁布日期
天津市危险废物污染环境防治办法	天津市人民政府	1999 年 12 月 15 日
天津市海域使用管理办法	天津市人民政府	1999 年 11 月 5 日
天津古海岸与湿地国家级自然保护区管理办法	天津市人民政府	1999 年 7 月 23 日
天津市海域环境保护管理办法	天津市人民政府	1996 年 1 月 9 日
天津市建设项目环境保护管理办法	天津市人民政府	1995 年 7 月 24 日
天津市海域使用申请审查报批程序规定	天津市海洋局	1994 年 12 月 27 日
天津市矿产资源补偿费征收管理实施办法	天津市人民政府	1994 年 12 月 21 日
天津市环境保护条例	天津市人大常委会	1994 年 11 月 30 日
天津市防止拆船污染环境管理实施办法	天津市人民政府	1993 年 8 月 7 日
天津市实施《盐业管理条例》办法	天津市人民政府	1992 年 4 月 13 日

续表

名　称	颁布单位	颁布日期
天津市水路运输管理费征收和使用细则	天津市人民政府	1991年8月16日
天津市实施《中华人民共和国渔业法》办法	天津市人大常委会	1989年6月21日
天津市水路运输管理暂行办法	天津市人民政府	1988年4月27日
天津市保护淡水及沿海滩涂水产资源的规定(试行)	天津市人民政府	1984年7月13日
天津市对排放污染物实行超标收费和罚款暂行办法	天津市人大常委会	1981年1月29日

这些法规中，绝大部分为单项法规，综合法规很少，单项法规涉及渔业、盐业、交通、矿产、环境保护等各个产业，对其开发活动作了详细规定，是规范海洋开发活动的依据。这反映了目前我国以部门管理为主，综合管理为辅的海洋管理体制，在缺少海洋综合管理法规和综合管理的授权不甚充分且不很明确的情况下，这些行业管理法规对各产业海洋开发活动的管理发挥着重要作用。

渤海环境综合整治中缺少统一的政策法律体系，渤海环境管理力量分散是产业关系难以理顺的重要原因。尽管在相关的渤海环境整治规划、计划中，都强调要建立和完善区域性海洋环境保护法规体系，但从目前的情况看，这一工作进展情况并不尽如人意。我国1982年制定了《海洋环境保护法》，1999年修订后从2000年4月1日起正式施行，但相关的配套法规并没有随之修订完善。《海洋环境保护法》实施6年来，没有一部相关的实施细则及法规出台，一些重要的海洋环境标准仍是空白。可以说，《渤海碧海行动计划》的执行，目前还不能真正做到"有法可依"。而经国务院批准的《渤海碧海行动计划》中确定的《渤海环境保护管理条例》等一批立法项目也未启动。在这种情况下，进一步加强渤海立法，不断完善海洋环境法律体系，使各种法规、标准配套，严密、具体，切实可行，就成为我们面临的一项重要任务。近些年，一直有专家呼吁要解决渤海环境整治中的问题，必须有针对性地制定渤海区域性环境保护特别法。在法律框架下，才能建立协调、统一的渤海综合管理机制和联合执法机制，制定区域海陆一体化综合开发规划和环境保护计划，以法律形式规范渤海地区的环保行为，保护和修复渤海的海洋环境和生态。但目前看来，渤海立法还有较大的难度。全国人大环资委法案室助理巡视员翟勇认为，一是因为迄今为止全国人大在环境立法方面，还没有区域立法的先例。无论是海域，还是河流，国家出台的只有一些相关条例，并未上升到法律这个高度。二是在我国海域还没有实现统一执法的情况下，单独为渤海立法，在管理体制上存在诸多问题，如立法之后谁去执法？怎么管？如果这样的问题得不到有效的解决，渤海立法就会失去其现实意义，从而造成有法不依、执法无力的后果，使依法治理渤海环境污染的效果“打折”。[①] 但从长远发展看，渤海立法对于解决渤海环境问题必然能够起到积极的保障作用。在这方面，日本濑户内海治理的成功经验可以给我们有效的启示。日本国政府为了保护濑户内海的海洋环境，除上述已经制定的国家法律以外，还根据濑户内海的实际情况，专门制定了区域性的法律。《濑户内海环境保护临时措施法》是由环濑户内海各府、县、市推选出来的国会议员起草的，然后直接递交国会审议的。该法于1973年10月2日制定，并通过了国会的第110号法律。原定有效期3年，后又延期2年。该法实施5年后，发现该法对恢复该海域的良好环境起到很大的作用。尽管5年期满，但是濑户内海的环保问题尚未解决。要彻底解决一个海区的环境保护问题，往往需要几代人的持续努力，稍有疏忽就可能导致前功尽弃。因此，日本国会通过决议将《濑户内海环境保护临时措施法》改为永久性的法律，并且改名为《濑户内海环境保护特别措施法》。该法的条文具体，责任明确，各都道府县根据法律的规定，对其行政管辖范围的污染问题，都有具体的防治办法，从而使得中央到地方、政府到民间都必须依法行事。该法律的制定对日本成功治理濑户内海起着非常重要的作用。

三、渤海环境综合整治的管理机制不健全，管理不协调

建立渤海综合整治的协调机制，明确相关主体的职责，统一行动计划，是渤海整治行动方案的重要内容。而条块分割、部门过多、权力分散、缺乏统一政策和现代战略观念，正是渤海管理中存在的主要问题。据统计，目前

① 张向冰：《立法能给渤海带来什么》，《中国海洋报》2004年9月24日。

参与渤海利用和管理的，仅中央部门就有10个之多，加上省、市、地、县各有关部门，管理层次繁多，管理权过于分散。在对渤海海域的使用上，各自决策，部门之间、行业之间、使用海者之间、国家和地方之间等存在严重的矛盾，多数区域之间相互制约，严重影响了渤海海域的合理开发利用。国家环保总局、海洋局、交通部、农业部等各个部门都在搞渤海污染的治理，但在众多管理部门中，至今没有一个部门能全权治理污染，至今没有一个能被各相关部门认同的治污方案，这是渤海治理难以开展的一个重要因素。尽管各部门都有相应的措施来治理渤海污染，但这些措施都是站在本部门的角度制定的，若拿到全局来看，并不一定符合渤海环保的需要，这也是当前诸部门“都在治理渤海污染，都没有明显成效”的原因之一。管理上的政出多门，造成区域性规划与某个产业部门的计划相矛盾，区域管理与行业管理相矛盾，而地域本位问题又相当突出，其结果就是各自的特长和优势无法充分发挥，而各自的弱点又无法转变和互补。另外，《海洋环境保护法》配套法规建设的滞后以及多头执法问题，是影响海洋环境保护的重要原因。尽管法律规定了涉海各部门的职权范围，但各部门职能交叉的问题依然存在。环保、海洋、海事、渔政、军队环保部门共同参与渤海的污染治理，“五龙治海”导致互相“扯皮”的现象时有发生。对话机制的缺失，也是环渤海经济圈建设收效甚微的原因。

四、公众参与渤海环境综合整治的长效机制尚未建立

渤海整治行动方案中，已充分认识到公众参与渤海环境整治的重要性，并对公众参与的形式进行了说明。在相关部门和人员的努力下，环境教育宣传及公众参与有了很大的进展。在环渤海地区各省市中小学校均开设了海洋知识和环境保护课程，还建立了多种形式的海洋宣传教育基地，如北京的海底世界、富国海洋馆，天津的海上世界、科技馆，青岛的水族馆、少年海洋学校、海洋博物馆，大连的水族馆等，均通过形象、通俗的方式，让公众接受教育，养成热爱海洋、保护海洋的良好习惯。每年在青岛举办的国际海洋节为宣传海洋知识、增强公众海洋意识、鼓励公众参与海洋环境保护工作起到显著的推动作用。但从各地开展的活动中看到，渤海环境整治中的公众参与经常是阶段性的、配合形势进行的活动，没有形成一种长久的、有效的运

行机制，如公众参与的表达机制、沟通渠道的建立、教育的常规化等。同时，我国的渤海综合整治行动是一种自上而下的政府主导活动，在整个的决策过程中，公众并没有作为治理主体参与其中，因此，从某种意义上讲，我国的渤海综合整治行动缺乏公众与政府的互动，公众参与的广度和深度严重不足。在公众看来，渤海整治是政府的事情，与老百姓无关，因而缺乏主动参与的热情和动力。公众的漠视将对渤海环境整治产生严重的制约。

上述问题的存在将制约渤海环境综合整治的深入开展，所以，针对存在的问题，进一步改进和完善渤海环境综合整治行动方案是下一步渤海环境整治的主要任务。

第三节　渤海环境综合整治的网络治理模式

渤海环境整治是一个长期而复杂的系统工程，制订行动计划、整治规划尽管可以为渤海环境整治工作规定目标、确定方向，但有了规划、计划并不意味着问题的解决，关键是要将这些规划、内容落到实处。网络治理模式的构建，不仅为渤海环境综合整治提供了一种新的管理思路，而且也为渤海环境整治行动计划落到实处提供了制度保障。

一、网络治理模式是渤海环境整治行动的内在要求

渤海环境整治主体具有多元性且关系复杂多样，仅靠自上而下的线性管理方式显然已无法适应渤海整治的要求。从一般意义上讲，渤海环境整治的主体仍然是以政府、企业、公众为主所组成的主体集，但渤海自身地位的特殊性和渤海问题的复杂性使得政府、企业、公众这些主体自身的构成及其相互关系也变得复杂，而这些复杂性在渤海环境整治的核心主体——政府身上得到了最集中的体现。

环渤海三省一市的主要海洋环境管理机构沿着纵向、横向两个维度延伸，各自发挥其管理职能。

（一）中央层面的渤海环境管理部门

为加强我国对海洋的管理、开发和保护，国家于 1964 年成立了国家海洋局，第二年在渤海和黄海设立了其派出机构——国家海洋局北海分局，其

主要职能之一是代表国家对渤海实施综合管理，为维护海洋权益、保障海洋资源的合理开发与利用、保护海洋环境、防灾减灾提供服务。为适应海洋管理工作的需要，1999 年 8 月 18 日中国海监北海总队成立，包括中国海监北海总队直属队，以及渤海沿岸的天津、秦皇岛、大连和烟台直属队。依据国务院赋予的“负责建设和管理中国海监队伍，依法实施巡航监视、监督管理、查处违法活动”的职责而行使管辖权。

（二）地方渤海环境管理机构

改革开放后，随着渤海三省一市沿海经济的快速发展，沿海地区特有的环境条件和便利的进出口口岸，已成为众多投资者的首选之地，海洋产业产值在本地区国内生产总值中所占的比例越来越大，地方政府越来越关注海洋，于 20 世纪 90 年代初、中期先后成立了隶属省（市）科委或省（市）政府的海洋综合管理机构，之后沿海地（市）、县也相继成立了与其对应的海洋管理机构，基本形成了一套较为完整的地方海洋管理体系。据统计，渤海三省一市共有县级以上的海洋综合管理机构（辽宁、山东省的黄海区除外）48 个，各类海监船只 50 艘。

1990 年 8 月，河北省海洋局正式成立，隶属于河北省科委，2000 年并入国土资源厅，挂河北省海洋局牌子。目前，河北省的沿海 16 个地（市）、县（区）均成立了海洋局（海洋经济局）。1992 年河北省海洋监察大队成立，1999 年 4 月更名为中国海监河北省总队，隶属于省海洋局，下设沧州、秦皇岛、唐山 3 个支队。

天津市海洋局成立于 1996 年，隶属于天津市科委；1993 年天津市海洋监察大队成立，隶属于天津市海洋局。天津市海洋监察大队和中国海监北海总队天津直属队同为一个海洋执法监察队，受中国海监北海总队和天津市海洋局的双重领导，承担国家和地方政府的双重执法任务。

山东省海洋与水产厅成立于 1995 年，2000 年 3 月更名为山东省海洋与渔业厅，隶属于山东省政府。山东省渤海沿岸的 10 个地（市）、县均成立了海洋与水产局，自上而下的海洋管理体系已见雏形。山东省海洋监察总队成立于 1998 年，隶属于省海洋与水产厅，是在原渔政队伍的基础上组建的，集渔政、海洋执法监察为一身。目前全省地（市）全部成立了海洋监察支队，沿海市（县）90% 以上成立了海监大队，基本形成省、地（市）、县三级海监队伍。

辽宁省海洋水产厅成立于1996年，隶属于辽宁省政府，渤海区的12个地（市）、县都成立了海洋水产局（海洋办公室），形成上下对应的海洋综合管理体系。辽宁省海洋执法监察队伍是由原渔政队伍改建而成的。

（三）渤海区域海洋行业管理部门

中央和地方的海洋管理机构在渤海环境整治中承担着综合管理的职能，但渤海区域有着众多的海洋产业活动，与海洋产业活动相关的海洋行业管理在渤海环境整治中同样发挥着主体作用。目前在渤海区域海洋行业管理大致有如下几种：海洋渔业管理、海洋交通运输管理、海洋矿业管理、海洋石油气业管理、海洋盐业和盐化工管理、海洋旅游业管理等。各产业部门从本部门的利益出发从事海洋开发，彼此间的矛盾冲突不可避免。因此，需要通过综合管理的统筹协调，按海洋功能区划的标准安排这些产业的海域使用，引导产业按区域的主要功能进行开发活动，实现海洋环境保护的目标。

在渤海区域内，中央政府的海洋综合管理机构，与辽宁、河北、山东和天津三省一市海洋行政管理部门及相关行业管理部门共同构成了一个渤海区域的海洋环境管理网络。虽然各机构和部门都有各自的职责任务和各自的管辖范围，但基本目标应该是一致的，其管理所依据的法规、规划、大政方针是统一的，像海洋环境监测、生态环境调查、海域使用管理、海洋执法检查等统一的或者是联合的。为了实现渤海区域海洋环境管理目标，在区域管理网络中建立一个协调机制是非常必要的。

渤海区域内政府管理主体之间纵横交织的关系已经使渤海环境管理网络显示出复杂多样的特性，而渤海环境治理中所涉及的海洋环保企业、海洋污染企业以及公众等各利益相关者又与各层级、各部门政府间相互影响、相互制约，因而使渤海环境整治处于复杂的矛盾关系之中。

二、渤海环境综合整治开始尝试应用网络治理模式

尽管渤海环境综合整治中强调政府核心主体的作用及政府间协调机制的建立，但在《渤海碧海行动计划》、《渤海综合整治规划》等行动方案中，仍然可以看到对公众参与、对多方共治形式的肯定。而且从我国的渤海环境管理实践看，已经有政府、企业、公众三方合作从事海洋环境保护的项

目开展。2001 年，联合国开发规划署、全球环境基金组织和国际海事组织共同建立了东亚海环境保护及管理的伙伴关系—渤海示范区项目，目的在于通过建立政府间及部门间的伙伴关系，共同保护和管理跨区域面临的沿海及海洋环境问题。项目启动不久，国家海洋局、环渤海三省一市政府共同签署了《渤海环境保护宣言》，提出国家与地方政府、地方政府之间的伙伴关系。如果说，在渤海环境综合整治行动之初主要还是强调政府间合作伙伴关系的建立，那么，随着渤海环境综合整治的深入，仅有政府间的合作显然已无法承担并解决越来越多的渤海环境及相关方面问题。基于渤海环境治理的现实需要及国内外先进管理理念和管理工具的影响，我国海洋环境管理部门也开始认识到在不同的利益相关者之间（包括政府、企业、公众）建立新型伙伴关系的意义。国家海洋局在其所承担的《渤海环境管理战略计划》项目中，首先在方法论上进行了变革，指出："在方法上，采用了生态系统管理方法，强调多层次、多部门的综合方法，强调政府间、管理部门间和其他利益相关者的合作伙伴关系，建立系统的、综合的、全新的环境管理工作模式。"① 为此，确定的基本支持要素之一就是伙伴关系，认为"渤海战略必须由所有的利益相关者，包括国家、省、市、县区政府及相关管理部门、企业、科研团体、社区居民以及国际组织和援助机构，彼此间合作，才能保障其实施效果。""渤海战略有效实施要求相关政策的连续和长期有效，要求利益相关者的长期承诺、自我调节、协调一致，并积极参与行动计划的执行。因此，促进区域利益相关者管理海洋 / 海岸带环境的自我更新能力建设是渤海战略重点之一。""渤海战略有效实施需要多个利益相关者共同努力、协作，产生有利于设想目标实现的协同效应。"②

从渤海战略的形成过程中，可以更直接地感知到网络治理模式在其中的应用。"渤海战略制定过程实际上也是利益相关者咨询讲座、协商达成一致、建立伙伴关系并界定、承诺承担自己的责任和义务的过程。"（见图11–1）

---

① 刘岩等：《创建新型合作伙伴关系，构筑渤海环境管理新方略》，见王曙光主编《海洋开发战略研究》，海洋出版社 2004 年版，第 269 页。

② 刘岩等：《创建新型合作伙伴关系，构筑渤海环境管理新方略》，见王曙光主编《海洋开发战略研究》，海洋出版社 2004 年版，第 265 页。

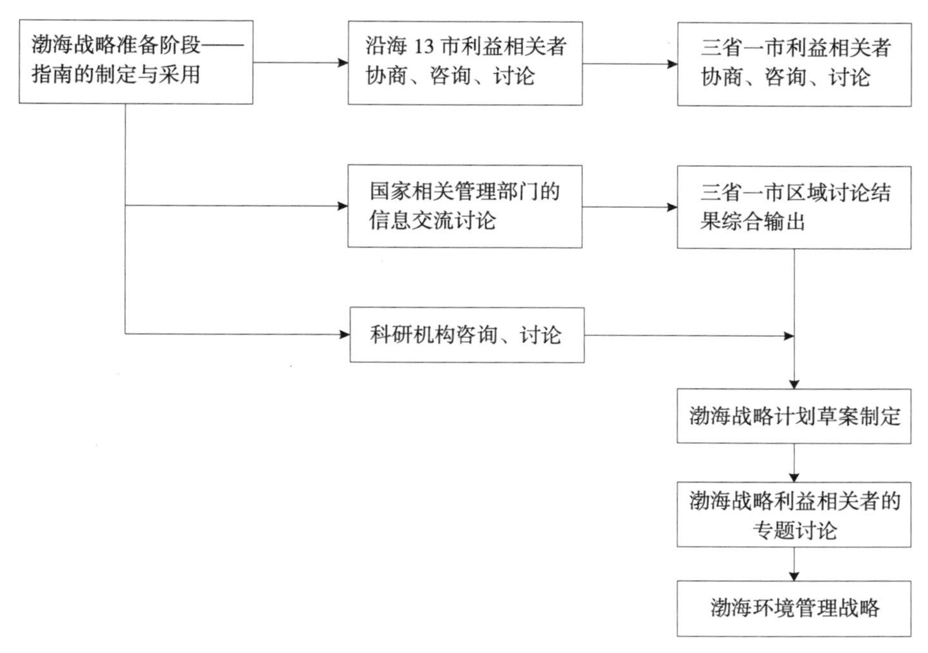

图 11-1：渤海战略的形成过程①

三、构建渤海环境网络治理模式重点要解决的问题

渤海环境网络治理模式目前正处于尝试阶段。尽管网络治理模式对于渤海环境综合整治具有特殊意义，但并不意味着网络治理模式能够自发地在渤海环境综合整治中取得成效。要使渤海环境网络治理模式真正发挥作用，目前重点要解决以下几方面问题。

（一）观念认识问题

观念认识问题是影响渤海环境整治的深层次原因，也是最为根本的原因。从当前渤海行动计划实施进程看，观念认识问题并没有随着渤海环境整治行动的进行而解决，对渤海环境重要性的认识尚有很大缺欠，为此，应该进一步采取措施，提高对渤海环境整治的认识。

① 刘岩等：《创建新型合作伙伴关系，构筑渤海环境管理新方略》，见王曙光主编《海洋开发战略研究》，海洋出版社 2004 年版，第 266 页。

1. 培养危机意识，把对渤海认识提高到战略高度。应该说到目前为止，对渤海问题重要性和严峻性程度的认识并没有提高应有的高度，尽管学者、专家再三发出警告：如果不高度重视渤海问题，加强治理，渤海就有可能变成死海。但对许多人来说，包括对渤海管理人员，这些警告可能被认为是危言耸听，并没有从思想上给以应有的重视。而日本濑户内海整治的成功经验中，很重要的一条就是首先解决认识问题。日本认识到提高国民的环保意识是搞好海洋环保工作非常重要的一环，因此，日本政府通过各种方法和手段，进行大量宣传，如果不加强环境保护，濑户内海就会变成死海，并且直接威胁到人类自身的存在，从而促使国民自觉地协助政府做好环保工作。由于日本社会各阶层都在宣传保护濑户内海的重要性和必要性，这为濑户内海的整治工作打下了良好的群众基础。这也是濑户内海整治成功的一条重要原因。

2. 树立合作共赢的治理理念。由于渤海环境整治涉及多方主体，特别是三省一市的政府部门，各主体都希望自己在渤海环境整治中发挥主导作用，存在着“你上我下”的竞争倾向。在管理权限上的互不相让，导致的结果是因管理力量的分散而难以实现渤海治理的总体目标，最终影响每一个参与方的利益。因此，渤海整治各参与方应该充分认识到，渤海是一个有机的整体，省市之间、县与县之间，应实现渤海资源共享，进行公平与可持续性开发管理，每一方都有使用渤海的权利也有保护渤海的义务。只有建立在合作伙伴关系基础之上，才能实现参与各方的利益实现。渤海环境管理的主体应是伙伴关系，成功的“伙伴关系必须建立在这样的理解之上，即在伙伴之间，使命、法律规定和行政政策都可能有很大的差异，但要求认同并接受差异，而且应寻求共同的利益以作为建立共识的组成部分。目标应是确保没有真正的输家，所有人在追求一个共同目标时都等到一些回报。伙伴们必须认识到，每一种伙伴关系都必须作出妥协以提高集体的整体性。建立相互信任的一个必要条件是伙伴关系的安排应该是公开的、坦诚的和诚实的，否则就没有什么实现有意义伙伴关系的动机”①。

① ［加］布鲁斯·米切尔:《资源与环境管理》，蔡运龙等译，商务印书馆 2004 年版，第 290 页。

（二）建立健全渤海环境综合整治的统一协调机制

建立统一协调机制，是渤海整治行动方案的重要议题，也是难度很大的议题，因涉及利益权限等问题，增加了协调的难度。但实际上这一问题也并非不可能解决。2006 年 3 月 10 日上午，北京、天津、河北、山东、辽宁环渤海 5 省市的消费者协会秘书长在天津市共同发表了《环渤海经济区域消费者协会消费维权宣言》，宣布今后五省市将建立消协联席会议制度，形成环渤海区域消费维权的合力。据了解，消费维权“区域共同体”建立了一条快速维权通道，给环渤海 5 省市的消费者带来了诸多实际的好处。这种合作方式为建立渤海环境整治的统一协调机制带来积极的借鉴意义。

为使环渤海地区环境得到有效管理，由中央各有关部委会同沿渤海三省一市共同组成“环渤海地区环境整治委员会”，负责环渤海地区海洋开发和环境保护，使治污工作在组织上有所依托。“环渤海地区环境整治委员会”对于整个渤海环境整治行动起到协调作用，从宏观上统筹安排整个渤海区域的环境整治与经济发展各方面的关系，使渤海环境保护工作做到全区域一盘棋。应该说，成立一个委员会并不难，难的是将委员会的工作制度化，决策的科学性，发挥其真正应有的作用。日本在濑户内海整治过程中，就特别注重制度、组织保障。如，日本国为了更好地进行濑户内海的治理和环保工作，在该海区沿岸的 13 个府县和 5 个市，建立了知事和市长参加的环境保护工作会议制度，已经形成了一种例会式的组织机构。经过这些年来的实践，进一步证明建立这种形式的联席会议制度是一种非常行之有效的措施。在防止海洋污染的过程中，这种联席会议发挥着非常重大的作用。我们可借鉴其成功的经验，从制度上保证渤海环境整治有章可循。

（三）组建职能交叉的渤海环境管理团队

高度分化的渤海环境管理部门设置，在实际运行中给信息的流通设置了无形的墙壁，这些墙壁对部门内部的信息实行一定程度的封锁，而对其他部门的信息则实行绞杀。对于本组织内部的成员来说，如果只要达到本部门的直接目标就可以获得回报，他们自然就没有考虑到全局的动力和动机。在长期的行业管理过程中，渤海环境管理部门各自掌握着有利于本部门发展的利益和权限，在涉及多行业的海洋环境管理中，他们就往往只从本部门的利益出发，造成矛盾和冲突。因此，要解决因行业、部门间的利益冲突，可以考虑从各行业、各部门抽调成员建立职能交叉的团队。这一团队的任务就是，综合各行业的技术和信息，制定综合的海洋环境发展战略和规划，在涉及影响较大的海洋开发活动或海洋环境事件时，综合各部门的信息，形成对某重大问题的处理方案，以突破原有的部门间的壁垒。基于渤海环境整治项目组成跨区域、跨部门、跨行业的项目团队，是以合作共治、利益共享为目标，因而，是把分散的渤海整治力量加以整合的有效方式。

（四）搭建对话平台，打通沟通渠道

在渤海环境整治中，应该引进自上而下和自下而上的"双向"对话机制。对话机制包括中央政府与地方政府的对话，各部门间的对话，但更重要的是政府与企业、与公众的沟通对话。由于政府的主导地位，所以，环渤海区域政府应当积极承担责任，创造与企业、公众对话的机会。譬如说，通过建立渤海经济与环境协调发展论坛，将渤海环境管理部门、海洋产业代表、海洋科学和工程专家及相关公众代表联合在一起，就渤海环境及相关问题发表各自的意见和建议；同时，也可充分利用网络媒体形式，开通多个沟通渠道，让企业、公众有发表自己意见的场所，使政府能够听到来自企业和公众等利益相关者的不同声音。建立在一种相互理解与尊重基础上的对话机制，将在渤海环境综合整治中发挥重要的作用。

（五）加大宣传力度，增强渤海环境教育的系统性

渤海环境意识的薄弱一个重要原因在于宣传力度不够，或者是宣传内容不到位，使人们无法系统了解渤海相关知识；或者是宣传形式太单一，难以激起普通市民的兴趣。渤海环境宣传教育要有实效，必须克服"走过场"的形式主义做法，防止环境教育"政治化"倾向。为此，应成立必要的组织机构，重点抓渤海环境教育的宣传教育工作。日本为了普及和提高对濑户内海环境保护工作的认识，于1976年12月成立了公益法人组织——濑户内海环境保护协会。成立该协会的宗旨是通过普及和提高人们对濑户内海环境的认识，开展各种调查研究及其他活动，以利于对濑户内海的环境保护工作。该协会的会员由濑户内海的13个府县和5个市的渔业联合会、卫生自治团体、府县市联合会等民间团体组成。其经费主要依靠日本环境厅的事业委托费和府县市民间团体的会费开展工作。

在渤海环境教育中，首先要强调教育内容的针对性，要针对不同年龄、不同层次的社会公众设计具有特色的教育内容，特别是要突出对少年儿童的教育内容，通过各种孩子喜闻乐见的教育形式，使孩子们从小就养成热爱海洋和保护海洋的良好习惯。再者是教育形式的多样性，如在环渤海区域内举办各种研讨会、讲演会、开展环保宣传月活动，并印发各种宣传品。用人们喜闻乐见的形式，大造社会舆论，从而提高了人们自觉参加濑户内海环境保护工作的自觉性。三是教育活动的经常化、系统化和持久性，通过有计划、有步骤的活动，推进渤海环境教育的深入。

总之，渤海环境综合整治需要以合适的制度安排来保障渤海环境整治发挥实效，而环境网络治理模式正是可供选择的有效方式之一。尽管渤海环境网络治理模式的运行需要具备一定的前提条件，并且还需在渤海环境整治的实践中得到进一步验证和完善，但是，由于渤海环境网络治理模式满足了渤海环境保护和经济发展的要求，适应了渤海环境整治多方主体共同治理的需要，因而，必然会在渤海环境综合整治的实践中发挥出越来越重要的作用。

第 十 二 章

国际海洋环境管理中的合作治理

海洋环境污染问题是21世纪我们人类所面临的人口、资源、环境三大问题之一。海洋活动的一个显著特点是它的国际性，世界大洋互相通连，海水的运动、海洋生物的迁徙、海洋污染物质在风、浪、海流的作用下，从一个海区迁移至另一个海区，往往不受人为边界的制约，因而要解决海洋污染问题仅靠个别国家单方面的措施是远远不够的，还需要各国的共同努力，开展国际合作。国际环境法的国际合作原则“是指为谋求共同利益，国际社会各成员在保护和维护国际环境的事业中，本着全球伙伴和协作精神采取共同行动”。环境问题已经危及整个人类社会的生存和发展，国际合作是保护环境所必需的，也是各国所应当履行的国际义务。环境问题的有效解决，单靠各国的国内立法是难以实现的，国际合作是保护人类环境的必由之路，而国际法（尤其是国际条约）则是保证国际环境合作取得成功的必要基础。解决海洋环境污染问题世界各国必须在全球范围内进行合作，需要建立一整套完善的海洋环境保护的国际法律制度，唯有合作，才能取得成功。

第一节　国际海洋环境合作治理的制度基础

与陆地环境保护相比，海洋环境保护的法律制度有其自身的特点。对于海洋，国家并不能像对陆地一样自由采取保护措施，而必须遵照海洋法的管辖权原则进行管理。同时，由于海洋空间中最大的一部分在国家管辖范围之外，并向所有国家开放使用，使得人类从事海洋活动的影响可能远远超出了国家管辖范围，从而影响到其他国家的利益。上述原因削弱了沿海国依靠自身能力解决海洋环境问题的效果，因此，海洋环境的保护，相对于陆地环境保护而言，需要在更高的层面开展合作，必须采取多边和统一的解决机制。

海洋法中关于海洋的管辖原则和国际环境法中的原则、方法和目标互相影响，形成了关于国际海洋环境保护的法律。这种作用的结果体现在1982年颁布的《联合国海洋法公约》的第12部分。对于海洋环境保护的国际法律制度基于两个相互依存的框架：一是全球行动一般接受的国际规则和标准，主要包含国际习惯法规则、《21世纪议程》中第17章的内容、2002年在约翰内斯堡举行的世界可持续发展峰会上通过的《执行计划》以及2012年在巴西里约热内卢举行的里约+20峰会的会议成果《我们希望的未来》。二是在全球范围内履行一般国际规则过程中采取的一系列措施所形成的监管制度。例如解决特定污染来源的全球管制制度、多边环境协定、区域层面的环境协定（比如区域海公约）等。这两个独立的系统相互作用、相互补充，建立了一个动态，具有一致性的制度体制。这两种框架制度通过《公约》来衔接。《公约》中并不涉及具体的技术标准，但是为多边条约的发展以及统一贯彻、实施“普遍接受的国际规则和标准”提供了法律依据。《21世纪议程》第17章把国际环境法中新的原则和理念引入海洋法，推动了海洋环境制度的发展。

一、国际海洋环境保护合作法律框架

（一）国际习惯法规则

首先，海洋环境保护的伞形制度框架由国际习惯法规则构成。这些规则被普遍接受，具有法律约束力。

习惯法中的“预防原则”要求国家必须针对可能对海洋环境造成的损害进行风险预防，并在国家管辖范围内处理有害行为时应尽职调查。国家采取这种行动应基于其财力和技术能力，很多情况下，预防的成本会过高，而难于采取预防措施，比如对于农业生产所导致的富营养化的预防。而针对具有很高程度科学确定性和可预测性的环境有害行为，则必须采取预防措施。

预防原则和现代环境法的发展基本是同步的。20 世纪 60—70 年代是预防原则的形成期，这一时期一些国际和国内环境法律文件开始规定了预防原则或体现了预防的精神，预防原则的发展正是基于海洋领域的问题。如 1969 年《国际干预公海油污事故公约》、1972 年《防止倾倒物及其他物质污染海洋公约》、1973 年《国际防止船舶造成污染公约》都体现了预防原则的精神，真正对预防原则形成具有重要意义的是 1972 年《人类环境宣言》原则七：“各国应该采取一切可能的步骤来防止海洋受到那些会对人类健康造成危害的、损害生物资源和破坏海洋生物舒适环境的或妨害对海洋进行其他合理利用的物质的污染。”① 此后，在 20 世纪 80—90 年代，预防原则得到全面发展，开始突破了海洋环境保护这一专有领域的限制，频繁出现在一些具有普遍性意义的国际环境法律文件中。同一时期的《公约》也规定了预防原则的内容。

“合理使用原则”要求国家有责任避免对本国管辖范围以外的其他国家或地区环境造成严重或显著损害。共同空间向所有国家开放使用的原则包含了一项义务，即任何国家都不得滥用该项权利或不合理的妨碍其他国家的自由。② 比如不干涉他国家在公海、区域的传统活动自由。1958 年《公海公约》第 2 条要求缔约国合理考虑其他国家利益而行事，而 1982 年《公约》也重申了同样的原则。后者还规定，各国应当善意地履行自己根据本公约负有的义务，并以一种不会构成权利滥用的方式来行使公约承认的权利、管辖权和自由。③ 基于合理使用原则，各国不得允许国民从事在某种程度上损害其他国家利益的行为，比如排放有害物质或采取破坏性捕鱼方式。

此外，还有海洋环境保护的“国际合作原则”。早在 20 世纪 50 年代，国际社会即开始尝试通过国际合作对海洋油污问题进行防治，并缔结了第一个海洋环境保护的国际条约——1954 年《油污公约》。《21 世纪议程》第 17 章中，不仅将“加强国际，包括区域合作与协调”作为重要的方案领域之一，对国际合作的目标、活动以及实施手段等作了明确规定，而且还将

① 徐祥民等：《国际环境法基本原则研究》，中国环境科学出版社 2008 年版，第 150 页。

② ［英］帕特莎·波尼、埃伦·波义耳：《国际法与环境》，那力、王彦志、王小刚译，高等教育出版社 2007 年版，第 135 页。

③ 《联合国海洋法公约》第 300 条。

国际合作作为实现其他方案领域目标的重要措施加以规定。[1] 作为“海洋宪章”的《公约》也对海洋环境保护的国际合作作出了专门规定，要求各国在为保护和保全海洋环境而拟定和制定有关规则、标准和建议的方法及程序时，在全球性的基础上或在区域性的基础上，直接或通过主管国际组织进行合作，[2] 把国际合作变成各国履行海洋环境保护条约义务的基础。随着海洋环境保护国际合作的深入开展，国际合作的领域不断扩大，国际合作的内容也逐渐丰富。从国际合作的内容看，广泛涉及海洋环境污染事故的通报和应急处理、海洋环境保护情报和资料的交流、海洋环境保护能力建设和对发展中国家的技术援助、对国家管辖外国际海域海洋环境的保护以及和平解决争端等诸多方面。[3]

一般来说，根据国际习惯法的原则，不是针对所有的干涉、损害都应采取避免或预防原则，而是应该针对那些不合理的、严重的、显著的行为，国家在对行为进行判定时有很大的自由裁量权。因此，这些原则过于笼统、宽泛，这就要求各国必须根据这些原则采取具体的行动来保护海洋环境。而且上述讨论的原则，都是在国际环境法早期阶段产生的。20 世纪 80 年代开始，从斯德哥尔摩会议到里约热内卢环境与发展会议，诸如可持续发展原则、谨慎行事原则、共同但有区别的责任原则等国际环境保护法中新的目标、概念和原则得以诞生。遗憾的是，这些新产生的原则的法律地位目前仍不明朗。

（二）1982 年《联合国海洋法公约》

《公约》认为各海洋区域的种种问题都是彼此密切相关的，有必要将其视为一个整体来加以考虑。因此，海洋环境的保护构成了海洋法律制度中重要且必需的部分。《公约》是首次将所有已知形式的海洋污染和各种海洋生态环境退化纳入综合性的立法框架。1994 年 11 月 16 日，公约生效后，《公约》

---

① 《21 世纪议程》第 17 章有关方案领域的基本结构包括行动依据、目标、活动、实施手段几部分。其中除国际合作方案领域外，其他方案领域，包括沿海区和专属经济区的综合管理和可持续发展、海洋环境保护、可持续利用和养护公海海洋生物资源、可持续利用和养护国家管辖范围内的海洋生物资源、处理海洋环境管理方面的重大不确定因素和气候变化、小岛屿的可持续发展，都将“国际和区域的合作与协调”作为实现有关方案领域目标所采取的“活动”之一加以规定。

② 《联合国海洋法公约》第 197 条。

③ 徐祥民等：《海洋环境的法律保护研究》，中国海洋大学出版社 2006 年版，第 108—111 页。

中所确立的制度获得了近乎普遍的认可，其中涉及海洋环境的条款也被广泛认为是反映了国际习惯法的要求，被认为是现存及未来很长一段时间内综合性最强的海洋环境条约。

《公约》所确立的海洋环境保护制度是基于海洋法中管辖权原则和传统国际环境法的原则与方法。除了散见于各部分的防止污染和养护生物资源的规定，《公约》有关海洋环境保护的内容体现在第 12 部分“海洋环境的保护和保全”中。该部分有 11 节，为海洋环境保护勾勒出基本的法律框架，集中体现了《公约》对海洋环境保护的贡献。

1.《公约》中的管辖权制度

《公约》设定了人类从事海洋活动和国家在不同海域所享有的权利和义务的基本管辖框架。《公约》具体规定了国家在每个区域的管辖权范围包括国家立法资格（包括环境保护法规）、执法管辖、惩罚相关违法行为等。

沿海国在主权和管辖权范围内对从事相关活动的外国船只和人员进行管辖时，《公约》设置了一定限制。这种限制的程度取决于从事活动的种类以及所在海域的类别，并且管辖权的效力一般随着距公海距离的缩短而减少。船旗国对自己的船只享有管辖权，船旗国只要认为对于保护海洋环境有必要，就可以对船只施加影响，使其遵守相关的标准和行为。

一般来说，内水（即领海基线以内的水域，包括港口），类似于国家的陆地领土，沿海国对其享有完全的主权，沿海国的海洋环境保护行为不受任何限制。在自领海基线向外延伸 12 海里的领海区域内，沿海国的管辖权是受到限制的，根据《公约》，沿海国不应妨害外国船舶的无害通过权。① 《公约》将国家的管辖权扩展至距离领海基线 200 海里的专属经济区。对于之前作为公海进行管理的专属经济区，沿海国享有对海洋自然资源、海洋环境的保护和保全的管辖权。在该区域内，只要不干涉其他国家在这个海域的传统自由，沿海国可以采取相应的环境保护措施。但是，对于船旗国而言，必须遵守沿海国根据《公约》制定的环境法律法规。大陆架，是从领海基线向海延伸 200 海里（某些情况下将超过该距离）的区域，沿海国拥有勘探和开发自然资源的主权权利，这种主权权利似乎也包含沿海国对大陆架的自然资源

① 《联合国海洋法公约》第 211 条第 4 款。

享有管理和保护权。“沿海国为了勘探大陆架，开发自然资源和防止、减少和控制管道造成的污染有权采取措施外，对于铺设或维持这种海底电缆或管理不得加以阻碍”。① 此外，《公约》第 12 部分规定，沿海国对于在其大陆架上倾倒和管辖海底活动所造成的污染具有管辖权。②

公约再次确认了各国在国家管辖区域外的公海享有的传统自由不受减损，公海自由对沿海国和内陆国而言，包括航行自由、飞越自由、铺设海底电缆和管道自由、建造人工岛屿和其他设施自由、捕鱼自由、科学研究自由。③ 在公海，船旗国是保护海洋环境的首要责任方，船旗国必须保证悬挂本国国旗的船只遵守现有的国际规则和标准。④

最后，“区域”是指国家管辖范围以外的海床、洋底及其底土，“区域”及其资源是人类的共同继承财产。⑤ 关于“区域”以及“区域”内资源开发的相关规定在公约第 11 部分。关于“区域”内的活动，正如《公约》中的定义，“‘区域’内活动”是指勘探和开发“区域”内资源的一切活动，为此，海底管理局应制定适应的规则、规章和程序以防止、减少和控制对包括海岸在内的海洋环境的污染和其他危害，以及对海洋环境生态平衡的干扰，以及保护和养护“区域”内的自然资源，并防止对海洋环境中动植物的损害。⑥

《公约》的管辖规定旨在使沿海国扩展海洋环境管辖的权利与其他国家使用海洋和行使海洋自由的传统利益之间取得平衡。作为妥协，《公约》对于国家间或者在相关国际组织或一般外交会议中展开的多边合作更为偏爱。

2.《公约》中的海洋环境保护制度

对海洋环境的“保护和保全”,《公约》在第 12 部分进一步说明。《公约》并没有澄清这两个词之间的差别，这在很大程度上接受了“保护”指的是现有的或即将发生的危险，而“保全”包含可持续发展的意味，指的是对于海洋环境质量的维护以及解决海洋环境问题的长期政策。

① 《联合国海洋法公约》第 79 条第 2 款。
② 《联合国海洋法公约》第 210 条。
③ 《联合国海洋法公约》第 87 条。
④ 《联合国海洋法公约》第 211 条第 2 款。
⑤ 《联合国海洋法公约》第 136 条。
⑥ 《联合国海洋法公约》第 145 条。

《公约》第12部分并不包含具体技术标准，但明确了各国对不同污染源的权利和义务范围，并规定了各国在履行义务时要遵循的主要原则。总的来说，《公约》规定国家必须遵循四项主要义务。

第一，各国必须无条件地采取措施保护和保全海洋环境，[①] 各国有依据其环境政策和按照其保护和保全海洋环境的职责开发自然资源的主权权利。[②] 这两个条款，被认为是海洋环境保护法律中的顶层条款，把对于海洋环境的保护，从一种权利转变成法律义务。在《公约》的相关条款中对这种污染的来源进行了分类，主要包括陆源和近海污染、国家管辖的海底活动造成的污染、来自"区域"活动的污染、倾倒造成的污染、来自船只的污染以及来自大气层或通过大气层的污染。此外，各国必须采取一切必要措施，以保护和保全稀有和脆弱的生态系统，以及衰竭、受威胁或有灭绝危险的物种和其他海洋生物的生存环境。[③]

第二，"各国必须在全球性或区域性的基础上，直接或通过主管国际组织进行合作，为保护和保全海洋环境而拟订和制订符合《公约》的国际规则、标准和建议的办法及程序"。[④] 此外，《公约》还强调对于闭海或半闭海区域，沿岸国必须直接或通过适当区域组织展开合作。[⑤]

第三，为了保证最大程度的连贯性和统一性，《公约》要求各国落实并接受"普遍接受"和"普遍适用"的国际规则和主管国际组织制定的标准。根据所发生活动的类型和海域的不同，对于普遍"接受"和"适用"的规则和标准的执行也有区别。《公约》视情况不同对履行国际规则的要求也不同，从最低到最高程度所用的字眼分别为"考虑"、"顺应"、"落实"、"执行"。

一般来说，《公约》中对于发生在海上的行为，尤其关于航运的条款相对更清晰，因为这种活动会更容易影响到其他国家的利益。相反的，对于基于陆地的相关活动，《公约》的规定则比较简单，因为国家主权对于这种活动所产生的影响更为显著。出于同样的原因，除了关于来自船只的污染，

① 《联合国海洋法公约》第192条。
② 《联合国海洋法公约》第193条。
③ 《联合国海洋法公约》第194条第5款。
④ 《联合国海洋法公约》第197条。
⑤ 《联合国海洋法公约》第123条。

《公约》中对于条约在各国执行的规定也很薄弱。

第四，各国必须服从一系列程序上的义务，包括通报和信息交换义务①、发展和促进污染应急计划的义务②、科研方面展开合作的义务③、对发展中国家提供技术援助的义务④、对污染危险或影响进行监测的义务⑤以及发表报告的义务⑥。另外，《公约》第206条规定各国在实际可行范围内，对可能造成海洋环境重大污染的工程和活动进行环境影响评价，第235条规定各国应进行合作，对污染海洋环境所造成的损害制定相应的补偿标准和程序。

尽管《公约》第12部分是基于1972年的《人类环境宣言》进行制定，但《公约》整体还是显得较为笼统，对于1992年“联合国环境与发展大会”后出现的一些环境保护原则也只是在《公约》中笼统的涉及，并没有具体说明的内容。⑦《公约》中关于海洋环境保护的内容，是在沿岸国的环境利益与船旗国传统用海自由利益妥协平衡下所达成的一揽子法律文件，这种妥协导致各国不可避免地会忽视海洋环境的保护，而重视对于海洋资源的利用。另外，《公约》是30多年前基于利益平衡的产物，并不能反映现代环保理念的要求。尽管各国对《公约》存在很多批评，但尚未有对《公约》进行正式修改的说法。⑧

（三）《21世纪议程》第17章

海洋环境的不断恶化，凸显了传统环境保护法的局限性。人们开始清醒地认识到，海洋环境恶化与社会经济发展等因素存在直接的联系，不能孤立的对待，必须统筹解决。为了解决这这个问题，“联合国环境与发展大会”提出了可持续发展的理念，作为发展的一种形式，可持续发展要求既满足当

---

① 《联合国海洋法公约》第198条。

② 《联合国海洋法公约》第199条。

③ 《联合国海洋法公约》第200条、第201条。

④ 《联合国海洋法公约》第202条。

⑤ 《联合国海洋法公约》第204条。

⑥ 《联合国海洋法公约》第205条。

⑦ 可持续发展原则、谨慎行事原则、污染者付费原则等，只在《公约》部分条约中模糊表达，而并没有具体进行阐述。

⑧ Freestone，David，and A. Oude Elferink. "Flexibility and Innovation in the Law of the Sea：Will the LOS Convention amendment procedures ever be used"，*Stability and Change in the Law of the Sea：The Role of the LOS Convention*，2005，pp.169-221.

代人的需求而不损害子孙后代发展的需要。由于人类越来越依赖于海洋及其资源，因此可持续发展的理念对于海洋环境显得尤其重要。“联合国环境和发展大会”发布的《21 世纪议程》给予了海洋特别关注，并强调有必要在海洋环境的保护与资源的合理开发、利用之间达到和谐。

第 17 章“保护大洋和各种海洋”为海洋的可持续发展构建了蓝图，并把新的目标、原则和海洋管理的理念融入现有的制度中。海洋环境保护是第 17 章所确定的七大方案领域的一个方面。《公约》被认为是各国可持续利用和保护海洋应该遵从的法律框架，《21 世纪议程》则是寻求解决海洋问题的新方法。这些方法的内容要一体化，要对环境实行综合管理，另外还要采取预防措施。① 考虑到对海洋环境了解的有限性以及预测人类活动对于海洋生态系统影响的难度，采取预防性措施来保护海洋显得尤其重要。此外，《21 世纪议程》督促各国对所有可能造成海洋环境威胁的活动进行预先环境评价、采用清洁技术、污染者付费原则等。② 另外，还要求各国保全稀有或脆弱的生态系统以及栖息地等生态敏感区。③

《21 世纪议程》建议各国在解决陆上活动造成的海洋环境污染和退化问题时，应在国家、区域以及次区域多层次展开协调行动。④ 此外，鼓励各国应酌情通过单独、双边或多边的方式，以及在海事组织和其他有关的分区域、区域或全球性国际组织的协助下，评估处理海上活动（如海运、倾废、近海石油和天然气平台、港口等）所需的进一步措施。第 17 章最后强调，在联合国系统内外，许多国家、区域的机构都在海洋环境问题上具有不同的职能，而它们之间的协调需要改善，联系需要加强。⑤

《21 世纪议程》尽管不具有法律约束力，第 17 章的内容对于海洋环境保护制度的发展有决定性影响力，它的原则和建议为各国和国际组织履行《公约》的承诺提供了指导方针。《21 世纪议程》与《公约》进行了很好的互动。《公约》构建了海洋环境保护的法律框架，而《21 世纪议程》则为

① 《21 世纪议程》第 17.1、17.5、17.6、17.21、17.22 条。
② 《21 世纪议程》第 17.22 条。
③ 《21 世纪议程》第 17.30 条。
④ 《21 世纪议程》第 17.24—29 条。
⑤ 《21 世纪议程》第 17.115—122 条。

《公约》的履行提供了方案指导。1997 年，在联合国 19 届特别会议上，联合国可持续发展委员会（CSD）被要求定期审查基于《公约》法律框架制定的《21 世纪议程》第 17 章内容的执行进展情况。

（四）可持续发展世界首脑会议（WSSD）

可持续发展世界首脑会议（WSSD）于 2002 年在约翰内斯堡举行，全面审查和评价《21 世纪议程》执行情况，相对于其他问题而言，海洋问题没有成为此次会议的重点。起初，海洋问题甚至没有进入会议议程。会议的成果《执行计划》中只有第四部分保护和管理经济与社会发展所需的自然资源基础中 29—34 条涉及海洋环境问题，而且其中大部分条款是有关渔业的。尽管如此，《执行计划》对于海洋环境保护的贡献也不容小觑。为了实现海洋的可持续发展，《执行计划》敦促各国批准和履行《公约》，推动各国对于《21 世纪议程》第 17 章的实施。① 《执行计划》重申了《21 世纪议程》第 17 章的要求，比如采用综合海洋管理方式，但针对某些情况，《执行计划》给出了明确的目标和时间表，比如，鼓励到 2010 年应用生态系统方法。② 此外，《执行计划》引入了新的明确目标，例如，到 2012 年建立有代表性的保护区网络，到 2010 年杜绝使用破坏性的捕鱼方法，敦促国际社会加大对海洋生物的保护力度。不同于《21 世纪议程》第 17 章，《执行计划》重申有必要对所有存有潜在危害的活动进行环境影响评价，并把它作为一个主要工具，以实现海洋可持续发展。另外，《执行计划》敦促各国批准、加入和执行现有的海洋公约、议定书等，重视海洋科学和海洋技术的转让。《执行计划》还敦促，在联合国框架下，到 2004 年在现有区域评估的基础上，建立一个常规的进程，就海洋环境包括目前和可预见的社会经济方面的状况作出全球报告和评估。③ 与《21 世纪议程》第 17 章一样，《执行计划》同样强调全球和区域层面的国际合作与协调。④

2003 年，可持续发展世界首脑会议的后续行动中，联合国可持续发展委员会通过设立长远的行动方案，来推动《21 世纪议程》和《执行计划》

① 《执行计划》第 29 条。
② 《执行计划》第 29、31 条。
③ 《执行计划》第 34、36 条。
④ 《执行计划》第 29 条。

的实施，海洋、海洋资源、小岛屿发展中国家问题被放在2014—2015年的执行周期中，这表明在当时，海洋及其资源问题虽然不是全球议程的首要任务，但海洋问题已经明显成为当下亟须解决的问题。

（五）联合国可持续发展大会“里约 +20”峰会

2012年6月20日至22日，来自约100个国家的政府首脑以及至少5万名各领域代表参与了在巴西里约热内卢举行的“里约 +20”峰会。会议的成果《我们希望的未来》第158—177条的内容涉及海洋，178—180条提到了小岛屿发展中国家。令人欣慰的是，涉及海洋的部分中，其中大部分条款是有关海洋环境保护的，并重申了有效运用生态系统方法来治理海洋环境。① 《我们希望的未来》中提到《公约》几乎已经获得所有国家的采纳，下一步将敦促所有缔约方充分履行其根据《公约》所承担的义务。② 其中也包括具体的计划，161条提到，支持大会主持设立的海洋环境状况（包括社会经济方面问题）全球报告和评估经常程序，期待海洋环境状况第一次全球综合评估到2014年完成，这个将是第一个全球一体化的海洋环境状况评估。163条提到，承诺采取行动减少海洋污染（主要包括海洋废弃物，尤其是塑料、持久性有机污染物、重金属和氮化合物）的发生率和对海洋生态系统的影响，具体办法包括有效执行在国际海事组织（IMO）框架内通过的相关公约，贯彻执行《保护海洋环境免受陆上活动污染全球行动纲领》等相关举措。另外，《我们希望的未来》中再次重申对生物多样性③、海洋废弃物④、外来入侵物种⑤、海平面上升和海岸侵蚀⑥、海洋酸化⑦ 以及气候变化⑧、海洋肥化⑨ 等等海洋环境问题的关注和重视。另外第160条、161条、163条、166条、168条都特别强调了国际合作的重要性。

① 《我们希望的未来》第158条。
② 《我们希望的未来》第159条。
③ 《我们希望的未来》第162条。
④ 《我们希望的未来》第163条。
⑤ 《我们希望的未来》第164条。
⑥ 《我们希望的未来》第165条。
⑦ 《我们希望的未来》第166条。
⑧ 《我们希望的未来》第166条。
⑨ 《我们希望的未来》第167条。

二、海洋环境保护的全球性合作

（一）普遍接受和适用的国际规则和标准

根据普遍接受和适用的国际规则和主管国际组织通过的标准制定操作性条款，一般具有高度技术性，需要运用专业知识，第三次海洋法会议并不具备制定这种条款的条件。况且，已经有一系列规定了详细技术标准的国际条约，例如，国际海事组织于1973年在伦敦通过的《国际防止船舶造成污染公约》（International Convention for the Prevention of Pollution from Ships），该公约于1978年2月17日经过修改后才得以生效，是全球最重要的防止船舶污染公约，即《经1978年议定书修订的〈1973年国际防止船舶造成污染公约〉》（International Convention for the Prevention of Pollution from Ships，1973，as modified by the Protocal of 1978 relating thereto，简称MARPOL 73/78），另外还有《伦敦倾废公约》（Convention on the Prevention of Marine Pollution by Dumping of Wastes and Other Matter）。可见，通过主管国际组织来制定具体技术标准和参考规则，更容易建立管辖框架。《公约》要求缔约国落实普遍接受和适用的国际规则和主管国际组织通过的标准，但遗憾的是，并没有对这些条款和主管国际组织进行明确定义。首先便是这些规则和标准的范围没有明确说明，这些标准不一定是指习惯法规则或具有法律约束力的规则，可能包含一些建议性的规则。其次，对于普遍接受的国际规则和标准是否适用所有的《公约》缔约国，而不论这个国家是否签署了该标准有关的条约仍存在争议。反对将普遍接受的国际规则和标准应用于所有《公约》缔约国的观点认为，部分标准存在高度技术性，而这部分标准只应该对批准它们的国家生效。关于主管组织，只在《公约》附件八“特别仲裁”第二条中间接提到：“专家名单在渔业方面，由联合国粮食及农业组织，在保护和保全海洋环境方面，由联合国环境规划署，在海洋科学研究方面，由政府间海洋学委员会，在航行方面，包括来自船只和倾倒造成的污染，由国际海事组织，或在每一情形下由各该组织、署或委员会授予此项职务的适当附属机构，分别予以编制并保持。”但是，不在这个目录里的其他国际组织也完全可以制定普遍接受和适用的国际规则和标准。比如，作为全球核材料运输主管机构的国际原子能总署制定的核材料运输的全球标准。而且，考虑到海洋环境问题的跨界性和复杂性，这些主管国际组织的任务授权会产生重复和不一致。

（二）多边环境协定

《公约》以及《21 世纪议程》第 17 章规定了多边环境合作的规则和框架，大多数合作采取了多边环境协定的方式，范围也扩展至与海洋相关的各个领域，例如 1992 年的《联合国生物多样性公约》，1972 年的《国际重要湿地公约》（又称拉姆塞尔公约，Ramsar convention）。

一般来说，所有的多边环境协定都基于一个框架协议，框架协议主要包含三个部分，规定了要达成的目标、一般原则、义务以及机构设置；进一步说明一般义务的单独的协议；不同的附件（或附录），包含详细的标准和列出了根据协议要控制的具体物种和物质。缔约方大会由所有的缔约方组成，通过评估框架协议的履行程度来保证框架协议的内容是符合当下要求的，修订和调整协议及附件需要通过缔约方会议。各缔约方在履行多边环境协定义务的同时，也间接履行了《公约》的规定。因此，对于《公约》的履行，多边环境协定发挥了重要作用。

《公约》强化了公约与多边环境协定之间的联系，清楚地表明《公约》第 12 部分的规定不影响各国根据先前缔结的保护和保全海洋环境的特别公约和协定所承担的特定义务，也不影响为了推行本公约所载的一般原则而可能缔结的协定；另外，各国根据特别公约所承担的关于保护和保全海洋环境的特定义务，应依符合本公约一般原则和目标的方式履行。①

（三）联合国大会关于海洋和海洋法的议程

《公约》区别于多边环境协定和其他国际公约，并没有建立制度性的体制来不断审查各国的履约情况。《公约》的缔约国年度会议，也不同于多边环境协定中的缔约方会议，只涉及处理预算和行政事务以及根据《公约》所设立相关机构的运作。② 这种安排使得《公约》涉及的部分事项，实际上受到其他制度安排的管制（诸如国际海事组织等）。因此建立专门的机构来处理《公约》实施过程中的实质性问题本来就是会产生低效率，显得多余。自

① 《联合国海洋法公约》第 237 条。

② 《联合国海洋法公约》第 319 条、附件 2 第 2 条第 3 款、附件 6 第 18 条和第 19 条。

1983年以来，监管《公约》实施情况已由联合国大会（UNGA）下的“海洋和海洋法”议题接手。但这其实并没有得到《公约》的具体授权，当然，这个问题的产生很大程度上是源于政治原因考量。

基于《公约》第319条第2款a项的规定，联合国秘书长每年应将因本公约产生的一般性问题向所有缔约国、管理国和主管国际组织进行报告。该报告提交给联合国大会进行年度审议，作为非正式协商讨论的基础。为了便于大会每年对包括海洋环境保护在内的海洋事务和海洋法的审议，1999年联合国大会通过决议，决定在符合《公约》所制定的法律框架和《21世纪议程》第17章目标的前提下，展开不限参加名额的非正式协商进程。[①] 每年会议探讨《公约》实施情况以及海洋法最新进展的相关问题，该进程向参与海洋事务的所有利益攸关方开放，包括所有的联合国会员国，无论其是否签署了《公约》(如美国)。此外还包括联合国的专门机构（例如国际海事组织，联合国粮农组织等)、国际组织和区域经济一体化组织、非政府组织。该议程将涉及海洋事务的所有法律、政治、经济、社会和环境问题以一个综合的方式进行处理，确定未来可能需要关注的更多问题和未来共同行动的优先次序，以及讨论决定递交给联合国大会的最终建议。基于联合国秘书长的报告以及非正式协商进程得到的建议，联合国大会会对年度的海洋和海洋法问题进行全面的审查和总结。因此，该进程对各方参与《公约》起到了重要作用，并且是各方评估《公约》实施情况的主要论坛。

联合国大会一般在“海洋和海洋法”年度决议中认可议程的相关建议。这些决议主要涉及实质性问题，而关于司法管辖权问题和国家实践与《公约》的一致性问题则比较笼统的提及。联大决议尽管只有软法性质，但却有强大的政治推动力。它设置了关于来年“海洋和海洋法”的全球性政治议程，并且确定了联合国成员国、国际组织和专门机构为实现《公约》目标而应采取的行动。这样一来，它对于《公约》的实施以及海洋政策和法律的进一步发展起到了关键性的推动作用。各国政府，包括非《公约》缔约国，极

① 1999年第54届联合国大会决议：《可持续发展委员会对“海洋”这一部门主题进行审查的结果：国际协调与合作》（A/RES/54/33）第2段。

为重视全面参与该讨论进程，通过这个平台可以促进他们相关目标的实现，并有利于各方在国际层面维护国家利益。

三、海洋环境保护的区域性合作

（一）海洋环境保护的区域性合作原因

《公约》等全球性海洋环境制度只从海洋环境问题的共性出发为采取全球性行动提供指南，没有考虑到海洋环境问题的区域性特征。海水的流动会把一些污染物质带到大洋的深处，海岸水域的污染则显得更为严重。其主要原因就在于沿岸水域多为封闭或半封闭海，如地中海、波罗的海、黄海、南中国海等等，这些封闭和半封闭的海域水深较浅，海水循环极为缓慢，相比于公海或远海，它们实现海水自我更新的时间要长得多；因生态和地理位置的特殊性，沿海的人口密度、工业活动的集中程度以及用于国际贸易的国际航线与港口都增加了海洋环境的环境承载负担。这些因素就导致了海洋污染主要集中在海岸带或近海海域，尤其是封闭或半封闭海，形成极为严峻的区域海洋环境问题，损害了区域海洋沿岸国家的共同环境利益。

根据海洋问题或海洋的地理特性，区域合作被认为是最有效的方式，因此《公约》和《21 世纪议程》都高度重视区域合作。与《公约》保持一致的区域条款有助于全球性制度的有效实施，特别是涉及封闭和半封闭海域，他们的海洋地理和生态特性表明他们需要进行特殊的保护。而且，在区域而不是全球层面对海洋环境问题进行监测和解决会更有效率。此外，相比全球性环境合作，往往各方在签署共享共同利益的区域层面协定的妥协程度更小，达成的承诺更加坚定，制定的环境标准更高。虽然区域海（regional seas）概念产生的一个目的是为了“弥合发达国家与发展中国家在海洋环境保护上的分歧”，但是 UNEP 在区域海规划中明确指出生态系统在“区域海”内涵界定时的根本性，指出“区域海被认为是生态系统应受保护的海洋区域，以及海岸与岛屿国家因此而受惠于国际合作的海洋区域”①。

① Vallega Adalberto，*Sustainable ocean governance：a geographical perspective*，Routledge，2002，p.199.

（二）海洋环境保护的区域性合作实践

1. 区域合作途径的开端

海洋环境保护的区域性合作实践始于托雷·坎永号[①]溢油事故，其产生的污染之严重，成为近代第一例撼动国际海事法律制度的事件。伴随该事故，出现很多法律与制度问题需要解决：事故本身的法律问题、沿海国应急处理的法律应对、海洋环境保护的合作制度等。此次事故使得各国意识到海洋环境保护的重要性。1968 年联合国的一系列决议规定了防止、改善和控制海洋环境污染的措施。[②]在托雷·坎永号事件发生之后，损失惨重的北海沿岸诸国针对海上油污合作签订了《应对北海油污合作协议》（下称 1969《波恩协议》）。从缔结到生效，《波恩协议》只用了两个月的时间，可见此次事件对各国的影响之大，也从另一个侧面反映了各国对于海洋环境合作的决心。该协议也成为海洋环境保护区域性合作实践的开端。[③]

当然，尽管区域海洋环境合作始于对抗油污泄漏，但随着人们对于海洋环境认知的加深，越来越多的海洋环境问题出现。1969《波恩协议》通过之后，1972 年 2 月 15 日，东北大西洋区域又针对海洋倾废问题缔结了《奥斯陆公约》，该公约被认为是保护海洋环境的第一个区域性公约；1974 年 6 月 4 日，该区域又针对陆源污染问题缔结了《巴黎公约》。从北海—东北大西洋对于海洋环境的保护实践上可以看出，该区域采用针对不同污染源缔结公约的分立模式。北海—东北大西洋的区域海洋保护实践使其他区域的国家认识到区域性海洋环境保护的可行性与重要性。在这之后，区域海洋环境保护合作在欧洲海域得到迅速发展，波罗的海区域于 1974 年缔结了《保护波罗的海地区海洋环境公约》（《赫尔辛基公约》），地中海区域于 1976 年缔结了《保护地中海防止污染的公约》（后简称为 1976《巴塞罗那公约》）。其中，以地中海区域的《巴塞罗那公约》最为成功和具有影响力，成为 UNEP 的

---

① 此次事故是截至当时规模最大的一次事故，造成 10 万吨原油泄露，另外 2 万吨原油经英国轰炸也未完全燃烧，大量沉入海底，造成英法海岸线重大污染。

② 在此方面，联合国大会 1968 年通过了“海洋问题国际合作”的 2414 号决议，“防止开发海床所引起的海洋环境污染”的第 2467B 号决议，1969 年通过了“改善防止和控制海洋污染的有些措施”的第 2566 号决议。

③ 张相君：《区域合作保护海洋环境法律制度研究》，《中国海洋大学学报》（社会科学版）2011 年第 4 期，第 1 页。

区域海项目通用模式。

2. 区域合作途径的发展

1972年6月在斯德哥尔摩召开了联合国人类环境会议之后，国际社会对环境问题的愈发重视促成了UNEP的成立。UNEP针对海洋领域最突出的工作便是针对全球邻接陆地的闭海和半闭海规划了区域海项目，区域海项目是过去40多年UNEP最显著的成就之一。区域海项目旨在通过可持续管理和利用海洋以及沿海环境，解决世界海洋和沿海地区的加速退化，通过沿岸国的全面参与和具体行动，保护其共享的海洋环境。地中海区域项目直接受UNEP管理，并成为UNEP的区域海项目通用模式，它的区域合作经验影响到其他的区域海项目。在具体的海洋保护实践中，不同于北海—东北大西洋，地中海区域采用的是公约—议定书模式。该模式首先通过签订框架公约来对区域海洋环境保护进行一体化规定，然后针对不同的具体问题签订议定书。这种模式的采用也是为了适应地中海区域的政治、经济环境，既保证了基本的合作基础，也同时照顾到各国不同的履约能力。也正是因为此种模式在地中海区域获得成功，因此成为UNEP的区域海项目合作范本。

当然，除了地中海项目之外，欧洲海域的其他模式也都成绩斐然。其中最典型的便是北海—东北大西洋和波罗的海区域。北海—东北大西洋的分立模式我们上文已提过，而波罗的海区域面对复杂的政治环境，强烈的东西方政治对立使得该区域在合作初期遇到了很大的困难。为了能够跨越政治上的对立和经济发展程度的不一致，波罗的海区域最终选择了综合保护海洋环境的路径。通过强调海洋环境保护的重要性来弱化各国存在的政治对立。尽管这种合作模式是一种妥协的结果，但从该区域的保护实践来看，随着各国对于海洋环境问题的重视程度不断增加，这种模式也取得了很好的效果。从加勒比海到南太平洋，在所有主要的区域性海域，海洋框架制度已通过达成区域性公约的方式来实现。这些区域海公约为沿海国在海洋环境保护领域展开更紧密的合作设定了制度性框架。这种合作在《公约》建立的决策机制内发生，是全球性制度在区域层面的主要执行平台。

区域海公约有很多相同的元素。首先，他们有相似的结构；其次，他们不涉及管辖权原则；再次，在后续的环发会议上，欧洲海域的三个公约都根据《21世纪议程》第17章的内容进行了相似的修订；[①] 最后，通过区域公约建立的制度通常更加严格。

除了区域性公约，一些专门性协议在海洋环境保护的制度实践中也发挥了重要作用。他们针对特定的海洋区域或者特定的海洋物种进行保护，如《海豹保护公约》（1911年）、《国际捕鲸公约》（1949年）。此外，区域性政治论坛，如北海部长级会议、波罗的海国家环境部长会议以及波罗的海国家理事会等，对于全球海洋制度在区域层次的实践起到了重要的作用。他们的作用在于确定了区域问题所在，加快了区域主管机构的决策过程。尽管部长级会议通过的声明并不具有法律约束力，但为主管区域组织进一步开展工作提供了政治推力，并对区域主管组织的政策制定和立法产生了深远影响。同时，通过对于《21世纪议程》承诺的认可，区域部长级声明（或是宣言）鼓励了新的目标、原则和方法在区域海洋环境保护中的应用。

第二节　国际海洋环境合作治理体系

全球环境问题的加剧，迫使国际社会再也不能坐以待毙，必须采取有效措施缓解人类生存危机。全球环境问题跨国性的特点决定了"解决这些问题的措施必须建立在地区和全球基础上"。在海洋环境治理方面，越来越多的国家都已深刻地认识到唯有进行合作，塑造政府与非政府间的现代伙伴关系，建立国际海洋环境合作治理机制，才能得到较为理想的治理效果。

一、大势所趋——国际海洋环境合作治理

海洋是一个流动的整体，它的开发利用将给全球各国带来无尽的财富。同样，它的保护与发展也需要世界各国的共同努力，只有充分发挥海洋环境治理中多个主体的作用，海洋环境问题才能得以缓解和解决。因此，可以说，国际海洋环境合作治理是一种多元主体参与的治理，海洋环境治理的过程，也是多元主体追求公共利益，形成良性互动的和谐关系的过程，这是符

① 分别是联合国环境规划署赞助的1995年修订的《保护地中海防止污染的公约》（《巴塞罗那公约》），1992年修订后的《保护东北大西洋海洋环境公约》（《奥斯陆公约》），以及1992年的《保护波罗的海地区海洋环境公约》（《赫尔辛基公约》）。

合治理理论的内涵的。

与传统的国际政治理论相比，治理理论最明显的不同在于它强调行为主体的多元性和多样性。主体多样化最早为英国学派关注，查尔斯·邓恩认为，主体多元的国际社会为全球治理奠定基础，国家难以单独管理全球，需要多边组织、非政府组织和跨国公司的介入。按照现实主义的观点，国家是国际社会中的唯一行为体。但是，随着全球环境问题的加剧，海洋环境问题的危机已经威胁人类整体的生存和发展，它强烈呼唤着国际各主体的积极参与。我们可以看到，在国际海洋环境合作治理领域，不再是国家这一行为主体的独角戏，政府间组织、非政府间组织、非国家行为体、无主权国家行为体、社会运动、游说共同体、知识共同体等都参与了治理的过程。

当前，国际海洋环境合作治理结构已呈现出政府间组织、主权国家、跨国公司、非政府组织四足鼎立的趋势。各主体之间相互制约，相互作用，相互联系，相互依存，从而结成了相对稳定、动态的体系网络。各主体之间的合作与冲突是它们之间关系的基本形式。“非国家主体间或国家与非国家主体间的关系在全球层次上形成了一个网络，构成了各种各样关系在网络之间的对立、共存与相互补充。”① 尽管在当前的全球环境和治理中，各治理主体之间存在着这样或那样的价值观和利益上的冲突与对立，但是，在海洋环境治理中，国家主体和非国家主体的共存，并进行全球性、区域性的合作是大势所趋。

在全球海洋环境治理中，主体间的合作方式：一是国家与国家的合作。这是国际海洋环境治理中的主流合作方式，甚至占有支配性地位，也是诸多合作方式中最为有效的合作方式。诸多环境条约的签订大多是国家之间的。二是国家主体与非国家主体之间的合作，主要有国家与非政府组织的合作、国家与跨国公司的合作。跨国公司由于具有庞大的经济实力和技术基础，同时“企业社会责任”的提出，使跨国公司即使是为了公司的社会信誉也在逐渐重视环境问题，因此，主权国家尤其是发展中国家可以利用与跨国公司的合作来提高应对全球环境问题的能力。三是非国家主体之间的合作，包括国

① ［日］星野昭吉：《全球化时代的世界政治——世界政治的行为主体与结构》，刘小林、梁云祥译，社会科学文献出版社 2004 年版，第 55 页。

际政府间组织与非政府组织的合作、非政府组织与跨国公司的合作、国际政府间组织与跨国公司的合作。随着公民社会的发展和在全球海洋环境治理中地位的逐步提升，使国际政府间组织和跨国公司开始注重与非政府组织的合作，而跨国公司也在逐渐改变以往在环境问题上的负面形象，注重与非政府组织和国际政府间组织的合作。在联合国体系中，环境非政府组织同联合国体系已建立起较为密切的联系，通过多种渠道参与联合国体系的活动，对联合国体系的工作产生着日益增大的影响。1993 年斯德哥尔摩会议后，在联合国环境规划署的支持下，与会的非政府组织建立了一个叫作环境联络中心的国际非政府组织网络。自从 20 世纪 90 年代以来，跨国公司也以多种方式参与海洋环境治理，除与东道国进行基本的环境合作外，也与国际政府间组织和国际环境非政府组织合作。

从客观方面来看，国际海洋环境合作有着它的基础：(1) 生态基础。海洋是一个相对独立的生态系统，人类越来越依靠海洋生存。全球海洋环境治理是全人类的共同事业，任何国家，特别是沿海国家都不可能脱离海洋生态系统而进一步发展，只有通过广泛的国际合作，才能推进全球海洋环境治理机制的完善。(2) 科技基础。随着科学技术的进步，科学家采用更先进的观测手段和更精密的仪器，对海洋环境问题的成因、作用机制、危害程度、变化趋势和规律，以及防治措施和效果等一系列问题取得了越来越多的科学观测证据。(3) 意识基础。20 世纪 70 年代开始，人类对环境问题的认识有了一个质的飞跃，环境意识日益增强，环境保护热潮在全球蓬勃兴起。人类已意识到地球的整体性和相互依赖性，环境问题不再被当成孤立事件，它同人类的整体发展、整体生活联系起来。它要求动员全世界的力量，采取联合行动，使环境与发展相协调。

为了实现和增进公共利益，主权国家、国际政府间组织与国际非政府组织、跨国公司等众多公共行为体建立一种基于共同利益需求上的相互信任关系，并由此出发，在相互依存的全球环境中分享公共权力，共同管理全球环境事务。在这些主体之间，并无上下尊卑之分。但并不是说所有的主体都可以发挥相同的作用。事实上，在海洋环境治理中，能够起主导作用的还是国家。因为，一方面国家目前仍然是国际政治舞台上最主要的行为者和全球治理中最强的管理者；另一方面，目前全球公民社会对世界政治的影响主要表现在与政府的合作上，特别是政府间组织与非政府组织的合作上。在某种程度上，非政府组织依然要借助政府或者政府间组织这一平台来确立自己的合法性。也正是这样，国际政府间组织走出了单纯的国家合作地带，越来越重视与非国家主体的合作。国际合作一定程度上是国际关系行为体对国际相互依存不断深化作出的理性反应。全球化和世界的相互依存已经使国际关系行为体的传统思路发生了重大的变化，政治力量多元并存的基本事实要求人们学会相互尊重与和平共处，并在平等互利的基础上协商合作，以处理相互间的各种问题。全球环境问题要求国际关系行为体改变“一方所得必定为另一方所失”的传统思维方式，在双赢、多赢、一荣俱荣一损俱损等新理念指导下，更多地依靠建立在合作基础上的全球公共政策与规划来应对人类面临的公共挑战已是历史大趋势。

二、国际海洋环境合作治理的结构

（一）主权国家

国家行为体是当代国家关系体系中最主要、最基本、最活跃、最有作为的行为主体。[①]《人类环境宣言》明确宣布（原则 21）：按照联合国宪章和国家法原则，各国有按自己的环境政策开发自己的资源主权，并且有责任保证在它们管辖或控制之内的活动，不致损害其他国家的或在国家管辖范围以外的地区的环境。同样，在国际海洋环境合作治理中，主权国家依然是最基本的最重要的治理主体，它决定着海洋环境问题治理的成效。

随着全球公共问题日益凸显，面对诸如环境生态问题、人口膨胀、贫富差距、恐怖主义、地区冲突和核武器扩散等一系列难题，一个国家难以单独解决。而这些问题也不单单是某个国家的问题，而是每一个国家面临的难题。同时，这些问题的存在，也使人类社会成为一个命运的共同体，只有加强多元行为体间的合作，实施全球治理，才可根治这些毒瘤。虽然一些非政府组织和公民运动在解决诸如环境污染等一系列全球性问题上显示出解决问题的基础性与灵活性，发挥着越来越重要的作用，但它只能作为国家作用的一种补充，既不能完全取代国家的作用，也不能占据主导。

① 蔡拓：《国际关系学》，南开大学出版社 2005 年版，第 75 页。

主权国家因其强大的实力及合法性在解决上述问题方面仍发挥着不可替代的作用。

主权国家在国际海洋环境合作治理中的这种核心地位，具体表现为：第一，国家环境主权原则是国际海洋环境合作治理中一个极其重要的原则。由于海洋环境问题的超国界性，使它越来越成为重要的国际不安定因素，环境问题在国家之间对外关系中逐渐成为国家首要考虑的问题。这一切都使国家主权涉猎全球环境问题成为一种趋势，最终导致了国家环境主权理念的形成与确立。而国家环境主权原则也成为国际海洋环境合作治理的重要原则之一。第二，主权国家在国际海洋环境合作治理机制的创建、运行以及效用方面发挥着主导作用。国家是国际海洋环境立法的基本法律主体，国际海洋环境合作治理机制中的主要原则、规范和决策程序的确立主要通过主权国家间的谈判、妥协、承诺与认可方可以实现。尽管有社会各方的努力，有非国家行为主体的参与和影响，但是集立法、执法和行政权力于一身的主权国家无疑是最主要的参与者，而且其政策和态度关系着国际海洋环境合作治理活动的成败。

（二）政府间国际组织

在国际海洋环境合作治理中，政府间国际组织是一个举足轻重的治理主体，政府间国际组织，主要包括联合国及其下属机构联合国环境规划署（UNEP）与联合国开发计划署（UNDP）、联合国可持续发展委员会(UNCSD)、国际海事组织海洋环境保护委员会（MEPC）、世贸组织贸易与环境委员会、世界银行，另外还有地区性国际组织如欧盟（EU）、东盟(ASEAN)、波罗的海海洋环境保护委员会（BMEPC）等，它们都在国际海洋环境合作治理中扮演重要的角色。联合国作为全球最有权威的国际政治组织，在国际海洋环境合作治理中始终发挥主导作用。

在国际海洋环境合作治理中，政府间国际组织可以发挥组织协调作用，为各国间的相互交流提供了一个良好的活动场所，并协调各方意见，努力达成和履行国际海洋环境合作治理的行为规范和准则。在一个没有世界政府的国际社会中，全球海洋环境问题的治理只有通过一个权力中介作为第三方来协调解决，政府间国际组织作为国际海洋环境合作治理的权威性组织，理所当然地成为组织协调各个当事国的第三方。

此外，在全球海洋环境治理过程中，政府间国际组织还可以发挥研究和信息服务作用。政府间国际组织由高度专业化的技术专家组成，它们有丰富的信息处理和分析经验，能为全球环境治理提供丰富的信息。这些国际组织通过定期的、制度化的信息发布机制将一些隐匿于公众视野之外的足以威胁全球环境的信息公之于众，或使以往局限于较小范围的信息得到广泛的传播，使一国政府在即将造成的环境污染面前做好充分的准备。

最后，在全球海洋环境治理过程中，政府间国际组织还可以发挥绩效评估作用。政府间国际组织具有单个的国家所无法企及的信息和技术优势，对世界各国的环境政策绩效可以进行全方位的评价、比较和排序，使这些国家环境政策的绩效状况一目了然。各国政府从这些通过专业、科学的评估、比较而得出的绩效评估数据中，更能够清楚地发现本国在海洋环境治理中的成绩与不足。比如 1980 年 5 月 20 日《保护南极海洋动植物的堪培拉公约》第 24 条规定了一个“国际观察和检查制度”。

（三）非政府组织

随着环境问题越来越受到全球性的关注，而主权国家与政府间国际组织在解决环境问题上越来越变得效率低下而进展缓慢，在一些情况下不得不与非国家主体共同寻找解决问题的良方。其中，各种追求自身价值目标的非政府组织是全球公民社会中最为主要，也是最为活跃的组成部分。

非政府组织主要指以促进经济和社会发展为己任的民间组织，尤其是那些草根层次的组织。与政府间国际组织相比，非政府组织更贴近民众，更注重底层的需求和呼声，在环境保护工作方面比政府组织或政府间国际组织更加灵活主动。在国际海洋环境合作治理过程中，非政府组织对国际海洋环境合作治理议题参与较多，对国际海洋环境合作治理框架的形成具有重要推动作用。

非政府组织在国际海洋环境合作治理中主要发挥以下作用：第一，通过本组织的专业研究提出相关的信息和政策建议，影响国际环境议程。第二，通过发动消费者抵制运动和法律诉讼等手段，促使有关政府和组织改变其不利于环境的政策。第三，通过游说或直接加入政府代表团，影响国际环境保护的谈判进程。第四，监督或帮助国际环境协议的实施。针对特定的环境问题开展调查，评估环境影响，公开相关环境破坏行为信息，提供舆论压力，促使问题改善，催促各国政府履行它们的承诺和责任。[①] 第五，通过各种方式，如讲座、主题活动、考察、发表环境问题报告，提高社会关注度和公众参与度，促进相关知识普及。

国际环境非政府组织在当前尽管已经促成了国际海洋环境合作治理的模式和机制的转变，但是由于主权国家、政府间国际组织与市场经济部门的主导地位及非政府组织本身的缺陷，使得国际环境非政府组织基本上只能在国际海洋环境合作治理中发挥补充性角色，处于边缘和半边缘地位。但全球化带来的全球平等发展和治理的需求，为国际非政府组织发挥自身的职能优势提供了广阔的前景。

（四）跨国公司

对跨国公司环境责任的讨论源起于对企业社会责任的讨论。早在 20 世纪初到 20 世纪 60 年代，企业社会责任的讨论率先由西方国家发起，这些讨论多集中于企业是否应当承担社会责任。直到 20 世纪 70 年代末期，有学者开始提出企业环境责任的问题。西方学者 Zenisek 在其文章中提到了企业社会责任可以分为若干个阶段，而环境责任处于其中第三个阶段。这个阶段的主要内容是：企业要生产符合安全标准的产品，同时企业需要为当地社会建设贡献自己的一分力量，并且企业还要在生产、流通、回收的整个环节注意环境保护的问题，防止环境恶化。[②] 我国环境法学者马燕在《公司的社会责任》一书中，提出“公司的环境责任是公司的社会责任，其产生根源于环境问题的严重性，公司目的实现的客观性，公司权利的社会性及股东利益的相对性”[③]。从学者的研究来看，跨国公司的环境责任是社会责任的一种表现，行为人背负的不仅仅是环境损害责任，还包括对社会的责任、对道义的责任。

经济全球化背景下，作为当今世界最重要的经济活动主体，跨国公司已经成为国际海洋环境合作治理中不可绕过的一个重要主体。一方面，如果

① 刘颖：《多元中心体系下的全球治理》，《理论月刊》2008 年第 10 期。

② 黄艺红：《强化企业社会责任保护地球生态环境——从企业环境社会责任视角谈环境保护》，《工业技术经济》2010 年第 4 期。

③ 冯芳：《企业社会责任——游走于法律与道德准则之间》，硕士学位论文，宁夏大学，2010 年，第 6 页。

跨国公司因追求利润最大化而忽视环境保护，其遍布全球的生产经营活动会不可避免地导致全球环境的恶化；另一方面，如果跨国公司能以对环境友好的方式从事经济活动，其巨大的财政资源和技术开发实力可为全球环境的改善作出巨大的贡献。因此，对于跨国公司在国际海洋环境合作治理中地位的探索，是研究国际海洋环境合作治理主体不可或缺的一个环节。再者，保护环境的责任也可为跨国公司带来品牌效应和公众的赞誉，并能建立良好的企业形象，获得良好的评价，有利于实现公司的经济目的。越来越多的跨国公司通过将环境责任加入到自己的企业文化中来提升企业形象。丰田汽车公司在其“丰田指导原则”中提出，公司在以世界公民的身份实现增长和发展的原则下，坚持国际公认的企业道德标准，通过重视安全和环境问题，为各地人们生活得更美好服务。

在过去的几十年，跨国公司在实践中成为全球环境问题的“麻烦制造者”，但同时也在国际海洋环境合作治理的实践中作出了诸多的努力和贡献。而且，从理论角度来看，跨国公司有着解决和治理环境问题的优势：第一，由于环境问题具有跨国性，各国政府受国家主权的限制，往往无法在具有跨国特点的环境领域里施展身手，而跨国公司所具有的跨国生产经营的特性使其得以在环境领域“长袖善舞”。第二，跨国公司拥有从事环境外交的财力和技术优势。这相对于一些由于资金缺乏难以充分发挥作用的国际环境机构来说是一个很大的优势。第三，随着跨国公司的制度化和规范化，它已拥有与主权国家相似的组织系统和决策机制，实际扮演了国际关系行为体的角色。第四，贸易、投资、技术的自由化浪潮给跨国公司带来了空前的自由和机会。因此，跨国公司应该成为国际海洋环境合作治理一支重要的力量，其未来应该逐渐转变其在环境问题中的负面形象，成为国际海洋环境合作治理中的生力军。跨国公司 20 世纪 90 年代以来的环境外交也表明了这一趋势。跨国公司除了和东道国政府进行环境治理上的合作外，还与政府间国际组织、环境非政府组织、地区性组织进行着积极的合作。因此，我们有理由相信，跨国公司在未来可以成为国际海洋环境合作治理的一支积极的力量，从而促进国际海洋环境合作治理主体的多元化和民主化。

三、国际海洋环境合作治理的过程

合作治理的过程，是与合作治理的主体结构并列的要件，与治理结构共同影响着一个治理安排能否有效治理。由于国际海洋环境合作治理在结构上包括了国家和非国家治理主体，因而在过程——即治理如何达成方面必然强调各类治理主体之间的互动。因而，在实现治理的过程中，总是需要参与治理体系的诸多主要行为体进行充分、顺畅的互动；在运行良好的治理安排中，这种互动通常表现为顺畅的合作和合作性博弈。治理的过程总是表现为诸治理主体共同遵循的某种正式或非正式程序、规则、规范以及制度。

在国家依然是唯一重要的治理主体、结构方面依然保持了国家一家独大地位的治理安排中，诸治理主体的互动往往呈现自上而下的单向模式。如在西北太平洋区域的海洋环境治理中，国家的权威呈现一家独大的地位，而其他治理主体如科学机构、非政府组织缺乏独立的权威。在这种情况下，治理主体之间的互动关系往往表现为其他主体对国家的依附，呈现自上而下的过程。在类似的全球治理安排中，“发展出一种可行的全球问题的解决方案的努力，依然受制于关于权威性质的传统语境……对于非政府组织和公民社会的权威，依然是口头说说而已，它们实际上参与互动的动力和能力非常有限——国家依然被认定为最主要的行为体”①。

反之，如果某个治理安排形成了多元化的权威分配结构，在过程层面则可能出现不同层次间多向互动的模式；国家与超国家层次和社会层次中的非国家治理主体通过合作互动的过程，实现对特定问题的治理。这种多元化的治理结构在欧洲海洋环境治理中表现得最为淋漓尽致。“有效的全球治理基于多元主体共同行使基本的治理功能。”② 不同治理主体在行使这些功能方面具有不同的优势，这便是权威的来源之一。而多元化的治理结构将会使得治理过程中的主体间互动更加充分，这将使得一个治理安排能够更加充分地体现各个治理主体的诉求。在全球环境治理理论层面，这是一种得到广泛认

---

① Rosenau James, “Global governance as disaggregated complexity”, *Contending Perspectives on Global Governance: Coherence, Contestation, and World Order*, 2005, p.133.

② Haas Peter M, “Addressing the global governance deficit”, *Global Environmental Politics* 4.4 (2004), pp.1-15.

可的治理过程图景。

国际海洋环境合作治理对多元主体的需要，决定了多层次、多元化的互动将会是理想国际海洋环境合作治理过程的必要要素。由于治理的过程受到其结构的深刻限定，因此，对过程的分类往往是基于其体现的结构来进行的；换而言之，治理过程的分类总是体现出治理结构方面哪个治理主体居于主导地位。遵照这样的思考，在逻辑上可以出现三种类型的全球环境治理过程：第一，国家权威独大，非国家治理主体从属于国家权威的情形，过程表现为单纯国家间机制的达成，本质上是国际环境治理；第二，非国家治理主体权威明显，积极推动治理进程，对国家形成鲜明的敦促、监督作用，过程表现为各类治理主体共同参与的跨国行为的达成，也体现为压力集团对国家的影响；第三，国家与非国家治理主体共享治理权威，过程表现为各类治理主体充分互动，达成包括国家间机制、跨国机制在内的多层、跨部门治理安排，形成了真正符合“全球治理”范式要求的“全球海洋环境治理”。[①] 这三种治理过程类型又各有其特点：以国家间机制为主要载体的国际环境治理，在治理过程上体现为国家间机制的达成和履行。这种治理过程通常是自上而下的，通过达成一定的国际环境条约并推动国家履约，进而实现国内环境立法和环境政策方面的进步。但如上文曾强调过的那样，国家间机制是国家主权的延伸，必然首先服从主权国家的利益，且任何主权国家有权对其进行保留甚至否决；因而国家间机制经常需要寻找各国共同利益的交集，从而限制了其作用的发挥。换而言之，国家一家独大的治理权威分配结构，在本质上依然是威斯特伐利亚体制的表现形式，无法超越新形式的全球性问题。

超国家层次的政府间国际组织和社会层次中的非政府组织、跨国企业、社会精英（包括政治、经济和知识精英）可以构成压力集团，甚至结成一定的跨国机制、萌发出跨国公民社会，以此构成了以跨国行为为标志的治理过程。这种治理过程更多是自下而上的。跨国机制作为连接这些压力集团的纽带，本身便是一类重要的治理安排。最显著的实例则是 1992 年联合国环境与发展大会召开期间，2000 多个国际非政府组织对参会代表进行了大量游说，其中一些非政府组织被赋予代表身份直接参会。可以看到，非国家主体

① 杨晨曦：《全球环境治理的结构与过程研究》，博士学位论文，吉林大学，2013 年，第 84—88 页。

间的跨国机制和跨国行为可以构成治理达成的方式，但其真正落实仍必然依赖国家。单纯依靠非国家行为体结成跨国机制、跨国公民社会，对于全球问题的治理终究有乏力感。多层次、跨部门治理安排是相对理想的一种治理过程。这种过程类型允许非国家主体充分参与，国家与之共享治理权威，诸治理主体之间也可以存在充分的互动。在这种过程中，权威的多元性得到凸显，并不存在一种至高的权威。此类治理过程凸显了“治理”概念的包容性，诸治理主体都被纳入其中，形成非常复杂的跨层次、跨部门治理网络。现实中，现有国际海洋环境治理安排也已经初步显现出了多种治理主体在不同层次中的网络化互动。

第三节　国际海洋环境合作治理面临的挑战

自 20 世纪 70 年代之后，各国已经认识到全球共同努力对付环境危机的重要性，全球海洋环境治理也取得了很大的进步。但是，我们也必须承认，就目前的全球海洋环境治理状况而言，虚的成分比较多，实的成分比较少，大量的国际会议和国际条约的订立并未有效制止全球环境恶化的趋势。同时，由于受环境问题尤其是海洋环境问题本身的复杂性的影响，受国际海洋环境制度建设过程中诸多复杂矛盾的制约，国际海洋环境合作治理仍然存在着诸如多元主体参与程度不高、合作机制不健全等需要解决的复杂问题，面临着诸多需要应对的压力和挑战。

一、国际海洋环境合作治理主体面临的挑战

（一）主权国家：集体行动困境

从国际海洋环境合作治理主体的角度看，承担更多责任的是三种力量：国家以及联合国为核心的政府间国际组织和广大的非政府环保组织。其中国家作为连接各层次行为体的中轴和基点，对其他行为体作用的发挥具有广泛的制约性和影响力，在国际海洋环境治理中依然起着决定性作用。国际海洋环境治理是一种典型的公共事务，需要多元主体的“集体行动”，而集体行动的困境在于：个体理性并不能保证集体理性，它往往导致集体的非理性结果。对于集体行动的困境研究有三个富有影响的模型：一是公地悲剧。哈丁

的“公地悲剧”从一个理性的放牧人的角度进行考察，描述了理性地追求最大化利益的个体行为是如何导致公共利益受损的恶果。[①] 二是囚徒困境。这一模型说明了“来自每个当局人选择他或她‘最佳的’个人策略的均衡，并不是一个帕累托意义上的最优结局”，[②] 即个人理性的策略导致集体非理性的结局。三是奥尔森的集体行动的逻辑。这一模型说明了个人理性不是实现集体理性的充分条件，其原因是理性的个人在实现集体目标时往往具有搭便车的倾向。[③] 同于公地悲剧的个体理性将导致集体非理性，奥尔森阐述的是理性的个体不会为共同利益采取合作性的集体行动；不同于囚徒困境的一次博弈，奥尔森阐述的是多人在场的反复博弈。尽管如此，三种分析模型在本质上仍然是一致的：集体行动存在着困境。具体来说，国际海洋环境治理过程中，国家的主权和管辖权与海洋环境制度的矛盾以及发达国家与发展中国家的利益矛盾造成了集体行动的困境，导致了国际海洋环境合作治理多元主体参与积极性不高。

1. 国家主权与国际海洋环境合作治理之间的矛盾

海洋是一个巨大而且完整的生态系统。海洋水体的流动性等特点决定了海洋生态环境保护与陆地生态环境保护相比更要强调完整统一性，更加强调国际合作的重要性。海洋环境一旦受到污染，就有可能涉及几个国家的利益。以主权为根本属性的国家必然要从本国利益出发，制定相关政策。但从海洋环境整体性来看，不同国家制定的政策可能不是保护海洋环境的最佳措施，甚至有可能使整个海洋生态环境受到破坏，这就产生了国家主权与国际海洋环境合作治理之间的矛盾。我国学者王曦在《试论主权与环境》一文中对环境与主权的矛盾做了详细的论述，概括起来主要表现在以下几方面：(1) 从国内政治角度看，国家作为主权拥有者，享有开发和利用环境资源的权利，但却往往忽视保护环境资源的义务。(2) 从国际角度来看，主权是对外独立的，因此主权可以以反对干涉内政为由妨碍国际环境保护的实践。(3) 现代主权国家治理和建设国家的指导思想往往与生态系统的规律之间存在矛

① Hardin Garrett，“The tragedy of the commons”，*science* 162.3859 (1968)，pp.1239-1245.

② [美] 埃莉诺·奥斯特罗姆：《公共事务的治理之道》，余逊达、陈旭东译，三联书店 2001 年版，第 15 页。

③ [美] 曼瑟尔·奥尔森：《集体行动的逻辑》，陈郁、郭宇峰译，上海人民出版社 1995 年版。

盾。（4）主权国家的短视行为与地球生态系统的永久性之间存在矛盾。[①] 在国际海洋环境制度形成和实施的过程中，上述矛盾都会对国际海洋环境制度产生重要的制约作用。

2. 国家管辖权与国际海洋环境合作治理之间的矛盾

国际环境和资源以国家的管辖范围为依据，可以分为国家管辖范围之内的环境和资源、由两个或多个国家共享的环境和资源与国家管辖范围之外的环境与资源三个类型。[②] 在国际海洋环境保护制度中，海洋环境污染的管辖权问题一直是国际上有关海洋污染问题争议的焦点。以防止海洋倾废和船舶污染海洋环境的管辖权为例，它由最初的国际公约规定的由船旗国进行管辖发展到船旗国、港口国、沿海国共同管辖，经历了一个充满斗争的漫长过程。现在《联合国海洋法公约》规定的由沿海国、港口国、船旗国共同管辖制度已成为普遍确认的制度。但是，管辖权的多元化带来的另一个问题是，各管辖权主体如何协调相互之间的管辖权，船旗国、港口国、沿海国之间应如何确定职权和管辖范围，公海上的海洋倾废活动如何通过港口国、沿海国的管辖权进行管制等等，这些问题需要进行认真分析和探索，进而明确相关管理制度。

3. 发达国家与发展中国家的利益矛盾带来的环境正义困境

环境正义概念最早出现于美国一些学者和活动家的著作中，集中探讨的是美国国内不同地区和种族的环境权利问题。目前，环境正义已经转向更宏观的方向，是一个关系到任何地方所有人及其生命、生活质量的与全球正义、平等和权利有关的社会和政治事务。发达国家与发展中国家在环境问题上的主要矛盾突出表现在：首先，国家环境资源开发主权权利方面的矛盾，事实上是发达国家与发展中国家围绕国家主权的斗争在国际环保领域的反映；其次，双方在环境与发展关系问题上的矛盾，发达国家坚持环境优先论，发展中国家则强调环境与发展平衡；再次，国际环境责任方面的矛盾，发展中国家要求发达国家应该比发展中国家承担更多的环境责任，即执行共同但有区别的责任原则，并向发展中国家提供更多的支持和援助。[③] 在国际

① 王曦：《试论主权与环境》，见 http：//www.law.sdnu.edu.cn/yjs/News_View.asp？NewsID=29。
② 王曦：《试论主权与环境》，见 http：//www.law.sdnu.edu.cn/yjs/News_View.asp？NewsID=29。
③ 刘中民：《国际海洋环境制度导论》，海洋出版社 2007 年版，第 279 页。

环境保护中，发达国家与发展中国家之间存在的诸多矛盾，对国际环境正义的实现有十分消极的影响，国际海洋环境制度作为国际环境制度的一部分，同样深受这种矛盾的影响。

在1973—1982年的联合国第三次海洋法会议期间，发达国家与发展中国家的斗争非常激烈。发展中国家极力反对超级大国的海洋霸权，强烈要求控制海洋污染，保护和改善海洋环境。沿海国家为争取其管辖范围内海域污染的管辖权做了不懈的努力。超级大国美国为了反对沿海国的防污管制，振振有词地说："海洋污染问题是一个普遍性问题，需要采取'全球措施'，因为水团会把污染物带到遥远的地方，它并不限于国家的疆界。"苏联则说，沿海国对海洋污染进行管理，"就会造成极度紧张的局势"，"单方面的措施只能导致冲突"。[①] 经过11期会议的激烈辩论和艰苦谈判，1982年通过的《联合国海洋法公约》中体现了发展中国家的要求，公约肯定了沿海国对其管辖范围内海域的污染管辖权，并引入了港口国管辖权的概念，打破了传统的船旗国专属管辖权，维护了发展中国家的海洋环境主权。但是公约对沿海国和港口国的管辖权都作出了限制，实际上仍然有利于海运大国，是发达国家与发展中国家相互妥协的产物。

令人遗憾的是，美国至今仍然没有加入《联合国海洋法公约》，这是因为美国始终认为公约没有满足其全部的经济利益和需要。这对国际海洋环境制度建设来说无疑是一大损失。美国是世界上少有的濒临两大洋的国家，海域面积广大，而且拥有世界上尖端技术和雄厚的资金实力，美国能否尽快加入公约，对国际海洋环境的保护有着重要的影响。综上所述，在发展中国家谋求建立国际经济新秩序的背景下，发达国家与发展中国家的矛盾和斗争仍将继续下去，国际海洋环境制度建设必然要受其影响。

（二）国际组织：权威困境

尽管国家依然是权威的首要来源和治理的中坚力量，但是源自于国际体系的无政府状态所导致了"治理主体的虚拟性与权力的缺失"。这种缺乏有效凌驾于主权国家权威之上的治理结构使得各个自利的主权单元即使在预见到共同行动可以获益的情况下，仍陷入"猎鹿博弈"理论所描述的集体行

① 赵理海：《海洋法的新发展》，北京大学出版社1984年版，第170页。

动逻辑的困境之中。在这种情况下，各个国家正日益与各种非国家行为体展开协商与合作，也就是说多种行为主体参与多层次的合作行动成为全球治理的一大特色。虽然，政府间国际组织在推动可持续发展进程中起到了重要作用，但国际组织不是“世界政府”，本身不具备决策权。国际组织主要承担组织、协调的职能，为各国政府提供交流、对话、磋商、谈判等决策过程的平台，促进政府间及政府与非政府行为体之间更好的合作。国际组织能够发挥作用的前提是成员国政府的授权。否则，国际组织就既不能提出任何动议，也不能采取任何行动来推进全球可持续发展进程。

以联合国为例，目前，各个国家、学者、非政府组织和大众也对以联合国为核心的政府间国际组织继续在全球环境治理方面发挥更好、更大作用寄予很多期望。在他们看来，联合国作为世界最大、最重要的政府间国际组织，无论就组织宗旨还是职能方向而言，都肩负着维护全球生态安全推进人类持续进步的责任和使命。但是我们也可以看到，现有的国际环境治理难以令人满意，比如联合国环境规划署在领导和协调国际环境治理上缺乏资源和授权；联合国海洋和海洋法议程也并没有建立制度性的体制来不断审查各国《国际海洋法公约》的履约情况。整个国际环境治理体系和联合国内的环境机制处于分散状态，因此改善和改革以联合国为核心的国际环境制度及全球生态安全维护状况一直是一些国家和非政府组织竭力推进的目标，也是联合国改革的内容之一。

（三）非政府组织：地位模糊

国际环境非政府组织作为全球海洋环境治理中一支迅速崛起的力量，其作用是无可争议的，但是作为新生事物，其发挥作用的空间和平台同时也受到了诸多的限制和约束，这些限制和约束使国际环境非政府组织面临着一系列的困境，能否走出这些困境，突破这些限制，在很大程度上决定着国际环境非政府组织能否在全球环境治理中发挥更大的作用。需要说明的是，国际环境非政府组织面临的困境其实也是非政府组织普遍面临的问题，毕竟个别是包含在一般之中的，因此该部分更大程度上是从普遍的意义上去理解，即从一般意义上的非政府组织的角度去理解。

国际环境非政府组织积极广泛地参与全球环境治理，并且已成为国际环境法的参与者、监督者和促进者，推进着国际法律秩序的变革，以一种功能性主体身份活跃在跨国区域，但是它们至今不具有国际法上的主体资格，不能直接承受国际法上的权利义务，而且现代国际法上也缺乏专门规范非政府组织的原则、规则和制度，这不能不说是对国际社会的一个重大挑战。应该说，国际非政府组织都具有“国籍”，但至今为止还没有界定非政府组织作为国际行为体在国际上法律地位的国际法出现。国际法主体地位的缺失，使国际非政府组织不具备建立和维持国际关系的能力，没有推行其政策主张的直接物质手段。通常认为，国际法主体或国际法律人格者的基本要件是：(1）具有独立进行国际交往和参加国际法律关系的能力。即无须其他实体的授权或认可，完全自主地进行国际外交和参加国际法律关系。(2）具有直接承受国际法上权利和义务的能力。(3）具有国际求偿能力。当其国际合法权利受到侵害时，能够以独立人格的身份向加害者求偿，以保护自己的合法权利。在当代国际社会，一般认为，只有国家才同时具备上述三个条件，而在一定范围内和一定条件下还包括国际政府间组织和正在争取独立的民族。国际非政府组织的居所和组织的不固定性以及成员的不确定性等特点，使传统的国际法认为它无法行使国际法赋予的权利，无法担负起应尽的国际义务，因此无法成为国际法主体。迄今为止，国际环境非政府组织的国际法主体地位始终未能得到国际社会的承认。原因有三：首先，国际环境非政府组织在数量上和质量上不够成熟；其次，环境问题没得到重视，国际社会长期以来仅把眼光放在经济的发展之上；第三是国际环境非政府组织行为过于偏激，使得国际社会对其意见或行动的采纳存有一定的顾虑。由此可见，非政府组织的国际法地位与主权国家的国际法主体地位相比具有明显的特殊性，其国际法主体地位争取的道路仍将充满艰辛与曲折。

（四）跨国公司：利益与责任困境

跨国公司已成为当今国际贸易、国际投资和国际产业转移的主要承担者。不可否认，很多跨国公司在环境治理领域取得了诸多的成绩，但总体来说，跨国公司的口碑并不好，主要是作为被批评者的身份出现。由于跨国公司的目标仍然是“控制全球资本和物质资源”，因此，在竞争市场中，尽管环境保护是跨国公司的一个重要考虑层面，但是以经济增长来为顾客和股东服务仍是跨国公司的中心任务。利润最大化是企业的私人目标，也是企业得以立身的根基，而环境治理则是公共目标，是一种公共产品。公共产品有两个特征：一是消费上的非竞争性，即某人对公共产品的消费并不影响其他人同时消费该产品获得的效用；二是消费上的非排他性。即某人在消费一种公共产品时，不可能将他人排除在外，或者排除的成本很高。环境产品的这两个特征就会导致诸多企业为了私人目标而“搭便车”的心理和行为。这种追求公司利润最大化和环境治理之间的冲突在实践中就会导致跨国公司的一系列与环保相悖的做法。跨国公司被认为是过去几十年里发生的重大环境事故的罪魁祸首，是全球环境的主要污染者。例如，2010 年 4 月 20 日夜间，由英国 BP 公司租赁的位于墨西哥湾的“深水地平线”钻井平台发生爆炸并引发大火，造成大量原油泄漏。事发半个月后，由于采取的各种补救措施未有明显突破，海上漏油面积达到 9900 平方千米并不断扩大。据悉，这次原油泄漏事故，不仅造成人员伤亡，还给墨西哥湾沿岸以及大西洋近海的渔业、船运、旅游业和生态造成巨大损失和破坏，被称为美国史上最严重的生态灾难。正如有学者所说：“在国际贸易和投资活动中，作为最主要经济主体的跨国公司对全球特别是发展中国家的生态环境的不断恶化负有不可推卸的责任。”①

二、国际海洋环境合作治理的过程缺陷

“治理的过程”可以抽象地理解为“治理是怎么达成的”。全球和地区环境治理过程无外乎是在科学、政治和社会三个环节的互动中表现出来，其中每个环节都涉及多元治理主体的参与。而国家、国际政府间组织、跨国公司、非政府组织及其跨国网络通过三要素互相作用，推动治理的发展。

理想的互动模式应该是：科学要素向政治要素提供议程设置和政策选项，并向社会要素提供宣传教育和技术培训等；社会要素给政治要素提供压力，并给科学要素提供科研推动力；政治要素则为社会要素参与治理建立规则，并向科学要素提供研究与测试的相关支持。当然，这种理想模式的互动是基于几类治理主体的共同作用，因此治理主体之间合理的结构是治理过程有效运行的前提。首先，各主体应具有足够的权威分配，否则容易造成政治对于科学的强加，或是政治对于社会的忽略。

① 张晓庆：《跨国公司的环境法律责任缘起》，《甘肃社会科学》2004 年第 6 期。

在实际治理过程中，各要素的互动必须遵从一定的原则。比如科研机构必须保证自身的客观、中立性，才能有效参与合作治理。但事实情况并非如此，科学要素非常容易受到政治或经济等利益的干扰，一方面国家可能会从政治角度影响科研的客观性，带有政治性的研究成果使其对政治和社会两要素的贡献非常有限；另一方面，科研机构自身在治理过程中可能会更加倾向本国利益而忽视了环境科学自身的内容。在海洋环境治理过程中，科学网络应是治理的基础，但其作用却因为政治、外交、国家安全等因素被大大弱化，它本应发挥的主导议程设置、政策参考等作用，没有得到有效发挥。

另外，社会参与的力度，将直接影响政治与科学两个要素对于环境问题的重视性，如果公众没有对政治中制度的形成和科学的发展提供足够的压力，那么这种制度合作的进展必然会非常缓慢。从海洋环境治理的现实来看，政治过程所达成的环境治理安排一般都要面临社会经济生活的考验。所达成的政治制度既要受到地区总体经济发展态势和环保产业发育的影响，不成熟的市场环境反过来也会使公众参与中的市场参与难以提供利于环境保护的有利经济基础。

第四节 案例分析——西北太平洋区域海洋环境合作治理

对于西北太平洋区域海洋环境的治理，主要是在西北太平洋行动计划（以下简称 NOWPAP）机制下进行，中日韩环境部长会议（TEMM）涉及海洋环境的部分，也是在 NOWPAP 框架体制内进行探讨，东北亚次区域环境合作项目（NEASPEC）中针对海洋生物多样性和海洋保护区网络的项目，也积极与 NOWPAP 等机制以合作方式展开。因此，我们下文针对西北太平洋区域海洋环境治理，对 NOWPAP 展开具体分析。

NOWPAP 作为联合国环境规划署（UNEP）的一个区域海项目启动于 1994 年。该项目覆盖了东北亚地区的大部分海域，中国、日本、俄罗斯、韩国都参与其中，它旨在该地区建立解决海洋环境问题的伞状框架。2004 年 NOWPAP 建立了永久性的秘书处——区域协调机构（RCU），NOWPAP 似乎在通过采取制度跨越来成为该地区的核心合作机制。不幸的是，它推动的西北太平洋区域海洋环境污染清理工作成果低于初期的承诺。[①]尽管NOWPAP在应对包括石油泄漏、科学调查和海洋垃圾处理等一系列海洋问题取得了一些有限的成功，但是它还是没能显示出它能在该地区成为解决海洋环境问题的框架性机制。除了各国对于该组织的财政支持和热情减少外，这种失败主要源于NOWPAP的根本性组织缺陷等原因。

一、NOWPAP组织结构

由于它是UNEP区域海项目衍生出来的产品，NOWPAP的一个优势在于它和其他区域海项目之间强大的关联。政府间会议（Intergovernmental Meeting，IGM）作为NOWPAP的最高决策机构，负责行动执行、预算等其他关键性政策行为的协商。RCU负责执行政府间会议制定的政策，同时RCU负责为成员国之间协调相关信息，并为四个区域活动中心（RACs）的合作计划进行协调。RCU中心分别位于韩国釜山和日本富山。NOWPAP的财政支持主要来自于各个成员国自愿捐赠的信托基金，捐赠的数量在50000美元到125000美元范围内。韩国和日本则提供相关工作人员的薪水和其他运行RCU所需的额外费用。

作为NOWPAP主要的行动执行机构，四个地区活动中心（RACs）分布在四个成员国，每个RAC负责一项专门的工作。特殊检测和海岸环境评价区域活动中心（CEARAC），挂靠于日本富山的西北太平洋地区环境合作中心，负责监控和评估赤潮，开发新的监控工具和评估海洋排污的陆源因素。数据和信息网络区域活动中心（DINRAC），位于北京的中国环保部所属的中国环境和经济政策研究中心，致力于发展一个区域范围内的数据和信息交换平台，最终目标是建立一个NOWPAP的数据交换中心。海洋环境应急响应区域活动中心（MERRAC）位于韩国大田市，由联合国环境规划署（UNEP）和国际海事组织（IMO）共同建设，负责针对石油等有毒有害物质泄露的区域应急响应，MERRAC最近管理范围拓展到海洋垃圾领域。污染监测区域活动中心（POMRAC）由位于海参崴的俄罗斯科学院远东分院

---

① Haas Peter M，“Prospects for effective marine governance in the NW Pacific region”，*Marine Policy* 24.4（2000）：p.341.

太平洋地理研究所支持，主要负责治理污染物的大气沉降以及河流携带入海的污染物的合作事宜。① NOWPAP 的组织结构参见图 12–1：

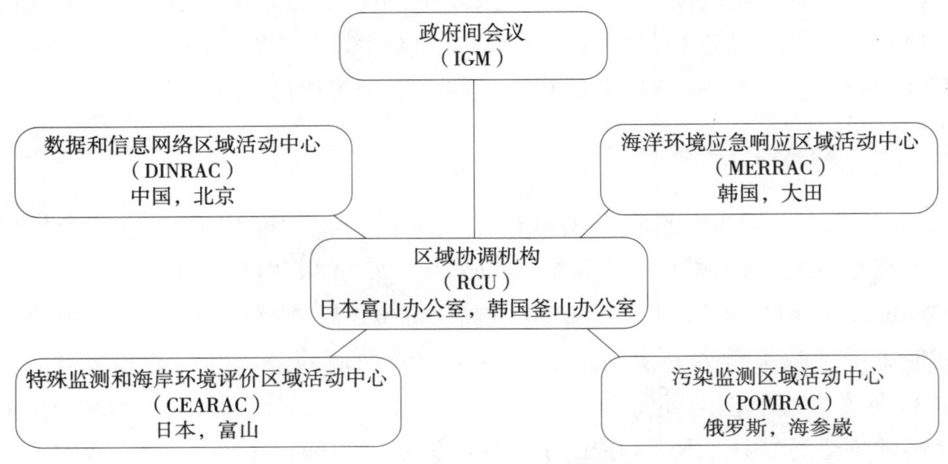

图 12-1：NOWPAP 组织结构②

二、NOWPAP 取得的有限成绩

在过去的 20 年，NOWPAP 在西北太平洋区域海洋环境治理中只取得了有限的成绩。主要成果包括发展 NOWPAP 区域溢油应急计划（RCP）；制定处理海洋垃圾的行动方案，包括区域海洋垃圾行动（MALITA）和区域海洋垃圾行动计划（RAP MALI）；建立区域信息共享系统。

（一）西北太平洋区域溢油应急计划

从 1997 年开始，通过与国际海事组织合作，NOWPAP 推动了区域溢油应急计划的建立。这个计划的生效是基于 NOWPAP 各成员国签署的《西北太平洋行动计划区域溢油应急计划》和《西北太平洋地区海洋环境溢油防备与反应区域合作谅解备忘录》（MOUs）。该项目之所以能取得一些实质性的进展，与西北太平洋区域各国都已经先后加入了国际海事组织的《国际油污防备、反应和合作公约》（OPRC 公约）有关。该公约曾要求各国制定区域

① 参见 NOWPAP 网站对于 RACs 的介绍：http：//www.nowpap.org/RACs.php。

② 参见 NOWPAP 网站：http：//www.nowpap.org/。

性合作计划，所以该计划也是对该国际公约的贯彻。随后，2005 年 11 月在日本富山举行的 NOWPAP 第十次政府间会议作出决定，将该溢油应急计划的地理覆盖范围扩大至包括萨哈林岛周围的油气生产和运输区域。为检验 NOWPAP 成员国对溢油事故的应急准备，自 2004 年 NOWPAP 成员国通过了区域溢油及有害物质应急计划以来，全真规模演习已经在成员国内举行了五次。①

然而，该项溢油应急计划的实施效果并不理想，我们以 2007 年 12 月在韩国海域发生的“河北精神”号溢油事故为例来分析。2007 年 12 月 7 日，一艘名为“河北精神”的油轮在韩国忠清南道泰安郡大山港抛锚待泊，被一艘韩国籍的失控浮吊船碰撞，油轮左舷的三个货油舱受损，导致 11000 多吨原油溢出，造成韩国历史上最严重的一起溢油事故。事故发生之后，韩国上下反应强烈，海洋事业与渔业部联合韩国海岸警卫队迅速发起了原油清理行动，数万民众也自发参与其中。12 月 10 日，韩国政府向 MERRAC 提出启动区域溢油应急计划的申请，应急计划随即在当日 22 时正式启动。应急计划启动后，韩国政府确实通过 NOWPAP 区域应急计划从 NOWPAP 成员国获得一些帮助。例如，中国和日本提供了 65 吨吸附剂和其他生物制剂，并提供数十名专家进行支持。但值得一提的是，在 12 月 10 日晚上启动了溢油应急计划的随后两天时间里，中国政府并无再得到任何来自于 MERRAC 的行动指示。依据《西北太平洋行动计划区域溢油应急计划》和《西北太平洋地区海洋污染防备反应区域合作谅解备忘录》，应急计划启动之后成员国的一切行动都应根据 MERRAC 的指挥行动。但事实上，根据中国政府交通部网站发布的信息显示，韩国政府是通过外交渠道而非 MERRAC 向中国提出清污援助的请求。② 然而，事后根据联合国的一个评估报告显示，该溢油事故在短时间内得到控制完全是得益于韩国政府与公众之间的有效协调行动，而不是应急计划的功劳。③ 事实上，很难找到任何可信的证据表明，基于

① 根据 NOWPAP 网站新闻整理，见 http：//www.nowpap.org/news/gate/Ol'news.php。

② 中华人民共和国交通部：《中国政府圆满完成派遣船舶支援国外清污救灾行动》，2007 年 12 月 19 日，见 http：//www.gov.cn/gzdt/2007-12/19/content_838014.htm。

③ UNEP/OCHA. “Rapid environmental assessment ‘Hebei Spirit’ oil spill-Republic of Korea—A joint UN-EC Environmental Emergency Response Mission.” See http：//ec.europa.eu/echo/civil_protection/civil/marin/pdfdocs/rok_oil_spill.pdf，p.9.

NOWPAP溢油应急计划的区域合作有助于这次石油泄漏事件的有效解决。西北太平洋区域溢油应急计划制定至今最大的成就在于签署和通过了《应急计划》和《谅解备忘录》，而依据这两项多边协议，行动计划应该采取的下一步行动却迟迟没有进行，在突发溢油事故的处理中还存在许多无法应对的问题，还需进一步的完善。

（二）西北太平洋区域海洋垃圾行动计划

对于NOWPAP在解决西北太平洋区域海洋垃圾问题所作出努力的有效性也存在很多疑问。2005年11月第十届NOWPAP政府间会议批准了有关海洋垃圾行动的项目建议书。第一阶段，被称为海洋垃圾行动（MALITA），2007年年底完成了MALITA项目的总体目标。第二阶段称为区域海洋垃圾行动计划（RAPMALI），自2008年开始实施。

MALITA由几个部分组成，包括收集和审查现有的海洋垃圾数据和信息，包括法律方面的信息；组织区域会议和研讨会针对这些数据和信息展开讨论，对解决海洋垃圾问题达成共识；制定和实施长期监测方案；制定针对渔业、航运和旅游业中产生的海洋垃圾的管理方案；通过举行教育活动，鼓励包括私营部门、非政府组织和广大公众等民间社会的参与以提升公众意识。

MALITA的目标是为了进一步发展区域海洋垃圾行动计划（RAPMALI）以推动西北太区域海洋环境保护和可持续发展。2008年3月RAPMALI行动的实施是NOWPAP海洋垃圾活动的第二阶段，MALITA项目中开展的一些活动在RAPMALI中继续进行。RAPMALI包含三个关键要素：预防海洋垃圾进入海洋和沿海环境；监测海洋垃圾数量和海洋倾废状况；清除现有的海洋垃圾。大多数的RAPMALI活动通过与地方政府或当局合作在国家层面实施。①

虽然NOWPAP海洋垃圾行动采取了一系列行动，但由于海洋垃圾行动计划本身不具任何法律效力，仅仅作为一项倡议性和原则性文件为各国的行动作为参考，各成员国对于造成本国沙滩、海岸和海底垃圾污染的处罚完全以其国内法律为准绳，缺乏具有约束性的法律对成员国的违法行为做统一规范，导致海洋垃圾行动计划不能整合各成员国的力量对区域海洋垃圾进行

① 参见DINRAC网站：http：//dinrac.nowpap.org/MarineLitter.php?page=marine_litter_national_efforts。

综合治理。另外，各海岸清洁运动组织的行动也仅限于其国内，相互之间缺乏沟通和联系，使区域内清理海洋垃圾的行动呈现出“各个击破”的状态，并且，海岸清洁运动组织的活动并没有想象中的频繁，覆盖的范围也不够广，对公众宣传关于海洋垃圾的知识力度也并不大，整个行动取得的效果并不理想。以中国为例，根据《2007 年中国海洋环境质量公报》的数据显示，该年份中国海域海面漂浮垃圾、海滩垃圾和海底垃圾的密度分别为 0.74 克 /100 百平方米、0.59 克 / 平方米、0.8 克 / 百平方米。[①] 而根据《2013 年中国海洋环境质量公报》的数据显示，该年份中国海域海面漂浮垃圾、海滩垃圾和海底垃圾的密度分别为 1.5 克 / 百平方米、1.622 克 / 平方米、3.6 克 / 百平方米。[②] 可见，区域海洋垃圾行动计划启动 9 年以来，中国海域的海面漂浮垃圾、海滩垃圾和海底垃圾污染情况都无明显改善，反而都大幅增加，以海底垃圾增加最为明显，可见区域海洋垃圾行动计划的治理效果并不理想。

（三）区域信息共享系统

NOWPAP 通过 DINRAC，建立了一个同时包含科学数据和社会制度信息的数据库和信息管理系统。作为行动计划的信息交换场所，它肩负着为行动计划提供数据以及与行动计划的活动有关的所有信息。[③] 但是，DINRAC 的一些关于保护海洋和海岸环境的数据资源却过于空洞，只是一些资料汇总与罗列，不能提供有效和专业的信息，为信息数据中心的进一步发展和行动计划的具体实施增加了阻力。另外，DINRAC 的数据存在严重的滞后性，很多方面的信息都已经长时间没有更新，例如关于该区域专家和机构的信息，信息更新截止日期都在 2008 年左右。DINRAC 的工作职责还包括研究实施培训和教育项目，组织相关培训课程和有关的技术研讨会。但据 DINRAC 网站公开的数据，从 2002 年至今，在 DINRAC 的协助下由 MERRAC 和 CEARAC 举行的培训课程只有五项，[④] 培训的效果和意义均无法令人信服。

---

① 国家海洋局：《2007 年中国海洋环境质量公报》。

② 国家海洋局：《2013 年中国海洋环境质量公报》。

③ 参考 DINRAC 网站信息，见：http：//dinrac.nowpap.org/information_sources.php。

④ 参见 DINRAC 网站：http：//dinrac.nowpap.org/events.php?item=Training%20Course&var=type&type_code=i&type=Training%20Course。

可见，在制定和实施了20年之后，NOWPAP的有效性和高效性都未能完全展现出来，而影响其达到预期成效的原因值得进一步分析。

三、NOWPAP效能不足的治理理论分析

一个多元主体所构成的合作体系中，最关键的特征在于主体的结构与治理过程。因此，我们从这两个角度入手进行分析。

（一）治理的结构分析

当前，限制西北太平洋区域海洋环境治理效能的第一个因素是治理结构中国家行为体独大，国家几乎独占所有治理权威，其他治理主体权威明显不足，科研机构在该区域更多时候充当为国家辩护的角色。地区性公民社会发育不健全，其参与治理的能力与欧美等区域相比，差别太大。当前全球环境治理的主要途径是国际环境条约，而这些条约其实是在扩大国家的权威。《公约》作为全球海洋环境治理的最重要安排，将国家管辖范围扩大至200海里的专属经济区，对于国家在专属经济区的权利进行了详细说明。这都表明在类似的国际海洋环境条约中，国家的权威具有主导性，个体国家的权利而不是非国家治理主体的权威被过分强调。

治理结构的另一个关键因素是国家在参与治理时对于自身体制结构的调整。这个主要是针对国家这一治理主体而言。国家在参与环境治理时，政策的落地显得尤为重要。中央政府代表国家参与国际合作治理，当执行治理行动时，具体的政策实施则转变为中央政府各部门、地方政府乃至立法、司法等机关和公民共同参与。包括国内法律与所形成治理规则的协调、国家行政体制的改革、实施方案的制定和落实、履约机构的设定等具体实践行为。次国家政府在海洋环境治理中的重要性，体现在海洋环境污染最重要的区域都是近海区域，这些区域大多位于地方政府的管辖区域，同时城市和工业是产生污染输出的主要来源。客观而言，缺乏次国家政府的参与，区域环境治理的落实将十分困难，但实际上次国家政府对于区域环境治理的参与很有限，而且存在严重的协调问题。既包括纵向，也包括横向的协调。纵向的来源于中央政府与地方政策，或中央政府与直系下属部门的协调；横向的协调主要指同层级各部门之间的政策协调，政府与企业的协调等等。在西北太平洋区域，次国家政府对于环境治理的参与很有限，而且与中央政府存在严重

的协调问题，这是导致西北太平洋区域治理效能不足的第二个因素。

（二）治理的过程分析

具体到西北太平洋区域海洋环境治理实践，科学要素缺乏独立性，非常容易受到政治或经济等利益的干扰，带有政治性的研究成果使其对政治和社会两要素的贡献非常有限，比如 NOWPAP 中各个区域行动中心基本都坐落于官方科研机构，这就难于保证科学研究的独立性；政治要素经常会因为国家利益的考虑，对科学要素产生强加，这种情况尤其产生于发展中国家，发展中国家为了强调经济发展的重要性，会在一定程度上忽略环境保护。因此，中央层面的政策选择会影响科学研究的方向性，使得科学要素成为政治要素的依附。此外，各国对于区域海洋环境问题的责任划分还尚未达成科学共识，出现严重分歧，以日本、韩国为首的发达国家认为是中国在经济高速发展的过程中对海洋环境造成了严重损害，而中国则认为在多边环境合作中，发达国家应向发展中国家提供资金、科学和技术支持。在海洋环境治理过程中，科学网络应是治理的基础，但其作用却因为政治、外交、国家安全等因素被大大弱化，它本应发挥的主导议程设置、政策参考等作用，没有得到有效发挥。

另外，政治因素并未能给社会要素搭建适当的参与框架。以中国为例，公民社会治理层次明显不健全，何谈权威分配。受政治制度的影响，中国的环境非政府组织与政府的关系过于密切，严重缺乏独立性。而非政府组织的非政治性是组织能否有效发挥作用的基础。虽然在日、韩两国中，非政府组织发挥了一定作用，相对于欧洲的非政府组织而言，还是显得规模太小，资金供给也不足，而且关注的问题都限于国内层面，跨国层面的非政府组织还是严重不足。[①] 而且受制于该地区的政治制度影响，即使有这样的组织对于政府的行为进行监督，但想进入到环境机制的核心机构显得困难重重。此外，区域内公民的海洋环境保护意识不足，社会因素参与不足，没有给政治因素和科学研究提供足够的支持和压力。且受到地区总体经济发展态势和环保产业发育不充分的影响，市场也没有提供利于环境保护的有利经济基础。

① 转引自杨晨曦《全球环境治理的结构与过程研究》，博士学位论文，吉林大学，2013 年，第 109 页。

（三）治理效能要素

可见，西北太平洋区域海洋环境治理效能的提升取决于治理结构及过程的优化。对于结构而言：首先，在西北太平洋区域内积极培育社会层面行为体的发展；其次，三类治理主体权威分配趋向合理，超国家和社会两个层面具有相应的治理权威；最后，强调国家在政策落实过程中的有效体制调整。对于治理过程而言，首先，突显三要素的各自优势，保证其在各自领域工作的独立性，在三要素发展过程中充分表达三类治理主体的诉求；其次，与治理结构进行有效整合，使三类治理主体之间围绕科学、政治和社会三要素形成良性互动。下文会从这个观点出发，给出具体改进措施。

四、完善 NOWPAP 的具体建议

（一）构建西北太平洋区域环境合作认知网络

互动政策过程的形成要基于环境共同体的认知。共同体原本是一个人类学和社会学的概念。费迪南·腾尼斯（Ferdinand Tennis）将共同体界定为拥有共同的特质、相同身份与特点之感觉的群体关系。它是建立在自然基础上的、历史和思想沉淀的联合体，是有关人员共同的本能和习惯，或为思想的共同记忆，是人们对某种共同关系的心理反应，表现为直接资源的、和睦相处的、更具有意义的一种平等互助关系。① 在风险社会的背景下，特别是环境风险的日益紧迫，只有协同基于相应地理区域依赖而形成的利益共同体形成合力，才能共同面对环境风险。国际合作是指国家间为满足各方实际的或预期的能力需求而相互调整政策和行为的过程。② 国家与国家之间的关系处于相互交织的境地，各国已经达到不考虑其他国家状况就无法决定自己国家命运的地步。③ 基于利益共同体的理念，在西北太平洋区域，要积极培育西北太平洋区域海洋环境共同体，这个共同体最有可能在非国家行为体中形成，由区域内各国的科学界、企业和非政府组织组成的知识共同体是培育共有区域环境观念的良好开端。在这样共有观念基础上形成的环境合作项目会有更默契的合作。建立这种区域海洋环境合作认知网络应该有如下步骤：

---

① ［德］菲迪南·腾尼斯：《共同体与社会》，林荣远译，商务印书馆 1999 年版，译者前言。

② 宋秀琚：《国际合作理论：批判与建构》，世界知识出版社 2006 年版，第 170 页。

③ 樊勇明：《西方国际政治经济学》，上海人民出版社 2001 年版，第 94 页。

1. 打破"政治型界墙"，追求共同利益

海洋的流动性、环境污染的扩散性决定了海洋问题治理必然要突破传统"政治型界墙"的桎梏。而且事实也证明，许多海洋环境问题是不能简单地在设立"领土、国家主权、行政区域管理权"的传统法律框架内解决的。否则，相关海洋环境法律的制定与运行，只能再次面临20世纪前半叶的尴尬——国际环境法中除仅有的"有关海洋鸟类与鱼类保护"法律政策外，其他相关海洋污染问题的规制没有任何进展。这里所强调的区域化调整方法，更注重"地理性区域概念"而非"政治型界限概念"。海洋的这种流动性，使传统的"政治型界墙"被打破成为必然，也为区域界定标准的更新、区域合作的实现奠定了坚实的基础。从根上说，这种区域的界定并非是为了分割，为了实现彼此独立，恰恰相反，其实是在寻找区域共同利益的生成领域，圈定区域共同利益维护者的范围。因为有一点各利益方都非常明确：区域海洋环境问题的严峻化，实际损害的是区域的各个组成方的共同环境利益。因此，就需要区域海洋沿岸各个组成方，齐心协商制定相关区域海洋环境问题的防治行动计划及法律规范。这也是区域海洋沿岸的相关区域与国家的共同利益或共同关注的问题。由于共同的利益追求、地理位置的毗邻，使相应区域的各方之间联系密切，也促成了彼此之间在区域文化方面（风俗习惯、文化传统与意识形态）的相似性，很自然就呈现出一种区域化的倾向。这种倾向有助于深化彼此间信任，提升区域协作的层次和扩展区域合作的内容，从而就更容易建立成熟稳定的海洋环境开发利用与控制机制，对特定区域的海洋环境问题采取协调一致的办法，共同采取对策，消除污染源，解决当前的海洋环境问题。这样，在特定的相似性海洋区域文化的支撑与推进下，有效的区域海洋环境保护的集体行动就会产生，从而有利于解决区域海洋环境保护的"公地悲剧"、"囚徒困境"和"集体行动的逻辑"等难题。

2. 建立由认知共同体组成的科学网络

前文对地中海行动计划的描述中已经提到过认知共同体在行动计划的政策提供、活动开展中都能起到相当重要的作用，科学知识能够为地区性环境保护提供坚实的理论基础，一旦脱离了科学知识的参考，环境政策制定就很容易踏入短视的局限中。从区域海项目发展了40余年的经验来看，只有区域内的海洋环境认知共同体将他们的研究成果应用到相关政策和国际条约的制定中，或者用他们的专业知识对相关政策作出环境评价，此类的政策或条约才会显示出其长远的目标性。黄海项目取得的成果也得益于前期中、韩科学家针对黄海环境问题进行的跨界诊断分析。全面科学技术数据的搜集、整理和分析是制定《战略行动计划》的基础。这种综合的、准确的环境数据为利益相关者和决策者制定环境政策提供了一个可信的平台，既有助于说服沿岸国参与合作，又有助于制定海洋政策的贯彻和落实。但同时，当科学知识参与到更加综合和审慎的环境制度化建设中，制度形成的过程比单纯通过谈判来形成一系列条约规范的国际制度要缓慢得多。关于认知共同体的探讨，我们以 NOWPAP 为中心，因为首先，我们将认知网络的内容定位于西北太平洋区域海洋环境保护，与 NOWPAP 的宗旨相吻合；其次，相对于其他综合性合作机制而言，NOWPAP 专注于该区域海洋环境保护；而相对于黄海项目等专项合作机制而言，NOWPAP 涉及的范围包含了西北太平洋区域的整体。通过回顾 UNEP 区域海项目下其他区域行动计划的相关经验，要在西北太平洋区域建立一个类似的海洋环境专家和知识网络，至少完成以下几项工作：

第一，对区域内海洋环境专家进行详细的统计，包括专家的人数、专业领域、研究方向等；并仔细审查相关研究机构的专业资质，考察其是否具有进行网络化研究的能力。

第二，组织通过资质审查的研究机构及专家进行联合培训，并为其在大会及专业期刊中提供专门的研究成果发表途径；为科学家和机构提供长期的项目与研究机会。

第三，避免某一国家单独对认知共同体的工作造成影响。具体需要注意的事项有：减少政府任命的专家参与政府间会议的人数，鼓励更多自主的研究人员参会；更多地利用多国专家合作进行的环境评估成果，避免依赖由单独一个国家作出的评估报告；避免由单一国家赞助的合作研究；以及避免采用单一专家或研究学派的专业分析。

第四，安排科学家与政策制定者关于问题领域的技术可行性讨论，以交换相互关注的焦点问题，为认知共同体参与行动计划的日程设定和政策制定提供途径。

（二）拓展多元主体参与合作

在西北太平洋区域，明显国家层次的权威分配要远远大于超国家层次和社会层次，三类治理主体权威分配应趋向合理。对于西北太平洋区域海洋环境保护合作，多元主体的参与应该在三个层面进行拓展：第一是国家层面；第二是国际组织（包含非政府组织）层面；第三是公民层面。

1. 推动朝鲜的全面参与

西北太平洋区域海洋环境合作涉及 5 个国家，目前中、日、韩、俄已经在多种机制中展开了合作，然而，朝鲜始终没有能融入进来。环境问题中相对牵涉的政治因素较少，它为国家合作提供了一条道路，即通过环境合作国家之间可以建立有效的区域合作习惯。朝鲜之前对于黄海项目已经表达合作愿意，暂且不论它加入黄海项目的动机是否单纯。很显然，西北太平洋区域各国作为一个整体在保证各自沿海的生态环境方面享有共同的利益，是关乎当地经济和人民饮食可持续发展的重要影响因素。朝鲜对于区域海洋环境保护的参与将会在多个方面产生积极的效果。首先，这种参与可以使海洋科学家从朝鲜管辖海域提取数据，在加强区域海洋环境有效治理的同时，也能引起国际社会对于这项工作更多的关注。其次，这种环境合作有利于增进国家间的了解，有助于国家在更多领域合作的开展。最后，环境合作的顺利开展会给朝鲜半岛问题的解决提供更广阔的沟通平台，有利于东北亚区域甚至是世界范围内和平和安定环境的构造。

然而，由于与周边国家之间政治往来的不断减少，朝鲜对于区域合作机制的参与在现在看来并不可行。随着朝鲜承认最近所做的核试验和发射导弹活动，联合国安理会通过一项决议，实施对朝鲜的制裁，导致其并不能参与任何国际活动。例如，该制裁被取消之前，黄海行动并不能正式允许朝鲜参与其相关活动。此外，在双边层面，朝鲜目前禁止自己的代表团出席任何在韩国举行的多边会议。这个背景凸显了该区域在一个宽泛的政治环境下处理涉及朝鲜的海洋环境保护方面问题的紧迫性。

2. 深化国际组织的参与

在西北太平洋区域，外部有 UNEP 和联合国开发计划署的推动，作为 UNEP 管理下的区域海洋项目，NOWPAP 相关法律制度的构建，必然会受到 UNEP 的支持。因此，对 UNEP 力量的借助，是很自然的一件事情。尽管对于西北太平洋区域各国而言，区域机构内对于议程制定的竞争已经显得很普遍，诸如UNEP（借助NOWPAP）和开发计划署（通过黄海项目）这样的国际组织已经在制度层面通过设置具体议程并确定亟须解决的重要的个别问题而克服了这个障碍。通过中立的方式在各自国家的利益之间进行斡旋，这些组织已经成功地在谈判中取得了较好的成果，甚至是关系一些敏感的问题。国际组织在协调国家间政策和鼓励各国合作建立区域海洋环境保护的安排方面比任何区域内国家都更有优势。在目前西北太平洋区域海洋环境合作动力不足的情况下，UNEP需要在NOWPAP政府间会议中，针对区域溢油应急计划、区域海洋垃圾行动计划提出更加深入的主张和意见，并协调各国关系，发挥有效推动者的作用。

鼓励非政府组织的参与也是增强国家参与海洋治理等国际合作外部动力的重要因素。鼓励非政府组织①积极参与到西北太平洋区域的海洋环境治理中，至少需要建立以下几个渠道：

第一，建立非政府组织与各合作机制的互动渠道，包括非政府组织中专业人员与区域各合作机制中研究人员的交流渠道、非政府组织研究成果与各合作机制中研究成果共享渠道、非政府组织与各合作机制中在具体行动中的协同合作。举例来说，一些大型的非政府组织往往有着专业的人员和良好的资金支持，在区域海洋政策制定过程中可以提供重要的研究成果。它们亦通过向政府代表们提供其通常不了解的具体背景信息和评估结论来参与其中。非政府组织在谈判中引入新的理念，以此来降低谈判的成本，同时又向谈判对方提供更多的替代政策选择范围。另外，非政府组织在开展海洋环境治理的具体行动中，往往具有强大的号召力，能够吸引更多公众的关注与参与，从而极大地提升行动效力。

第二，建立非政府组织在各合作机制立法机构中的咨商渠道。这要求诸如NOWPAP改变政府间会议的模式，效仿地中海行动计划将立法机构做一些调整，允许有资质的非政府组织作为咨商代表参与到决策机制中。非政府组织拥有在立法机构中的提案权，这有利于各机构更全面地掌握区域海洋环境面临的问题，也利于根据环境情况和公众关注对相关政策做即时调整。

① 这里的非政府组织指跨国环保非政府组织。

而非政府组织也需要更加活跃地开展海洋环境保护活动，例如制定区域年度环境报告书，并提交给 UNEP 等相关机构；监督各国履行国际环境协定、公约义务的情况等。

第三，推动专门面向西北太平洋区域海洋综合治理的非政府组织的设立。在地中海和黑海区域，MEDCOAST 为沿岸国海洋问题提供专业的技术支持，补充和促进了国际组织的相关行动，比如地中海行动计划、欧盟以及海洋间委员会的相关行动计划。通过借鉴 MEDCOAST 的发展经验，这种非政府组织应坚持几项原则：首先，应保证参与合作网络的国家与民族的多样性；其次，应保证参与专家的科学素养；最后，作为非营利的科学和环境组织，应保持组织完全的非政治性。

这种类型的组织涉及的工作内容应该包括几个方面：即区域范围内的科学研究、科学会议的组织、沿海海洋问题的数据和信息管理、海洋管理的培训与教育。作为非营利的科学和环境组织，要保证完全的非政治性，就必然要考虑组织资金的持续性问题。组织设立之初可以通过从 UNEP 或全球环境基金等国际组织筹集资金，一个非政府组织的存在不能只依赖于不确定的未来赞助，更要依靠组织自身，这种资金的稳定来源可以通过如下方法筹集：一方面，可以通过为政府或其他机构提供信息或科研咨询产生收入；再者，可以借鉴 MEDCOAST 的经验，通过与大学合作，借助组织自身的科研资源，进行研究生教育培养，既能为该地区培养专业的海洋管理人才，同时也可以获取适当的收入。

3. 扩大公众的参与，提升公众对海洋环境认知

扩大公众的参与，首先要提高公民对于海洋环境的认知度。公众对海洋环境认知，包括公众作为环境污染的受害者意识、对海洋环境污染的防控意识、保护海洋环境的自觉意识、对相关信息公开的关心意识等，对于政府开展相关海洋环境管理、参与区域性海洋环境治理合作具有极大的外部推动作用。在欧洲，环境问题真正开始引起公众重视也始于 20 世纪 90 年代。①对日本和韩国的调查显示，民众对于海洋污染的关注只处于中等水平，尽

① Dalton R J, *The green rainbow: environmental groups in Western Europe*, Yale University Press, 1994.

管有66%的日本受访群众和80%的韩国受访群众对环境问题表示了极大的关注，但是对于海洋问题的关注则相对较低，只有43%的日本受访群众和49%的韩国受访群众表示认为河流、湖泊和海洋的污染很严重。① 对于青岛市大学生海洋环境意识的最新调查数据显示，31.1%的大学生参加过海洋环境保护活动，而68.9%的大学生并未参与过海洋环境保护活动；31%的大学生能正确认知最具威胁的海洋污染物，正确率较低。② 这个调查面对群体为沿海城市大学生，而调查情况却并不理想，由此可知国内公众对于海洋环境的认知程度仍处在很低的程度。同样调查发现，公众对于越来越严格国家环境政策的需求度显著增加，73%的俄罗斯受访者和56%的中国受访者都支持国家采取强有力措施；而在1997年，各国家的大多数人对这个问题处于不确定的态度。提高公众对海洋环境的认知度，主要途径有加强教育与扩大舆论宣传。以我国为例，首先，政府需加强官方宣传，传统媒体和新媒体也需增强公益宣传的意识，培养公众对于海洋问题的关注；其次，应从加强中小学学校教育开始，国家要把海洋教育列入全民义务教育的范畴，适当增加教学内容中的海洋环境知识和法律知识；最后，加强组织在校学生参与到海洋环境治理行动，例如参加国际海滩清洁活动（ICC）组织的海滩清洁行动，以实践增强青少年的海洋环境保护意识。

公众参与海洋环境治理存在多种多样的形式，沿海居民可以以个体或家庭为单位自发性地进行海洋环境保护活动。但这部分公众是出于个人使命感和环境保护意识自发参与海洋环境保护工作，一般情况下公众参与海洋环境治理通常处于分散状态。鉴于个人力量的有限性，公众参与可以依靠一定的组织形式，如以地域为基础的社区活动和以兴趣爱好为基础的社团活动形式。其中以成员的兴趣爱好为基础的社团活动形式并不是官方的民间环保社团，是公众参与环境保护最普遍、最活跃的形式。③ 环境保护团体与个人单独参与环境保护相比更容易扩大民众的呼声，更能引起全社会的重视，体现

① Dunlap RE，Gallup Jr. GH，Gallup AM. Health of the planet May 1993：Gallup International Institute，Princeton，NJ Figure 1，Figure 3，table 6. 该调查的时间较久远，时至今日，日本和韩国国内对于海洋污染的关心已大大提升。

② 庚婧：《青岛市大学生海洋环境意识研究》，硕士学位论文，中国海洋大学，2013年，第14—40页。

③ 王琪、闫玮玮：《公众参与海洋环境管理的实现条件分析》，《中国海洋大学学报》（社会科学版）2010年第5期，第18页。

出众多的优势条件。另外，环境问题往往涉及很多专业知识。而一般公众仅凭个人自身的知识水平、经验和技术条件，很难对环境问题进行深入的了解。专业化的环保组织则可以弥补这一不足，对相关问题的解决也更加专业化和科学化。

（三）优化国内层面体制和能力建设

国家内部的环境管理体制是区域海洋环境治理结构中的一个重要因素。在考虑各国体制能力建设方面，还要本着共同但有区别的责任原则，充分考虑各国在政治、经济、技术方面的差距，作出适当调整。

1. 各国的海洋环境立法现状

国内法与国际法、区域环境合作政策的协调是反映国家政策落实的最重要途径，同时法律内容的调整也是各国政策方向的一个表征。西北太平洋区域各国对海洋环境进行保护的意识起步期不同。中国的起步比较晚，到1978年之前，中国对于某些环境问题仍缺乏完整的认识，对环境污染防治的重视程度不够，还局限在一些操作性较差的法律。韩国也是到90年代以后，才对海洋环境污染防治的关注日益增强的。而日本却对海洋环境污染防治的认识比较早，为了控制海洋环境的恶化速度，从20世纪70年代初开始日本颁布了一系列控制海洋环境污染的法律。开发海洋资源是俄罗斯扩大原料储备、保障经济生产独立性的必要条件。虽然俄罗斯一直以来都非常重视对海洋环境的保护，但直到1994年以后才陆续颁布了一系列关于海洋环境污染防治的立法性文件。

随着海洋环境的进一步恶化，海洋环境保护的立法工作逐步受到了中国政府的高度重视。作为既是陆地大国又是沿海大国的中国，其社会和经济的发展将越来越多地依赖于海洋，因此，《中国21世纪议程》把“海洋资源的可持续开发与保护”作为重要的行动方案之一。1999年12月25日修订的《中华人民共和国海洋环境保护法》突出了对海洋生态环境的保护。而韩国在联合国环发大会以后，扩充和配备了大量的海洋环境保护相关法律，实行了以综合管理体制代替传统分散型管理模式。为了能够更加持续地利用、开发海洋资源，有效地保全、管理海洋环境，韩国于2007年1月19日颁布了《海洋环境管理法》。日本的海洋政策，遵循2005年提出的“新的海洋立国”战略，在2007年出台的《海洋基本法》的指导下，以2008和2013

年制订的两期《海洋基本计划》为主轴制订和展开，综合海洋政策本部计划每年都对进展状况进行跟踪评估，及时修正，并计划每隔五年推出新的计划。①

2. 国家利益考量

各国对于海洋环境问题的关注来源于两个层面，首先是海洋环境恶化带来的严重后果。国际上对于海洋环境保护的重视始于溢油事故的发生，“托雷·坎永号”溢油事故发生后，因为采取措施太迟、规模太小，导致污染情况愈发恶化，沿海国遭到严重经济损失，油本身的毒性对海洋内各种生物资源造成不同程度的危害，这种影响在几年内都不会消退。这使各国意识到在合作机制、技术使用方面的不足，导致各国无法单独应对性质严重的海洋污染事件，因此加强了政府间在海洋环境方面的合作。其次是随着科技发展和全球资源的过度使用，认识到海洋之于国家发展处于一种基础性利益地位。海洋及其所形成的环境，为人类与国家发展提供了必需的资源，海洋资源对经济发展的支撑作用越发体现。海洋环境除了能为人类提供经济利益之外，海洋环境在审美、宗教方面表现出的非经济利益也在逐渐被人重视。②因此，各国出于保护海洋资源，提升了对于海洋环境问题的关注。

但是经济发展与海洋环境保护又处于矛盾的层面，经济发展所产生的溢出效应，无论好坏，最终的承受者都必然是环境。各国在面对这种利益冲突时，必须在经济发展与海洋环境压力之间寻求平衡。但国家之间政治、经济、文化、社会各方面利益的不同，导致这种平衡点的选取存在差异，因此，国内政策应该照顾各国的利益。

3. 对策建议

各国在国内海洋环境治理层面能力有差异。以主权为根本属性的国家与海洋环境整体性之间存在矛盾，而且海洋环境管理体制调整属于国家内部事务，本着不干涉国家主权的原则，本书仅仅基于上文的分析给出简单、一般性建议。

---

① 《海洋基本计划》虽说是五年规划，但是有些规划内容一直延续到2015年、2020年，可以说是典型的中长期战略规划。

② 白平则:《人与自然和谐关系的构建——环境法基本问题研究》，中国法制出版社2006年版，第7页。

（1）优化海洋环境治理执行主体

基于海洋环境治理工作的复杂性和广泛性，政策主体结构的合理化成为有效治理海洋环境污染的途径之一。① 首先，要优化执行主体的结构，国家内部应设置协调海洋环境治理政策执行的机构，如日本的海洋政策本部，这样可以在横向和纵向层次妥善协调各部门利益，有利于政策的传达和行动的落实。其次，明确执行主体的职责分配，并以法律、法规的形式进行确定。最后，提升社会层面多元主体的参与力度，通过鼓励多元参与，以促进民间团体、企业、公民在海洋环境治理中的广泛合作。

（2）应用多重手段推进行动贯彻

一方面，采用法律或政策规范来引导和强化海洋环境治理。加拿大的《加拿大海洋战略》、英国的《海洋法案白皮书》、日本的《海洋基本法案》等都对各国海洋环境管理体制的确立有重大指导意义。法律或政策的制定，不仅为各国海洋环境管理的协调机制建设提供了方向，也为其具体实施提供了组织机构设置、原则制定等方面的制度保障。另一方面，各国应增强经济和教育手段的使用，提升企业、公众的环境保护意识。

（3）强化海洋环境治理的监督机制

首先，拓展监督途径。不仅在官方层面加强监督，各国应完善信息公开的相关法制建设，通过学术机构和科研团体、非政府组织、公民等主体的参与，对国家的政策执行进行全方位监督。其次，增强监测力度。海洋环境监测能保证国家及时、有效掌控国家管辖范围的海洋环境状况，直接影响国家的政策制定与执行，因此应该增加海洋环境监测频率。最后，提高国家海洋环境保护标准。地方政府非常容易在平衡地方经济利益和海洋环境保护利益中牺牲掉部分海洋环境利益。因此，各国应通过法律、法规的形式来提升海洋环境的管理标准，给地方政府的海洋环境管理提供压力。

① 张继平、熊敏思、顾湘：《中日海洋环境陆源污染治理的政策执行比较及启示》，《中国行政管理》2012 年第 6 期，第 47 页。

参考文献

（一）著作类

1. 国家海洋局海洋发展战略研究所课题组:《中国海洋发展报告(2013)》，海洋出版社2013年版。

2.《马克思恩格斯选集》，人民出版社1995年版。

3. 联合国环境规划署:《全球环境展望——2000》，中国环境科学出版社2000年版。

4. 王之佳:《中国环境外交》，中国环境科学出版社1999年版。

5. 管华诗、王曙光:《海洋管理概论》，中国海洋大学出版社2003年版。

6. 王琪、王刚、王印红、吕建华:《海洋行政管理学》，人民出版社2013年版。

7. 鹿守本:《海洋管理通论》，天津科学技术出版社1997年版。

8.《中国海洋事业的发展》（政府白皮书），海洋出版社2001年版。

9. 世界环境与发展委员会:《我们共同的未来》，王之佳、柯金良译，吉林人民出版社1997年版。

10. 俞可平:《治理与善治》，社会科学文献出版社2000年版。

11. 毛寿龙:《西方政府的治道变革》，中国人民大学出版社1998年版。

12. 俞可平:《全球化：全球治理》，社会科学文献出版社2003年版。

13. 全球治理委员会:《我们的全球伙伴关系》，牛津大学出版社（中国）1995年版。

14. 陈振明:《公共管理学》，中国人民大学出版社 2003 年版。

15. 鹿守本等:《海岸带综合管理》，海洋出版社 2001 年版。

16. 经济合作与发展组织:《环境管理中的经济手段》，中国环境科学出版社 1996 年版。

17. 吕忠梅:《超越与保守：可持续发展视野下的环境法创新》，法律出版社 2003 年版。

18. 王勇:《政府间横向协调机制研究——跨省流域治理的公共管理视界》，中国社会科学出版社 2010 年版。

19. 朱庚申:《环境管理学》，中国环境出版社 2002 年版。

20. 王志远、蒋铁民主编:《渤黄海区域海洋管理》，海洋出版社 2003 年版。

21. 栾维新等:《海陆一体化建设研究》，海洋出版社 2004 年版。

22. 世界银行:《1997 年世界发展报告：变革世界中的政府》，中国财政经济出版社 1997 年版。

23. 肖建华:《生态环境政策工具的治道变革》，知识产权出版社 2010 年版。

24. 黄建钢:《论公共社会》，中共中央党校出版社 2009 年版。

25. 蔡定剑:《公众参与风险社会的制度建设》，法律出版社 2009 年版。

26. 周达军、崔旺来:《海洋公共政策研究》，海洋出版社 2009 年版。

27.《社会科学大词典》，中国国际广播出版社 1989 年版。

28. 王曙光:《海洋开发战略研究》，海洋出版社 2004 年版

29. 徐祥民等:《国际环境法基本原则研究》，中国环境科学出版社 2008 年版。

30. 徐祥民等:《海洋环境的法律保护研究》，中国海洋大学出版社 2006 年版。

31. 蔡拓:《国际关系学》，南开大学出版社 2005 年版。

32. 刘中民:《国际海洋环境制度导论》，海洋出版社 2007 年版。

33. 赵理海:《海洋法的新发展》，北京大学出版社 1984 年版。

34. 宋秀琚:《国际合作理论：批判与建构》，世界知识出版社 2006 年版。

35. 樊勇明:《西方国际政治经济学》，上海人民出版社 2001 年版。

36. 白平则:《人与自然和谐关系的构建——环境法基本问题研究》，中国法制出版社 2006 年版。

37. [美] 萨缪尔森:《经济学》，高鸿业译，中国发展出版社 1992 年版。

38. [美] 罗伯特·基欧汉、约瑟夫·奈:《权力与相互依赖》，门洪华译，北京大学出版社 2002 年版。

39. [日] 岩佐茂:《环境的思想：环境保护与马克思主义的结合处》，韩立新等译，中央编译出版社 1997 年版。

40. [美] 詹姆斯·N·罗西瑙:《没有政府的治理》，张胜军、刘小林译，江西人民出版社 2001 年版。

41. [美] J.M. 阿姆斯特朗、P.C. 赖纳:《美国海洋管理》，林宝法等译，海洋出版社 1986 年版。

42. [美] 埃莉诺·奥斯特罗姆:《公共事物的治理之道》，余逊达、陈旭东译，上海三联书店 2000 年版。

43. [美] 保罗·R. 伯特尼等主编:《环境保护的公共政策》(第 2 版)，穆贤清、方志伟译，上海人民出版社 2004 年版。

44. [法] 法约尔:《工业管理与一般管理》，周安华等译，中国社会科学出版社 1998 年版。

45. [美] 曼库尔·奥尔森:《集体行动的逻辑》，陈郁、郭宇峰、李崇新译，上海人民出版社 1995 年版。

46. [美] 唐·泰普斯克特等:《数字经济蓝图：电子商务的勃兴》，陈劲、何丹译，东北财经大学出版社 1999 年版。

47. [美] 斯蒂格利茨:《政府为什么干预经济》，中国物资出版社 1998 年版。

48. [美] 默里·L. 韦登鲍姆:《全球市场中的企业与政府》，张兆安译，上海出版社 2002 年版。

49. [美] 迈克尔·麦金尼斯:《多中心体制与地方公共经济》，毛寿龙等译，上海三联书店 2000 年版。

50. [美] 约翰 R. 克拉克:《海岸带管理手册》，吴克勤等译，海洋出版社 2000 年版。

51. [美] B·盖伊·彼得斯:《政府未来的治理模式》，吴爱明、夏宏阳译，中国人民大学出版社 2001 年版。

52. [美] 约翰·克莱顿·托马斯:《公共决策中的公民参与》，孙柏瑛等译，中国人民大学出版社 2012 年版。

53. [美] 肯尼思·阿罗:《信息经济学》，北京经济学院出版社 1989 年版。

54. [美] 戴维·L. 韦默主编:《制度设计》，费方域、朱宝钦译，上海财经大学出版社 2004 年版。

55. [加] E.M. 鲍基斯:《海洋管理与联合国》，孙清等译，海洋出版社 1996 年版。

56. [美] E.S. 萨瓦斯:《民营化与公私部门的伙伴关系》，周志忍等译，中国人民大学出版社 2002 年版。

57. [加] 布鲁斯·米切尔:《资源与环境管理》，蔡运龙等译，商务印书馆 2004 年版。

58. [美] 理查德·D·宾厄姆等:《美国地方政府的管理》，北京大学出版社 1997 年版。

59. [英] 帕特莎·波尼、埃伦·波义耳:《国际法与环境》，那力、王彦志、王小刚译，高等教育出版社 2007 年版。

60. [日] 星野昭吉:《全球化时代的世界政治—世界政治的行为主体与结构》，刘小林、梁云祥译，社会科学文献出版社 2004 年版。

61. [德] 菲迪南·腾尼斯:《共同体与社会》，林荣远译，商务印书馆 1999 年版。

62. Benedic、Richard，*Ozone Diplomacy*，Cambridge：Harvard University Pres，1998.

63. Friedman Milton，*The social responsibility of business is to increase its profits*，springer berlin heidelberg，2007.

64. Vallega Adalberto，*Sustainable ocean governance：a geographical perspective*，Routledge，2002.

65. Dalton R J，*The green rainbow：environmental groups in Western Europe*，Yale University Press，1994.

（二）论文类

1. 厉丞烜、张朝晖等：《我国海洋生态环境状况综合分析》，《海洋开发与管理》2014 年第 3 期。

2. 付元宾、曹可、王飞等：《围填海强度与潜力定量评价方法初探》，《海洋开发与管理》2010 年第 1 期。

3. 杨金森：《海洋生态经济系统的危机分析》，《海洋开发与管理》1999 年第 4 期。

4. 蔡拓：《全球问题与安全观的变革》，《世界经济与政治》2000 年第 9 期。

5. [英] 鲍勃・杰索普：《治理的兴起及其失败的风险：以经济发展为例的论述》，《国际社会科学（中文版）》1999 年第 2 期。

6. 刘鸿翔：《论治理理论的起因、学术渊源与内涵特点》，《云梦学刊》2008 年第 3 期。

7. 俞可平：《治理和善治引论》，《马克思主义与现实》1999 年第 5 期。

8. [英] 格里・斯托克：《作为理论的治理：五个论点》，《国际社会科学（中文版）》1999 年第 1 期。

9. 王诗宗：《治理理论与公共行政学范式进步》，《中国社会科学》2010 年第 4 期。

10. [英] 托尼・麦克格鲁：《走向真正的全球治理》，《马克思主义与现实》2002 年第 1 期。

11. 韦连喜：《我国环境管理发展历程的回顾与反思》，《河南城建高专学报》1997 年第 6 期。

12. 滕祖文、朱贤姬：《加强海区分局海洋行政管理的思考》，《海洋开发与管理》2008 年第 2 期。

13. 李侃如：《中国的政府管理体制及其对环境政策执行的影响》，《经济社会体制比较》2011 年第 2 期。

14. 徐质斌：《“海洋地方问题”浅探》，《湛江海洋大学学报》2002 年第 4 期。

15. 环境保护部环境监察局：《中国排污收费制度 30 年回顾及经验启示》，《环境保护》2009 年第 20 期。

16. 章鸿、林萌:《论排污收费制度的健全与完善——从排污收费制度性质的角度看》,《甘肃农业》2005 年第 10 期。

17. 何笑:《社会性规制的协调机制研究》,博士学位论文,江西财经大学,2009 年。

18. 杨莉莉、杨宏起:《产业集群与区域经济协调发展机制及对策》,《科技与管理》2008 年第 3 期。

19. 金太军、张开平:《论长三角一体化进程中区域合作协调机制的构建》,《晋阳学刊》2009 年第 4 期。

20. 王琪、吴慧:《我国海洋管理中的协调机制探析》,《海洋开发与管理》,2008 年第 11 期。

21. 王淼、段志霞:《浅谈建立区域海洋管理体系》,《中国海洋大学学报》2007 年第 6 期。

22. 齐丛飞:《我国海洋环境管理制度研究》,硕士学位论文,西北农林科技大学,2009 年。

23. 高艳:《海洋综合管理的经济学基础研究——兼论海洋综合管理体制创新》,博士学位论文,中国海洋大学,2004 年。

24.《企业环境危机管理研究》课题组:《企业环境危机及其治理模式的选择》,《培正商学院学报》2004 年第 4 期。

25. 卫竟:《我国海洋管理现状及其改革路径研究》,硕士学位论文,复旦大学,2008 年。

26. 徐祥民、于铭:《区域海洋管理:美国海洋管理的新篇章》,《中州学刊》2009 年第 1 期。

27. 王丹妮:《基于生态系统的区域海洋管理体制和运行机制的探讨》,硕士学位论文,厦门大学,2008 年。

28. 周学锋:《公共管理视阈下政府海洋管理职能探析》,《中国水运》2009 年第 1 期。

29. 崔凤、赵晶晶:《长三角近海海洋环境管理立法研究》,《东方论坛》2008 年第 1 期。

30. 陶希东:《跨界区域协调:内容、机制与政策研究——以三大跨省都市圈为例》,《上海经济研究》2010 年第 1 期。

31. 刘玉龙等:《从生态补偿到流域生态共建共享》,《中国水利》2006 年第 10 期。

32. 李应博:《长三角区域协调发展机制研究》,《华东经济管理》2009 年第 8 期。

33. 姚好霞、周荣:《环渤海区域生态环境及其政策法制协调机制建设》,《山西省政法管理干部学院学报》2009 年第 4 期。

34. 柳春慈:《区域公共物品供给中的地方政府合作思考》,《湖南社会科学》2010 年第 1 期。

35. 王红:《企业的环境责任研究》,博士学位论文,同济大学,2008 年。

36. 张劲松:《资源约束下企业环境行为分析及对策研究》,《企业经济》2008 年第 7 期。

37. 郝艳萍:《我国海洋环保产业的现状及发展对策》,《中国人口·资源与环境》2002 年第 5 期。

38. 殷建平、任隽妮:《从康菲漏油事件透视我国的海洋环境保护问题》,《理论导刊》2012 年第 4 期。

39. 李程:《我国适用自愿环境协议的合理性探讨》,《商业时代》2011 年第 21 期。

40. 邓可祝:《多国自愿环境管制的效果启示》,《环境保护》2011 年第 9 期。

41. 谭和平:《利益视角中的政府信息公开》,《云南行政学院学报》2006 年第 1 期。

42. 韩启明:《网络环境下政府信息资源开发利用探讨》,《长江论坛》2003 年第 3 期。

43. 杨新春、姚东:《跨界水污染的地方政府合作治理研究——基于区域公共管理视角的考量》,《江南社会学院学报》2008 年第 1 期。

44. 张繁荣、薛雄志:《区域海洋综合管理中地方政府间关系模式构建的思考》,《海洋开发与管理》2009 年第 1 期。

45. 章鸿、林萌:《论排污收费制度的健全与完善——从排污收费制度性质的角度看》,《甘肃农业》2005 年第 10 期。

46. 王博:《环境保护中的公众参与制度研究》,硕士学位论文,东北林业大学，2009 年。

47. 梁红琴:《环境保护公众参与法律制度研究》，硕士学位论文，厦门大学，2009 年。

48. 张丽君:《从海洋生物多样性保护看我国海洋管理体制之完善》,《广东海洋大学学报》2010 年第 2 期。

49. 崔旺来、李百齐、李有绪:《海洋管理中的公民参与研究》,《海洋开发与管理》2010 年第 3 期。

50. 晏翼琨:《公众参与水环境管理的现状、问题与对策——以滇池治理为例》，硕士学位论文，浙江大学公共管理系，2008 年。

51. 张一心、吴婧、朱坦:《中国公众参与环境管理的研究》,《城市环境与城市生态》2005 年第 4 期。

52. 罗玲云:《我国海洋环境治理中环保 NGO 的政策参与研究》，硕士学位论文，中国海洋大学公共管理系，2013 年。

53. 郑准镐:《非政府组织的政策参与及影响模式》,《中国行政管理》2004 年第 5 期。

54. 匡立余:《城市生态环境治理中的公众参与研究》，硕士学位论文，华中科技大学公共管理系，2006 年。

55. 樊根耀、郑瑶:《环境 NGO 及其制度机理》,《环境科学与管理》2008 年第 7 期。

56. 张丽君:《从海洋生物多样性保护看我国海洋管理体制之完善》,《广东海洋大学学报》2010 年第 2 期。

57. 郭境、朱小明:《实施海岸带综合管理保护我国海洋生物多样性》,《浙江万里学院学报》2010 年第 2 期。

58. 刘莹:《网络环境下图书馆的信息资源建设》,《情报资料工作》2000 年第 2 期。

59. 蔡全胜:《治理：公共管理的新图式》,《东南学术》2002 年第 5 期。

60. 张相君:《区域合作保护海洋环境法律制度研究》,《中国海洋大学学报（社会科学版)》2011 年第 4 期。

61. 刘颖:《多元中心体系下的全球治理》,《理论月刊》，2008 年第 10 期。

62. 黄艺红:《强化企业社会责任保护地球生态环境——从企业环境社会

责任视角谈环境保护》，《工业技术经济》，2010 年第 4 期。

63. 冯芳：《企业社会责任——游走于法律与道德准则之间》，硕士学位论文，宁夏大学，2010 年。

64. 杨晨曦：《全球环境治理的结构与过程研究》，博士学位论文，吉林大学，2013 年。

65. 张晓庆：《跨国公司的环境法律责任缘起》，《甘肃社会科学》2004 年第 6 期。

66. 庾婧：《青岛市大学生海洋环境意识研究》，硕士学位论文，中国海洋大学，2013 年。

67. 王琪、闫玮玮：《公众参与海洋环境管理的实现条件分析》，《中国海洋大学学报（社会科学版）》2010 年第 5 期。

68. 张继平、熊敏思、顾湘：《中日海洋环境陆源污染治理的政策执行比较及启示》，《中国行政管理》2012 年第 6 期。

69. Elizabeth Foster and Marcus Haward and Scott Coffen-Smout (eds.)，"Implementing integrated oceans management：Australia's south east regional marine plan（SERMP）and Canada's eastern Scotian shelf integrated management（ESSIM）initiative"，*Marine Policy*，2005.

70. Cristina Carollo and DaveJ.Reed，"Ecosystem-based management institutional design：Balance between federal，state，and local governments within the Gulf of Mexico Alliance"，*Marine Policy*，2010.

71. Ruckelshaus M，Klinger T，Knowlton N，et al，"Marine ecosystem-based management in practice：scientific and governance challenges"，*BioScience*，2008.

72. Cho，Dong Oh，"Evaluation of the ocean governance system in Korea"，*Marine Policy*，2006.

73. Vince Joanna，"The south east regional marine plan：Implementing Australia's oceans policy"，*Marine Policy*，2006.

74. Ehler Charles N，"Indicators to measure governance performance in integrated coastal management"，*Ocean & Coastal Management*，2003（46）.

75. Freestone，David，and A. Oude Elferink. "Flexibility and Innovation

in the Law of the Sea: Will the LOS Convention amendment procedures ever be used", *Stability and Change in the Law of the Sea: The Role of the LOS Convention*, 2005.

76. Rosenau James, "Global governance as disaggregated complexity", *Contending Perspectives on Global Governance: Coherence, Contestation, and World Order*, 2005.

77. Haas Peter M, "Addressing the global governance deficit", *Global Environmental Politics* 4.4 (2004).

78. Hardin Garrett, "The tragedy of the commons", *science* 162.3859 (1968).

79. Haas Peter M, "Prospects for effective marine governance in the NW Pacific region", *Marine Policy* 24.4 (2000).

（三）法律文件类

1. 2013 年中国海洋环境状况公报

2. 十八届三中全会《关于全面深化改革若干重大问题的决定》第 14 章 53 条。

3. 中华人民共和国海洋倾废管理条例

4. 中华人民共和国海洋石油勘探开发环境保护管理条例

5. 中华人民共和国海洋环境保护法

6. 中国海洋 21 世纪议程

7. 渤海综合整治行动规划

8. 渤海碧海行动计划

9. 联合国海洋法公约

10. 执行计划

11. 我们共同的未来

12. 21 世纪议程

13. 2007 中国海洋环境质量公报

（四）其他参考资料

1. 孙丰欣、孟琳达:《回看 2008 大事件:抗击浒苔展现青岛力量》, 2009 年 1 月 6 日, 见 http://news.bandao.cn/news_html/200901/20090106/news_

20090106_772359.shtml。

2. 周健：《开放政府信息》，《人民日报》2000 年 3 月 22 日。

3. 章轲：《全国政协委员万捷：公务宴请应禁止鱼翅》，2012 年 3 月 2 日，见 http：//www.yicai.com/news/2012/03/1484005.html。

4. 李春莲：《中海油溢油事故升级　21 家环保组织呼吁索赔》，2011 年 8 月 18 日，见 http：//finance.ce.cn/rolling/201108/18/t20110818_16622190.shtml。

5. 张向冰：《立法能给渤海带来什么》，《中国海洋报》2004 年 9 月 24 日。

6. 王曦：《试论主权与环境》，见 http：//www.law.sdnu.edu.cn/yjs/News_View.asp?NewsID=29。

7. 中华人民共和国交通部：《中国政府圆满完成派遣船舶支援国外清污救灾行动》，2007 年 12 月 19 日，见 http：//www.gov.cn/gzdt/2007-12/19/content_838014.htm。

8. UNEP/OCHA. “Rapid environmental assessment ‘Hebei Spirit’ oil spill-Republic of Korea—A joint UN-EC Environmental Emergency Response Mission.” See http：//ec.europa.eu/echo/civil_protection/civil/marin/pdfdocs/rok_oil_spill.pdf，p.9.

后　记

本书从酝酿写作到最终完成，历经七八年时间。期间，几次动笔又多次不得不搁置，似乎总有许多更加重要的研究需要赶在其前面完成。于是，这部本该早已完成的书稿被拖至今日，而期间参与本书写作的一些研究生同学有的已完成学业，走向不同的工作岗位。因此，对于摆在面前的这份书稿，感到的似乎不是完成任务的欣喜，更多的却是一份深深的自责和歉意，以及由此所激起的对自己以后学术研究的鞭策和希冀。

本书可以说是师生协力共同完成的作品。全书由王琪教授负责总体设计、统改和定稿工作，于海涛博士负责全书的校稿和出版过程中的事务性工作，行政管理专业的硕士研究生朱斌、吴金鑫、刘佳佳、田莹莹、季林林参加了校稿工作。

各章节撰写分工如下：第一章：王琪、于海涛；第二章：王琪、崔野；第三章：高文洁、于海涛；第四章：刘小杰、孙文艳；第五章：刘小杰、丛冬雨；第六章：张川、韩坤；第七章：韩坤、陈慧玲；第八章：王琪、栾晓彤；第九章：王琪、王静；第十章：吴慧、丛冬雨；第十一章：王琪、纪朝彬；第十二章：于海涛。

感谢参与本书撰写和校对等各项事务的已毕业的或正在读的行政管理研究生，他们在海洋管理、海洋环境管理领域的积极探索和勇于尝试，不仅起到了添砖加瓦的作用，更是为海洋管理研究提供了源源不断的学术积累和新鲜活力。海洋管理研究正因为有一大批青年学子的不断加入才充满希望，硕果累累。

本书的出版得到中国海洋大学“985”工程海洋发展人文社会科学研究基地、教育部人文社科重点研究基地中国海洋大学海洋发展研究院的经费资助，得到学校文科处的大力支持。感谢给我们所提供的学术平台，以及给予我们的扶持和帮助。

最后要感谢的是人民出版社的编辑、评审老师，他们对本书一丝不苟的审阅、校正，使我们避免了许多不该有的问题，正是他们耐心细致的工作，本书才得以顺利出版。

受水平和能力所限，书中难免有诸多疏漏不妥之处，恳请读者不吝赐教，予以批评指正，以促使海洋环境管理研究日趋完善。

王　琪

2015 年 4 月 12 日

责任编辑:宫　共
封面设计:徐　晖

图书在版编目(CIP)数据

公共治理视域下海洋环境管理研究/王琪等 著. -北京:人民出版社,2015.6
(海洋公共管理丛书/娄成武主编)
ISBN 978 - 7 - 01 - 014920 - 2

Ⅰ.①公…　Ⅱ.①王…　Ⅲ.①海洋环境-环境管理-研究　Ⅳ.①X834

中国版本图书馆 CIP 数据核字(2015)第 110573 号

公共治理视域下海洋环境管理研究
GONGGONG ZHILI SHIYU XIA HAIYANG HUANJING GUANLI YANJIU

王琪等　著

人民出版社 出版发行
(100706　北京市东城区隆福寺街 99 号)

环球印刷(北京)有限公司印刷　新华书店经销

2015 年 6 月第 1 版　2015 年 6 月北京第 1 次印刷
开本:710 毫米×1000 毫米 1/16　印张:21
字数:353 千字

ISBN 978 - 7 - 01 - 014920 - 2　定价:53.00 元

邮购地址 100706　北京市东城区隆福寺街 99 号
人民东方图书销售中心　电话 (010)65250042　65289539